钛合金成形过程数值模拟

王狂飞　历长云　崔红保　等著

北　京
冶金工业出版社
2009

内 容 简 介

全书共分7章。第1章介绍钛合金研究意义以及凝固过程数值模拟国内外研究最新进展。第2章以立式离心铸造为例,详细介绍了钛合金熔体充型过程数值模拟以及工艺参数对充填过程的影响。第3章详细介绍了凝固过程传热计算数学模型,缩孔、缩松预测数学模型等。第4章介绍了采用宏微观相结合的元胞自动机方法模拟组织形成的过程。第5章重点介绍了单相定向凝固理论基础、微观组织的计算模型、TiAl合金单相凝固过程特点、TiAl合金枝晶凝固特点等内容。第6章详细介绍了两相形核条件下的组织选择图、钛合金包晶相变相场模型构造等。第7章详细介绍了锻造过程组织模拟研究现状、微观组织预测模型等。

本书可供从事金属材料研究的科技人员和大专院校相关专业师生阅读。

图书在版编目(CIP)数据

钛合金成形过程数值模拟/王狂飞等著.—北京:冶金工业出版社,2009.8

ISBN 978-7-5024-4970-4

Ⅰ.钛…　Ⅱ.王…　Ⅲ.钛合金—成型—研究　Ⅳ.TG146.2

中国版本图书馆CIP数据核字(2009)第119080号

出 版 人　曹胜利

地　　址　北京北河沿大街嵩祝院北巷39号,邮编100009

电　　话　(010)64027926　电子信箱　postmaster@cnmip.com.cn

责任编辑　李培禄　美术编辑　张媛媛　版式设计　张　青　孙跃红

责任校对　卿文春　责任印制　牛晓波

ISBN 978-7-5024-4970-4

北京百善印刷厂印刷;冶金工业出版社发行;各地新华书店经销

2009年8月第1版,2009年8月第1次印刷

148mm×210mm;8.125印张;237千字;244页;1-2000册

29.00元

冶金工业出版社发行部　电话:(010)64044283　传真:(010)64027893

冶金书店　地址:北京东四西大街46号(100711)　电话:(010)65289081

(本书如有印装质量问题,本社发行部负责退换)

序

钛合金具有低的密度、高的比强度和比模量，在高温时，这种合金依然可以维持较高的强度和刚度，并且具有良好的抗蠕变性和抗氧化的能力。因此钛合金被认为是最具潜力的新一代高温结构材料。基于钛合金的优良性能，该合金已广泛应用于航空、航天、舰船等各个领域且其应用量急剧上升，随着航空、航天以及相关领域高技术的快速发展，要求钛合金实现精确成形和高性能控制。为此，国内外在材料加工及制备领域正大力发展钛合金成形技术。其中钛合金定向凝固技术、离心铸造或熔模铸造技术、锻造成形技术等能够使钛合金实现成形和改性。钛合金成形过程是极其复杂的高温、动态和瞬时过程，难以直接观察，在这个过程中，材料经熔化、成形、相变、结晶与再结晶等一系列复杂的物理、化学、冶金变化而成形为毛坯或构件。为了获得优质构件，就必须控制制备过程，使材料的成分、工艺、组织与性能处于最佳状态，同时使缺陷减少到最低限度或将它转移到危害最小的区域。但这些难以实时观察，间接测试也十分困难。

随着计算机软硬件和数值模拟技术的快速发展，将仿真模拟应用于钛合金成形过程成为可能，过程模拟、缺陷预测、微观组织模拟和预测已成为国内外学者的研究热点。通过计算机模拟钛合金成形过程，一可以预测钛合金件的缺陷和性能，优化工艺参数；二可以揭示其微观组织的分布规律；三可为钛合金加工工艺的制订提供工程实用的科学依据和预见性设计方法，对发展钛合金加工技术具有重要理论意义和应用价值。

本书的特点是针对钛合金成形的数值模拟，主要包括离心铸造过程模拟、缺陷预测、定向凝固过程单相及多相组织模拟、锻造过程组织模拟。该书介绍了国内外钛合金成形最新技术，并且把系统的理论分析和最新的研究成果结合起来，是材料工作者的一本良好参考书，也可以作为数值模拟方向的专业教材。

中国工程院院士 傅恒志

2009 年 4 月

前　言

随着航空、航天技术的进步，对高温结构材料的性能提出了越来越高的要求，钛合金以其优良的性能受到该领域的广泛关注。由于钛合金成形过程比较复杂，例如其熔炼温度较高，熔炼过程中易与其他合金元素发生剧烈反应，必须真空浇铸，且其充填过程及凝固过程中缺陷形成难以控制，通过数值模拟方法可以动态地观察钛合金的成形过程，有利于优化工艺，节约成本。

在钛合金成形过程模拟方面，尽管相关的会议论文集、学术期刊很多，但是还没有关于钛合金加工过程模拟的著作出版，本书弥补了这一不足。本书共分7章。第1章绪论，主要介绍了钛合金研究意义、钛合金定向凝固技术以及钛合金凝固过程数值模拟研究进展；第2章钛合金熔体充型过程计算机模拟，介绍了钛合金熔体充型过程数值模拟概况，并以立式离心铸造为例，详细介绍了充型过程数学模型、充型过程数学模型离散化处理、初始条件和边界条件的确定、立式离心力场下熔体质点的受力分析等；第3章钛合金凝固过程缩孔缩松预测，详细介绍了凝固过程传热计算数学模型、凝固过程潜热处理、初始条件和边界条件的确定，以及缩孔、缩松预测的数学模型等；第4章钛合金宏观凝固组织计算机模拟，详细介绍采用宏微观相结合的元胞自动机方法模拟铸件凝固过程中的组织形成，其中包括宏观计算模型、微观动力学模型、凝固过程中缩孔的形成模型等内容；第5章钛合金凝固过程单相微观组织模拟，详细介绍了单相定向凝固理论基础、微观组织的计算模型、TiAl合金单相凝固过程特点、TiAl合金枝晶凝固特点等内容；第6章钛合金凝固过程多相微观组织模拟，详细介绍了两相形核条件下的组织选择图、钛合金包晶相变相场模型构造等；第7章钛合金锻造过程微观组织模拟，详细介绍了锻造过程微观组织模拟研究现状、微观组织预测模型等。

本书由河南理工大学、哈尔滨工业大学、哈尔滨理工大学、电子科技大学等相关教师合著。各章作者(按章节顺序)分别为:第1章由崔红保撰写,第2章由历长云撰写,第3章由历长云和王狂飞撰写,第4章由刘东戎撰写,第5章由王狂飞撰写,第6章由崔红保和李新中撰写,第7章由高涛撰写。本书由哈尔滨工业大学郭景杰教授主审。

鉴于作者水平所限,书中不当之处,敬请读者批评指正。

著 者

2009年4月

目　录

1　绪论 …………………………………………………………… 1
1.1　钛合金研究意义 ………………………………………………… 1
1.2　钛合金定向凝固技术概述 ……………………………………… 2
1.2.1　定向凝固方法及特点 ………………………………………… 2
1.2.2　钛铝基合金定向凝固技术 …………………………………… 5
1.3　钛合金凝固过程数值模拟………………………………………… 17
1.3.1　钛合金充型凝固研究现状……………………………………… 17
1.3.2　钛合金充型凝固缺陷研究现状………………………………… 24
1.3.3　钛合金微观组织模拟…………………………………………… 26
1.4　本章小结…………………………………………………………… 45
参考文献 …………………………………………………………… 45

2　钛合金熔体充型过程计算机模拟………………………………… 50
2.1　概论………………………………………………………………… 50
2.2　钛合金熔体充型过程数值模拟概况……………………………… 51
2.2.1　实验研究现状…………………………………………………… 51
2.2.2　数值模拟研究现状……………………………………………… 53
2.3　充型过程数值模拟计算方法……………………………………… 54
2.4　充型过程数学模型………………………………………………… 58
2.4.1　流动数学模型…………………………………………………… 58
2.4.2　紊流流动数学模型……………………………………………… 59
2.5　充型过程数学模型离散化处理…………………………………… 60
2.5.1　动量方程(Navier - Stokes)的离散 ………………………… 62
2.5.2　SOLA - VOF 计算方法 ……………………………………… 64

2.6　初始条件和边界条件的确定 …… 67
2.6.1　初始条件 …… 67
2.6.2　边界条件 …… 68
2.7　立式离心力场下熔体质点的受力分析 …… 69
2.7.1　基本假设 …… 69
2.7.2　立式离心场下熔体质点运动加速度模型 …… 70
2.7.3　钛合金立式离心铸造充填过程数值模拟 …… 72
2.7.4　钛合金薄壁件充填过程的数值模拟 …… 80
2.8　实验验证 …… 86
2.8.1　实验材料及方案 …… 87
2.8.2　钛合金立式离心铸造实验结果及理论分析 …… 88
2.9　本章小结 …… 88
参考文献 …… 89

3　钛合金凝固过程缩孔缩松预测 …… 92

3.1　概论 …… 92
3.2　凝固过程传热计算数学模型 …… 94
3.2.1　传统直接差分法的传热计算原理 …… 94
3.2.2　改进的直接差分法传热计算原理 …… 95
3.2.3　改值直接差分三维传热计算公式 …… 96
3.3　凝固过程潜热处理 …… 97
3.3.1　温度回升法 …… 97
3.3.2　等价比热容法 …… 97
3.3.3　热焓法 …… 98
3.4　初始条件和边界条件的确定 …… 98
3.5　缩孔、缩松预测的数学模型 …… 100
3.5.1　凝固过程缩孔预测模型 …… 101
3.5.2　凝固过程缩松预测模型 …… 104
3.5.3　孤立区搜索模型 …… 107
3.6　钛合金凝固过程缩孔缩松的计算机模拟 …… 109
3.7　本章小结 …… 117

参考文献……117

4　钛合金宏观凝固组织计算机模拟……119

4.1　概论……119
4.2　钛合金凝固过程组织模拟……120
4.2.1　宏观计算与微观计算相耦合……120
4.2.2　宏观计算模型……121
4.2.3　初始条件和边界条件的确定……124
4.2.4　微观动力学模型……124
4.2.5　凝固过程中缩孔的形成……126
4.3　钛合金凝固过程中晶粒组织形成的CA模拟方法……126
4.3.1　程序流程图……128
4.3.2　组织模拟举例……130
4.4　本章小结……136
参考文献……136

5　钛合金凝固过程单相微观组织模拟……138

5.1　概论……138
5.2　定向凝固理论基础……139
5.3　微观组织的计算模型……142
5.3.1　热和溶质扩散模型……142
5.3.2　液态金属形核与长大模型……147
5.4　TiAl合金单相凝固过程特点……149
5.4.1　TiAl合金平界面凝固特点……150
5.4.2　TiAl合金枝晶凝固特点……151
5.5　TiAl合金单相定向凝固组织演化过程模拟……160
5.5.1　模拟初始条件……161
5.5.2　晶核数量对凝固过程组织演化的影响……162
5.5.3　温度梯度对定向凝固过程组织演化的影响……165
5.5.4　抽拉速度对凝固过程组织演化的影响……174
5.5.5　铝含量对凝固过程组织演化的影响……181

5.6　TiAl 合金常规条件下凝固组织模拟 …… 187
5.6.1　边界条件与初始条件 …… 187
5.6.2　结果与讨论 …… 187
5.7　本章小结 …… 193
参考文献 …… 194

6　钛合金凝固过程多相微观组织模拟 …… 197

6.1　概论 …… 197
6.2　两相形核条件下的组织选择图 …… 198
6.2.1　平面生长 …… 199
6.2.2　胞晶/枝晶生长 …… 201
6.2.3　两相形核分析及其组织选择图 …… 202
6.3　钛合金包晶相变相场模型的构造 …… 206
6.3.1　Nestler 模型 …… 207
6.3.2　Lo 模型 …… 210
6.3.3　具体合金包晶相变相场模型构造 …… 212
6.4　定向凝固 TiAl 合金包晶相变微观组织模拟 …… 215
6.4.1　计算参数的选取及数值求解问题 …… 215
6.4.2　小直径试样连续形核控制的微观组织 …… 216
6.5　本章小结 …… 218
参考文献 …… 219

7　钛合金锻造过程微观组织模拟 …… 221

7.1　概论 …… 221
7.2　研究现状 …… 221
7.2.1　钛合金的微观组织和性能 …… 221
7.2.2　钛合金锻造技术 …… 223
7.2.3　微观组织预测模型概述 …… 225
7.2.4　锻造过程微观组织模拟研究现状 …… 229
7.3　钛合金锻造微观组织模拟预测实例 …… 231
7.3.1　有限元模型 …… 231

7.3.2　微观组织预测模型 …… 233
7.3.3　塑性变形－传热－微观组织演变耦合方法 …… 234
7.3.4　工艺方案 …… 234
7.3.5　工艺参数对微观组织的影响 …… 235
7.4　本章小结 …… 241
参考文献 …… 241

1 绪　论

1.1 钛合金研究意义

随着航空、航天技术的进步，航空、航天发动机的转速越来越高，同时涡轮温度和推重比都在逐年提高，为了提高发动机的热效率和减轻发动机的自重，对发动机的结构材料尤其是高温结构材料的性能提出了越来越高的要求[1]。现今广泛使用的高温结构材料为镍基超合金，由于合金本身的限制，其使用温度的提高越来越困难。发展一种介于镍基超合金和高温陶瓷之间的高温结构材料是高温合金研究中的长远目标。TiAl 基合金具有低密度、高强度、良好的抗腐蚀性、高的高温强度等优良的性能，被作为能代替铁合金和镍基合金的材料大力发展。由于其具有优异的常温和高温比强度、比刚度、高温抗氧化性和极限使用温度，因而，在航空、航天发动机等方面具有极高的应用前景 。TiAl 基合金在飞机、导弹、火箭上的用量已成为航空航天领域发展水平的重要标志之一。TiAl 基合金的微观组织状态对力学性能有重要影响，全片层微观组织是潜在的喷气发动机叶片、涡轮盘和汽车发动机进排气阀材料[2]。如果能够保证材料的片层方向与主应力方向一致，将大大提高材料的高温使用性能。另外金属间化合物由于原子之间既有金属键成分，又有共价键成分，以及在室温和高温下保持结构上长程有序，因而不但具有一定的室温塑性、韧性和抗裂纹扩展性，还有很高的高温强度、抗蠕变性能、显微组织的高温稳定性和弹性模量等高温结构材料所应有的性能。$\gamma-TiAl$ 基合金具有低的密度、高的比强度和比模量，在高温时，这种合金依然可维持较高的强度和刚度，并且有良好的抗蠕变和抗氧化能力。特别是由 $TiAl(\gamma)/Ti_3Al(\alpha_2)$ 形成的全片层结构显示了良好的室温与高温综合性能，其高温性能与镍基合金相当，但其密度还不到镍基合金的一半。γ - TiAl 基合金作为一种密度较低的金属间化合物,被认为是最具潜力的新一代高温结构材料。

1.2 钛合金定向凝固技术概述

1.2.1 定向凝固方法及特点

TiAl 基合金具有低密度、高强度、良好的抗腐蚀性、高的高温强度等优良性能,被作为能代替铁合金和镍基合金的材料大力发展。TiAl 基合金的微观组织状态对力学性能有重要影响,全片层微观组织是潜在的喷气发动机叶片、涡轮盘和汽车发动机进排气阀材料。然而,Ti - Al金属间化合物因其力学性能的不平衡性,例如,室温下层片状组织具有优良的抗蠕变性能和断裂韧性,但塑性和强度很低以及 TiAl 基合金件批量生产的不确定因素等,造成了其投入实际应用存在一定障碍。由于定向凝固技术(DS)在镍基高温合金叶片铸造方面所获得的巨大成功,因此定向凝固技术作为解决该问题的方法已引起许多研究者的注意。

定向凝固又称单向凝固或者单向结晶,是使金属或者合金由熔体中定向生长晶体的一种工艺方法。材料的使用性能是由其组织形态来决定的。因此,包括成分调整在内,人们通过控制材料的制备过程以获得理想的组织从而使材料具有所希望的使用性能,控制凝固过程已成为提高传统材料的性能和开发新材料的重要途径。定向凝固技术由于能得到一些具有特殊取向的组织和优异性能的材料,因而自它诞生以来得到了迅速的发展,目前已广泛地应用于高温合金、半导体材料、磁性材料以及自生复合材料的生产。同时,定向凝固技术的出现,也为凝固理论的研究和发展提供了实验基础[3],使凝固理论向更深层次发展。

定向凝固技术的重要参数包括:凝固过程中固液界面前沿液相中的温度梯度 G_L 和固液界面向前推进的速度,即晶体生长速度 v。G_L/v 值是控制晶体长大形态的重要判据。在提高 G_L 的条件下,增加 v,才能获得所要求的晶体形态,细化组织,改善质量,并提高定向凝固铸件的生产效率。

定向凝固技术的方法有很多种,可分为传统定向凝固技术和新兴定向凝固技术两种。具体方法主要有:

(1)炉外结晶法(发热铸型法):炉外结晶法就是将金属液浇入一侧壁绝热、底部冷却、顶部覆盖发热剂的铸型中,在金属液和已凝固金属中建立起一个自上而下的温度梯度,自下而上进行凝固,实现单向凝固。这种方法温度梯度不大,很难控制,致使凝固组织粗大,铸件性能差,不适于大型、优质铸件的生产。但其工艺简单、成本低,可用于制造小批量零件[4]。

(2)功率降低法(PD法):将保温炉的加热器分成几组,分段加热。当金属液置于保温炉内,在从底部对铸件冷却的同时,自下而上顺序关闭加热器,金属则自下而上逐渐凝固,从而在铸件中实现定向凝固。在凝固过程中温度梯度是逐渐减小的,致使所能允许获得的柱状晶区较短,组织也不够理想,设备相对复杂,且能耗大,限制了该方法的应用[5]。

(3)快速冷却法(HRS):在 Bridgman 晶体生长技术的基础上发展的快速凝固法,是铸件以一定的速度从炉中移出或炉子移离铸件,采用空冷方式,而且炉子保持加热状态。这种方法有较高的温度梯度和冷却速度,所获得的柱状晶间距较长,组织细密挺直,且较均匀[6]。

(4)液态金属冷却法(LMC法):在 HRS 法的基础上,将抽拉出的铸件部分浸入具有高导热系数的高沸点、低熔点、热容量大的液态金属中,形成了一种新的定向凝固技术,即 LMC 法,能提高冷却速度和温度梯度,且在较大的生长速度范围内可使界面前沿的温度梯度保持稳定,结晶在相对稳态下进行,能得到较长的单向柱晶。常用液态金属有 Ga－In和 Ga－In－Sn 合金[7]。

(5)区域熔化液态金属冷却法(ZMLMC法):将区域熔化与液态金属冷却相结合,利用感应加热集中对凝固界面前沿液相进行加热,有效地提高了固液界面前沿的温度梯度。这种方法最高温度梯度可达1300K/cm,最大冷却速度可达50K/s[8]。

(6)深过冷定向凝固(DUDS):1981 年 B. Lux 等首先提出过冷熔体中的定向凝固,基本原理是将盛有金属液的坩埚置于一激冷座上,在金属液被动力学过冷的同时,金属液内建立起一个自下而上的温度梯度,冷却过程中温度最低的底部先形核,晶体自下而上生长,形成定向排列的树枝晶骨架,其间是残余的金属液。在随后的冷却过程中,这些金属液依靠向外界散热而向已有的枝晶骨架上凝固,最终获得了定向凝固组织[9]。

(7)电磁约束成形定向凝固技术(DSEMS):电磁约束成形定向凝固技术是将电磁约束成形技术与定向凝固技术相结合而产生的一种新型定向凝固技术。该技术利用电磁感应加热熔化感应器内的金属材料,并利用电磁压力来约束已熔化的金属熔体成形。该技术可分为无接触和软接触两种,都能产生很高的温度梯度,使凝固组织超细化,显著提高铸件的表面质量和内在综合性能,而且可以应用于高熔点、活泼金属的定向凝固。但该技术涉及电磁流体力学、冶金、凝固以及自动控制等多学科领域,目前还处于研究开发阶段[10]。

(8)激光超高温度梯度快速定向凝固:利用大功率激光器在表面快速熔凝时,凝固界面的温度梯度可达到 5×10^4K/cm,凝固速度高达数米每秒。Cline 等利用 90WcwNd: YAG 激光器作为热源来定向凝固制作 Al-Al_2Cu、Pd-Cd 共晶薄膜,得到了规则的层片状共晶组织。西北工业大学利用高能 CO_2 激光束作为热源,加热固定在陶瓷衬底上的厚度 0.5mm、宽度 5mm 的镍基高温合金薄片,初步实现了定向凝固组织[11]。

表 1-1 给出了几种定向凝固方法的主要冶金参数。

表 1-1 不同定向凝固方法的主要冶金参数[12]

项 目	功率降低法	快速冷却法	液态金属冷却法
温度梯度/$K\cdot cm^{-1}$	7~11	26~30	73~103
生长速度/$cm\cdot h^{-1}$	8~12	23~27	53~61
冷却速度/$K\cdot h^{-1}$	90	700	4700
局域凝固时间/min	85~88	8~12	1.2~1.6

目前,定向凝固技术的最主要应用是生产具有均匀柱状晶组织的铸件,特别是在航空领域生产高温合金的发动机叶片。与普通铸造方法获得的铸件相比,它使叶片的高温强度、抗蠕变和持久性能、热疲劳性能得到大幅度提高。用定向凝固技术可以制备单晶,改善磁性材料

的磁性能,消除复合材料制备过程中增强相与基体间界面的影响。

定向凝固技术的发展推动了凝固理论的发展和深入。从 Chalmers 等[13]的成分过冷理论到 Mullins 等[14]的界面稳定动力学理论(MS 理论),人们对凝固过程有了更深刻的认识。近年来对 MS 理论界面稳定性条件所做的进一步分析表明,MS 理论还隐含着另一种绝对稳定性现象,即当温度梯度 G 超过一临界值 G_a 时,温度梯度的稳定化效应会完全克服溶质扩散的不稳定化效应,这时无论凝固速度如何,界面总是稳定的,这种绝对稳定性称为高梯度绝对稳定性。寻求新方法实现高梯度绝对稳定性,揭示在这种极端条件下凝固过程的新现象和新规律,并在此基础上对该新现象予以更加准确的理论描述,成为当前急需进行的具有重大理论意义的研究工作。

随着工业技术对材料性能要求的提高,定向凝固技术必将为新材料制备和新加工技术的开发提供广阔的前景,也必将使凝固理论得到完善和发展。

1.2.2 钛铝基合金定向凝固技术

TiAl 基合金具有低密度、高强度、高温模量、良好的抗腐蚀性、高的高温强度等优良的性能,作为一种很有前途的材料在高温领域将代替钛合金和镍基超级合金。TiAl 基合金的力学性能取决于它们的微观组织,这种微观组织是由(Ti_3Al)α_2 和(TiAl)γ 相层,或者双相片层(α_2/γ)和 γ 晶粒复式结构组成的。微观组织控制是提高合金力学性能的主要方法。许多研究表明,全片层微观组织比复式组织能产生良好的断裂强度和高温强度。但是全片层微观组织经常伴随着大尺寸晶粒,这样将导致差的塑性。而且以前的研究表明,由一个片层晶粒组成的 PST 单晶,片层微观组织的力学性能有很强的各向异性。全片层微观组织对于喷气发动机叶片、涡轮发动机轮和汽车发动机阀都是很有潜力的材料。为了获得良好的室温拉伸性能和高温延伸性,片层方向需要与生长方向一致。通常,两种不同的处理方法应用于处理片层微观组织。一种是用热机械处理(TMCP)减小晶粒的尺寸,另一种是用定向凝固使片层方向与载荷方向平行。对定向凝固,有两种方法控制片层方向,一种是籽晶法,另一种是不用种子的控制凝固过程方法。

1.2.2.1 钛铝基合金定向相变的原理和方法

A 钛铝基合金定向相变的原理

应用定向相变控制微观组织的主要困难是片层微观组织不是在液相而是在固相中形成。钛铝基合金的片层组织主要由 γ 和 α_2 相片层组成,位相关系为 $(111)_\gamma // (0001)_{\alpha_2}$。因此为了控制片层微观结构,高温 α 相的方向必须被控制,但是 α 枝晶的最优生长方向与[0001]方向平行,因此简单的铸造工艺常常造成片层方向与晶粒生长方向垂直,如图 1-1 所示。在凝固过程中,当 β 相形成时得到的锭的微观组织是由与生长方向平行或者成 45°的柱状晶粒组成的,因为 β 相沿 $<100>$ 生长,且密排六方的 α 相是从体心立方的 β 相中沿 Burgers 取向关系长出。定向凝固 Ti－Al 合金的片层方向取决于凝固途径。假设合金有 $\beta-\alpha-\gamma$ 凝固途径,凝固锭的最终片层方向与凝固生长方向成 0°或者 45°,因为 $\beta-\alpha$ 和 $\alpha-\gamma$ 遵循以下位相关系 $(110)_\beta // (0001)_\alpha$,

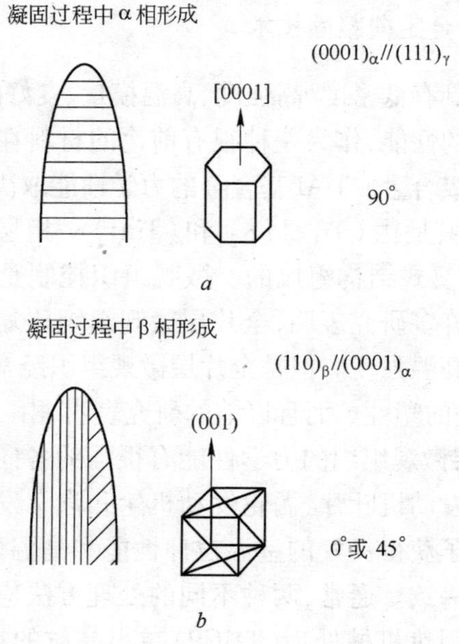

图 1-1 α 和 β 枝晶片层方向[15]

a—α 相; *b*—β 相

$<111>_{\beta} // <11\bar{2}0>_{\alpha}$，$(0001)_{\alpha} // (111)_{\gamma}$，$<11\bar{2}0>_{\alpha} // <110>_{\gamma}$。如果合金凝固经历α－γ凝固途径，由于α－γ的位相关系，凝固合金最终的片层方向应该与生长方向成90°。因此在定向凝固过程中，为了获得与生长方向平行的全片层微观组织，必须应用正确的工艺过程，一种方法是应用种子材料，即籽晶法；另一种方法是控制凝固过程以产生与生长方向平行的片层结构。

B 籽晶法定向凝固

近年来，Lee等人应用多晶籽晶成功地制备了定向铸锭，柱状晶沿轴线生长，而且片层组织与轴线平行。

(1) α相籽晶：在两相成分在$c_2 \sim c_3$的Ti－Al合金中（铝含量为原子数分数），如图1-2所示，α相是初生相，稳态凝固能产生α相。但是由于α相的择优方向，简单的钛铝基合金定向凝固工艺将导致片层方向与生长方向垂直。因此简单的定向凝固工艺不能使两相钛铝的片层结构平行于生长方向。为了控制从液相中析出α相的方向，可以用正确的定向籽晶。但是这种方法的主要问题在于如何发现合适的籽晶材料，这种材料在加热过程中α相的方向不变。

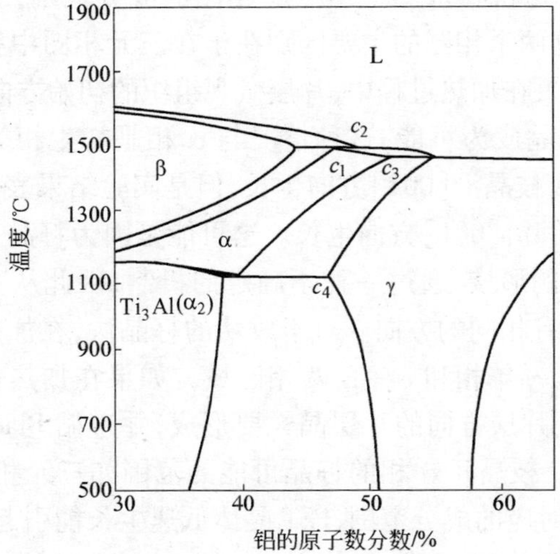

图1-2 Ti－Al相图中α_2－γ部分

籽晶是在钼套和不锈钢模型中，用感应熔化炉熔化浇铸而成，先在钼套中熔化，然后滴入不锈钢模中。籽晶锭直径 20mm，高度 50mm，籽晶晶粒从籽晶锭上切下来，然后旋转 90°，放入坩埚中做籽晶，在抽拉速度为 5mm/h 的速度下进行，成功制备出定向凝固试样。籽晶法定向凝固在高的生长速度时（20～40mm/h）将导致树枝状凝固。

（2）抑制初生 β 相形核的合金中安放 α 相籽晶法：对于铝原子含量小于 49% 的两相钛铝合金中，β 相是初生相。但对于单途径熔化情况，假设平固液界面，对于合金成分在 $c_1 < c < c_2$，α 相能稳态生长。在这种情况下，β 相是初生相，但是一旦达到包晶反应温度，α 相形核，把 β 相包围，有效地停止包晶反应。当达到 α 相的稳态生长条件后，如果 α 相是初生相，而且单 α 晶粒存在形成 PST 晶粒，α 相稳态生长。但是 α 相的"精确取向"和最终片层微观组织的方向不能被精确控制。当快速生长 α 相枝状晶产生的时候，片层微观结构趋向于与生长方向垂直的方向，因为 α 相的择优生长方向与[0001]方向相平行，所以铸态微观组织片层方向与生长方向常常垂直。

（3）β 相为初生相的合金中，枝晶间 α 相的籽晶：图 1-3[15] *a*、*b* 显示了二元 Ti－Al 和三元 Ti－Al－M 相图的成分范围，M 是 β 稳定元素，例如钼。这两个相图的主要区别在于在三元相图中存在 L＋α＋β 三相区域。如果在加热过程中，片层微观组织的初始方向保持不变，三相区域使 α 籽晶成为可能，这种情况与 α 相是初生相类似，如图 1-4 所示，图中的 β 枝晶沿[001]方向生长，但是实验结果表明整个锭的片层微观组织能够沿[001]方向生长。这可能是因为籽晶 α 相影响从 β 枝晶出来的 α 的形核，通过一种不确定的机制，因此从 β 相出来的 α 相与枝间 α 相有相同的方向。对于成功的籽晶法，在加热和冷却过程中，不应该进入 γ 单相和 α＋β 两相区域。如果在加热过程中进入这两个区域，不同片层方向的片层晶粒要形成，并遵循 Blackburn 和 Burgers 位相关系。枝晶间 α 相的籽晶可能的范围如三元相图中所表示。二元相图中相对应的成分范围，PST 晶体低速生长能引起平固液界面，但不能作 PST 晶体籽晶。

C　非籽晶法控制片层微观组织

如果图 1-4 所示的枝晶 α 相不用籽晶法，整个锭的片层组织沿生

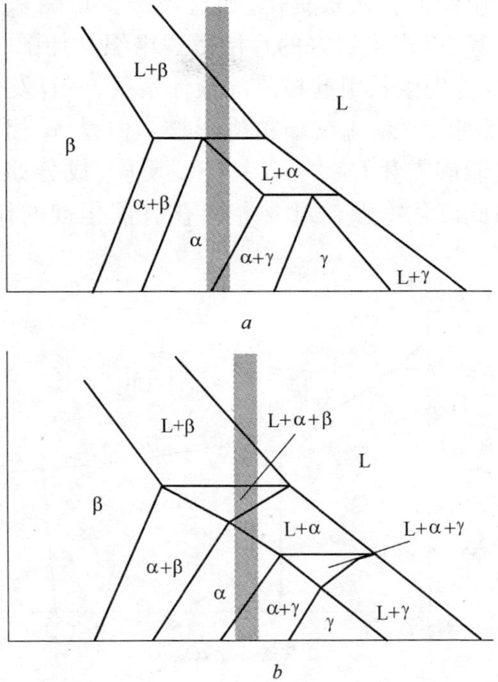

图 1-3　没有 β 稳定元素的合金范围成分相图系统[15]

a—二元；*b*—三元

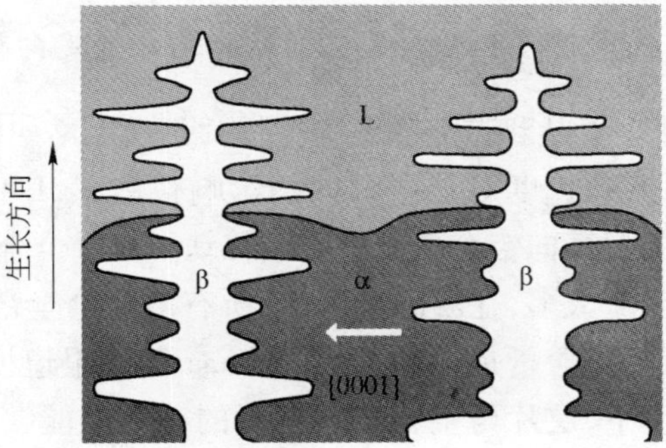

图 1-4　在 TiAl 基合金定向凝固过程中 α 和 β 相的可能生长图[15]

长方向排列，近似于枝晶 α 相的籽晶法。近来，一个可行的不用籽晶排列片层微观组织的方法被提出，通过添加少量硼来控制 TiAl－Mo 合金的凝固途径，以产生很好的片层微观组织。如图 1-5 所示，标①的合金，β 相的首先生长引起枝晶间液体富硼，一旦发生 $L \rightarrow TiB_2 + B$（成分如图 1-5 所示）硼化物颗粒将形核。但是，α 相不能形核直到液相成分达到能够发生 $L + B \rightarrow \alpha + TiB_2$ 反应，成分如图 1-5 标③位置处所示。因此硼化物颗粒对 α 相形核有催化剂的作用，并使等轴 α 相生长可能。

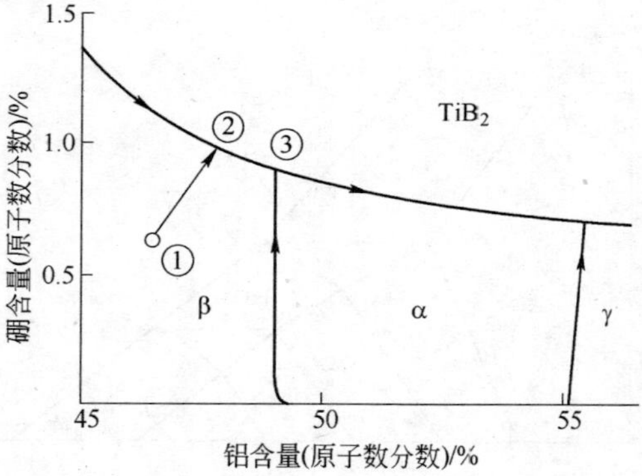

图 1-5　Hyman 等做的 Ti－Al－B 和含 1.5% 钼（原子数分数）合金结果液相表面图[17]

①②③分别为标志所在位置的化学成分

1.2.2.2　生长速度和合金元素对钛铝基合金定向凝固的影响

A　生长速率对钛铝基合金定向凝固的影响

实验表明，抽拉速度对片层方向的影响很敏感，$L + \beta \rightarrow \alpha$ 的转变线随抽拉速度的提高向铝含量低的区域移动。如果合金的开始成分没有偏离铝含量区域太多，在凝固过程中，所有液相会全部转变为 β 相。与 β 相相比，α 相的含量是很少的。Shidama 等人报道说，Ti－48Al 在很低的生长速度下，层片与生长方向平行的柱状晶能够形成。但当生长速度提高以后，凝固过程并不是像图 1-6 中描述的沿 $L + \beta \rightarrow \alpha$ 线转变。因此，可以设想在液相中如果有越多的 α 相生成，就越难控制片层

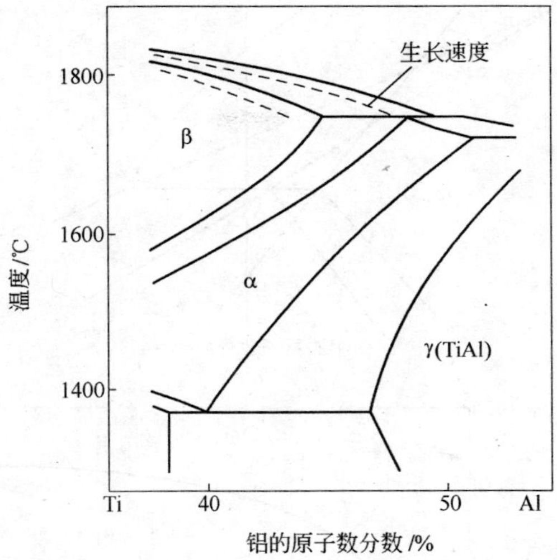

图 1-6 与生长速度对应的二元相图

方向。而且在三元钛铝合金相图中发现,转变过程是很复杂的,转变步骤十分困难。因此在定向凝固 TiAl 合金的过程中,为了控制层片方向,生长速度应尽可能的低。从相图中可以看到,β 相是 Ti－47Al 的初生相,在高温液相区,不能出现 β 相树枝晶的生长。但是对于平的凝固界面,从相图中预测有 α 相的生长。在定量计算的基础上,得到了图 1-7 的示意图,标定了每个相的界面温度和生长速度。可以看出,对于平的固液界面,α 相有较高的生长温度。提高生长速率,在成分过冷边形成胞晶,并且固液界面温度提高。当 α 相比 β 相排斥少溶质的时候,低速(5mm/h)β 相的平固液界面比 α 相(15mm/h)容易打破。胞晶尖的温度可以按下式计算:

$$\Delta T^* = DG/v$$

式中 ΔT^*——液相与胞晶尖温差;

G——穿过固液界面的温度梯度;

D——液相扩散系数;

v——生长速度。

在一定的生长区域,β 胞晶或者树枝晶,和 α 相的平面固液界面的生长形貌都可以被预测(现在的计算是:7～15mm/h)。在图 1-8 中,α

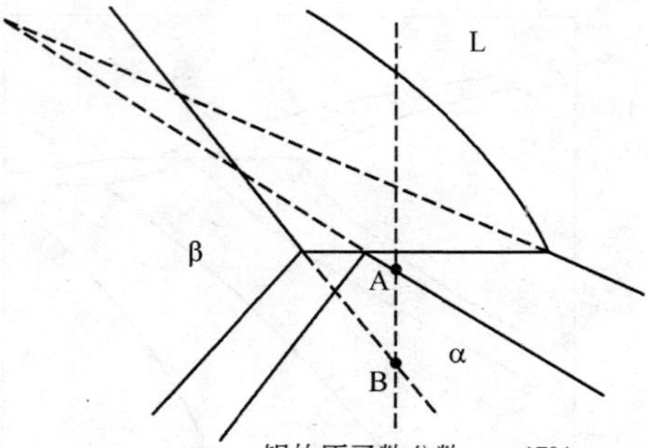

a

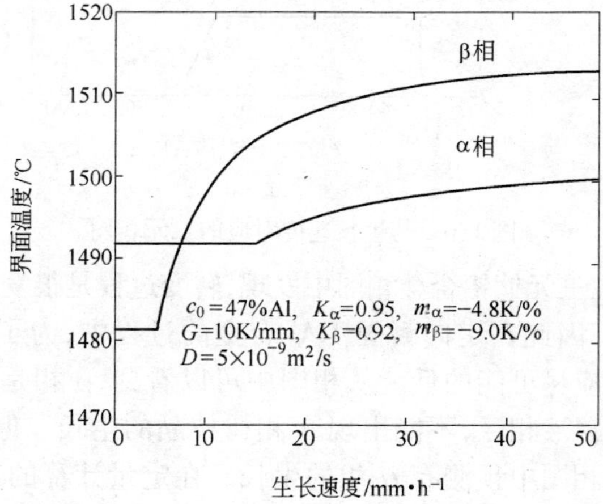

b

图 1-7　Ti－Al 系统中平面和胞状生长方式的 α 相和 β 相的生长速度对应的凝固界面图

a—高温相图：A—α 相固液界面平面，B—β 相固液界面平面；
b—凝固界面图：v_{el} < 7mm/h：α 生产前沿，v_{el} > 7mm/h：胞状 β 相形成

相的方向能够连续籽晶生长。如果 β 树枝晶的方向平行于［100］，考虑到 α 的形核，根据 Burgers 位相关系，有四种不同的 TiAl/Ti_3Al 片层组织。如果有一个密排面平行于被 β 树枝晶包围的 α 相的（0001）晶面，则这种结构的形核阻碍被减少，从而导致 α 相在此密排面上形核。

以上的模型可以用来解释 Ti－47Al 成分在 40mm/h 比 5mm/h 时更容易产生片层组织。在高的生长速率下，β 倾向于树枝状，择优生长方向平行于［001］。假设随生长速度增大，β 形核增加，然后 <100> 方

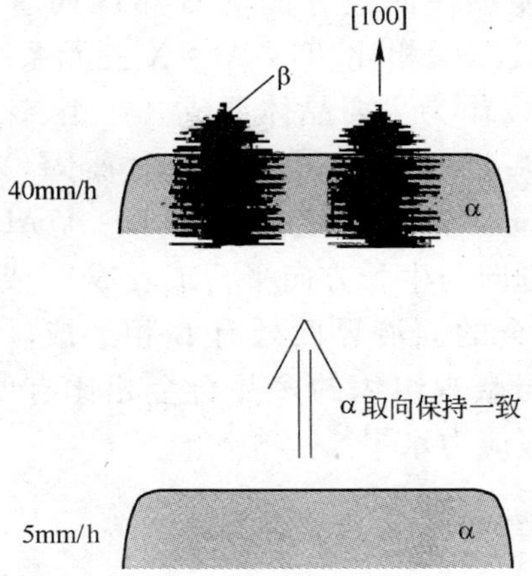

图 1-8　在定向凝固过程中 α 相和 β 相可能的生长方式示意图[18]

向的晶粒与热流方向平行，并且将超越其他的方向。但是在低的生长速率时是 β 胞状，生长将平行于热流方向，而不管晶体方向。在这种情况下，β 相的方向可能是不平行于生长方向的片层微观组织。

B　合金元素对钛铝基合金定向凝固的影响

一些 β 稳定元素，如钼、铌和铬在二元系统中能够提高 β 相。发现在 90mm/h 的速度下，定向凝固 Ti－46Al－2Nb 和 Ti－46Al－2Cr（原子数分数/%）的锭中，片层方向与生长方向成 0°～45°，因此得出结论，在 TiAl 二元相图中加入 β 稳定元素如钼、铌、铬等可能控制片层方向。在 Ti－47.5Al－2.5Mo 的定向合金中，在生长速度为 180mm/h 或者 360mm/h 时，片层方向接近垂直于生长方向，但是在 90mm/h 的生长速度下，片层方向与生长方向平行。这些结果表明合金成分和生长速度对定向凝固的片层方向有重要影响。用正确方向的 TiAl－Si 体系籽晶，在成分为 Ti－46Al－0.5Si－0.5X（X＝Re、W 或 Mo）和 Ti－47.5Al－0.5Re（原子数分数/%）的合金锭中，$TiAl/Ti_3Al$ 片层微观组织被排列为平行于生长方向。

通过分析感应电弧熔炼纽扣锭的树枝形貌来研究 Ti－Al－X（X＝Mo、Re、W）系统的高温相转变。结果发现，增加 β 相稳定元素，如钼、铼、钨，能够使固液界面的 β 相区向着高铝成分一侧转变。因此与 Ti－Al 二元相比，Ti－Al－X 三元系统中，即使有高的铝成分，β 相也可以作为主要晶体形成。在钼、铼、钨稳定剂中，钨是最有效的，把Ti－47Al－2W 成分选为 β 凝固。用 Bridgman 定向凝固设备，以 90mm/h 的速度定向凝固 Ti－47Al－2W 合金，发现柱状晶粒的片层方向与生长方向平行或者成0°或45°角，这表明在 Ti－47Al－2W 合金的固液界面处有 β 相形成。定向凝固合金的拉伸长度与全片层微观组织的多晶合金相比有明显的提高，但是保持了相同的屈服应力水平。

1.2.2.3 定向凝固钛铝合金的力学性能

钛铝基合金片层微观结构的力学性能取决于片层方向与加载轴方向的关系，通过制造由一个单片层晶粒组成的试样来研究钛铝基合金的片层微观组织的力学性能的新方法在1990年被引入，在一定程度上说这个试样是全片层多晶合金的单晶（PST）。因为有许多细小的孪晶片层包含在主要相 γ 相中，这些晶粒被称为多合成孪晶，多合成孪晶是在矿物质晶体中常见的。通过利用 PST 晶体，片层微观组织的特点和片层微观组织的基本性能如微观组织特性、变形、断裂强度、显微流动行为得到广泛的研究。

应用PST 晶体的研究可以被划分为：片层方向对力学性能的影响，片层微观组织形式的各向异性显微流动行为。PST 晶体的拉伸性能取决于 φ，如图 1-9[19] 所示，φ 是载荷方向与片层边界方向的夹角。在 $\varphi=90°$时，PST 晶粒的强度最大，而拉伸塑性几乎为0。在 $\varphi=0°$时，能够获得强度与塑性的最好平衡，强度不如 $\varphi=90°$时的强度高，但拉伸塑性在室温时能达到 5%～10%。当 $\varphi=30°\sim60°$时，与 $\varphi=0°$和 $\varphi=90°$时相比屈服应力降低而拉伸长度增大，这种趋势在 1000℃以上时也保持不变。PST 塑性的各向异性表明，具有多晶片层结构的钛铝基合金的相邻的晶粒间能引起大变形的不协调性，并且能够强烈影响变形。为了避免这种困难和设计具有优化力学性能的多晶片层合金，一个具有潜力的方法被提出，这就是应用定向凝固技术来生产具有与生长方向相平行的片层材料。

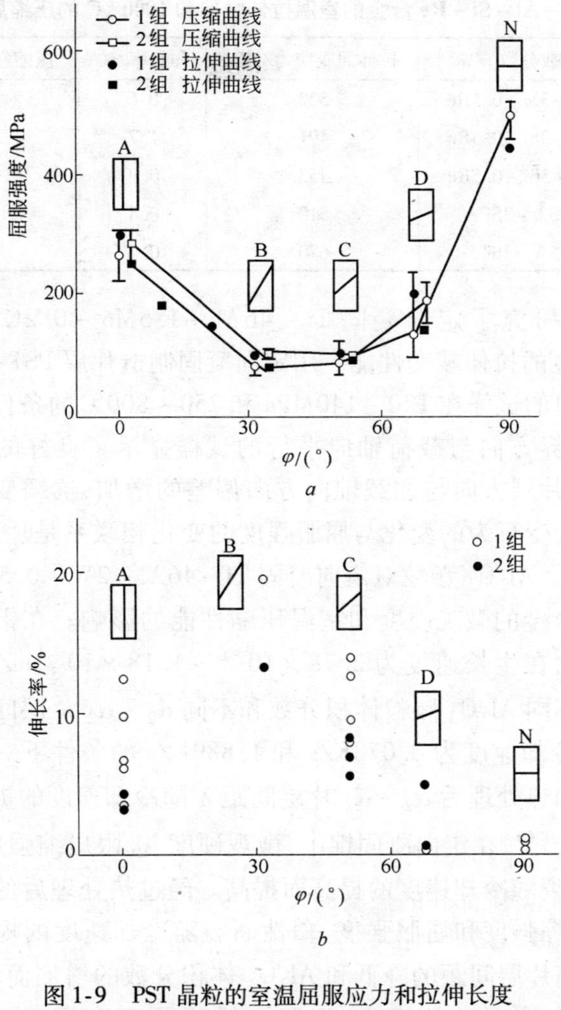

图 1-9　PST 晶粒的室温屈服应力和拉伸长度

φ 是载荷与片层方向的夹角，1 组和 2 组是不同的方向[19]

a—抗拉强度；*b*—伸长率

Ti－43.5Al－3Si－0.5Re 合金的拉伸和压缩测试结果见表 1-2，其中还包括以前所得的 Ti－43Al－3Si 合金。这两种合金的室温屈服应力和拉伸长度相近，含铼的合金有低的屈服应力和大一点的拉伸长度。但是铼对室温拉伸性能的影响很小。同样的，这两种合金的屈服应力基本一样。

表 1-2 Ti – Al – Si – Re 合金的室温拉伸性能和 1000 °C 的压缩屈服强度[20]

成分(原子数分数)/%	拉伸屈服应力/MPa	伸长率/%	压缩屈服应力/MPa
Ti – 43. 5A – 3Si – 0. 5Re	522	0. 6	379
Ti – 43. 5A – 3Si – 0. 5Re	491	1. 7	
Ti – 43. 5A – 3Si – 0. 5Re	453	0. 9	
Ti – 43. 5A – 3Si	510	0. 8	385
Ti – 43. 5A – 3Si	670	0. 4	

Lee 等研究了定向凝固 Ti – 46Al – 1. 5Mo – 0. 2C(原子数分数/%)合金的拉伸蠕变性能。用定向凝固制造片层 PST 状晶体。不同片层方向的试样在 120 ~ 140MPa 和 750 ~ 800℃的条件下 500h 蠕变,片层边界方向与载荷轴向平行的试样显示了良好的蠕变性能。但是,随着片层方向与加载轴向方向偏差的增加,抗蠕变性能减小,片层方向蠕变行为的变化与屈服强度的变化相联系是片层方向作用的结果[21]。Al_2O_3 颗粒对定向凝固 Ti – 46Al – 2W – 0. 5Si (原子数分数/%)合金的微观硬度和室温压缩性能的影响。在铝模型中,用定向凝固法在生长速度为 $2.78 \times 10^{-6} \sim 1.18 \times 10^{-4}$ m/s 的条件下准备含有不同 Al_2O_3 颗粒体积分数和不同 $\alpha_2 - \alpha_2$ 片层间距的锭,并且随后在冷却速度为 0. 078K/s 和 1. 889K/s 的条件下对溶质退火。定向凝固和热处理后 $\alpha_2 - \alpha_2$ 片层间距 λ 随冷却速度的提高而降低,根据 $\lambda \propto v^{-0.46}$,在定向凝固锭中,微观硬度、极限压缩强度和屈服强度、塑性断裂随冷却速度的提高而提高。经过热处理后的锭,微观硬度、极限压缩强度和屈服强度、塑性断裂随冷却速度的提高而降低。屈服应力随片层间距的降低和 Al_2O_3 体积分数的增加而增大。在定向凝固和热处理后的锭中,Vickers 微观硬度和屈服应力呈线性关系。

全片层多晶钛铝基合金的力学性能取决于晶粒大小、层片厚度、层片间距和共存 $\gamma - \alpha_2$ 片层的体积分数。在定向钛铝基合金中,力学性能如屈服应力、拉伸长度、断裂强度和延伸行为依赖于层片方向、加载轴和层片间距。

1.3 钛合金凝固过程数值模拟

1.3.1 钛合金充型凝固研究现状

铸造技术是经典的近净成形工艺。尤其对于一些大型复杂薄壁钛合金铸件,通过锻造或机加工难以实现,且成本相对较高,通过铸造技术不仅可以减少工艺,达到一次或近净成形,而且力学性能良好。

钛合金铸造工艺可分为永久铸型和一次性铸型。永久铸型包括机械加工石墨型、金属型。一次性铸型包括捣实石墨砂型、熔模型壳[22]。

钛合金按浇铸方式可分为[23]:静止浇铸、离心浇铸、压力铸造、电磁铸造、低压铸造、真空吸铸。充分考虑钛合金的铸造性能,包括其流动性和充填性,目前,钛铸件的浇铸方式常采用离心浇铸,这是因为离心浇铸时金属的流动性与静止浇铸相比有本质上的差别。离心浇铸时钛合金熔体在铸型型腔内流动速度明显加快,减少了填充铸型的时间以及熔体温度下降的程度,从而大大提高了钛合金熔体的流动性。随着离心转速的提高。钛合金熔体的流动性也明显提高。值得注意的是,在离心浇铸时,铸型材料及合金成分对流动性影响程度大大降低了。此外,离心浇铸是改善钛合金薄壁铸件填充性最有效的方法,同时离心铸造还可以节约用料,降低费用,是目前生产钛合金复杂件及薄壁件的主要工艺。

钛合金件的整体发展趋势是通过铸造等近净成形方式来生产钛合金铸件,降低其生产及加工成本,使其能大规模地应用于航空、航天、舰船以及民用领域,如图 1-10 所示。

离心铸造设备结构简单,生产投入费用低,工艺效果和经济效益显著,因此,具有大面积推广价值。目前国内外很多研究学者从事立式离心铸造方面的研究,立式离心铸造研究过程中,铸型转速的研究一直是个重点。合适的转速既能减轻金属液对铸型的冲刷,又能促进浇道中金属熔体对铸件最大限度的补缩。转速的选择首先要保证液体金属进入铸型后,能迅速充满型腔,其次要保证获得良好的铸件内部质量,避免出现缩孔、缩松、气孔等缺陷,以及防止产生偏析、裂纹等。目前通常采用以下几种公式计算转速 n:

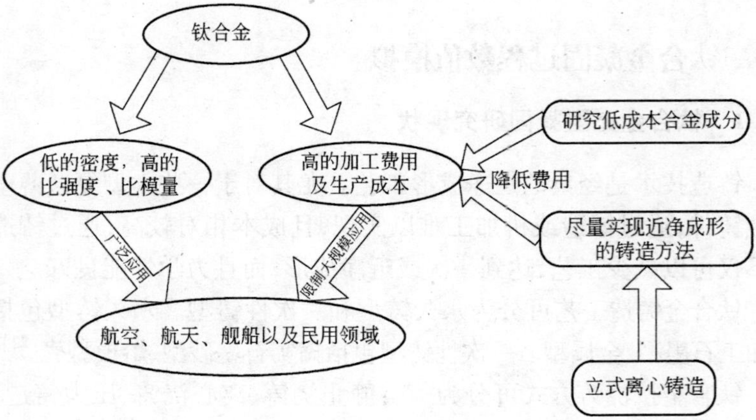

图 1-10　钛合金应用发展趋势

(1)凯门公式[24]：

$$n = \frac{c}{\sqrt{r}} \tag{1-1}$$

式中　c——根据铸件金属种类、浇铸速度、铸型种类等因素确定的参数；

r——铸件内半径尺寸。

(2)重力系数公式[24]：

$$n = 299\sqrt{\frac{G}{r}} \tag{1-2}$$

式中　G——重力系数，表示旋转状态中物质重度增大的倍数，$G = rw^2/g$。

(3)在铸件具有一定厚度差的前提下，通过计算得到的而且仅适用于立式离心机的转速公式为[24]：

$$n = 423\sqrt{\frac{h}{k(2r_0 - k)}} \tag{1-3}$$

式中　n——立式离心机转速；

h——铸件高度；

k——铸件上、下厚度差；

r_0——铸件最小内半径。

（4）康斯坦丁诺夫公式[25]：

$$n = \beta \frac{5520}{\sqrt{\gamma r}} \tag{1-4}$$

式中 r——铸件半径，m；

γ——铸件合金重度，N/m^3，离心场下 $\gamma = \frac{mrw^2}{v}$。

目前，一些研究者认为不论液态金属的种类如何，只要在液体金属自由表面上的有效重度 $\gamma = 3.33 \times 10^6$N/m^3，就能保证获得致密的铸件。

对于以上几种转速计算公式，西方国家常用凯门公式和重力系数公式，这两个公式只适合于铸件外半径与内半径比值小于 1.15 的铸件。我国和俄罗斯多使用康斯坦丁诺夫公式，由于实际铸型转速比计算值高，所以需要根据经验值乘以调整系数。重力系数公式可以明显看出重力系数是多少，计算也较简便，但是需要一定的经验。对于有壁厚差的铸件，一般采用公式 1-3。立式离心铸造过程中，转速过低将导致金属液充型效果不良，过高的转速会使铸件上出现裂纹、偏析等缺陷，同时也会使机器出现大的振动，磨损加剧，功率消耗过大。前面关于转速的研究都是基于保证铸件组织致密基础上进行的，最近研究显示，转速的高低对合金熔体的充填量有很大的影响，合金熔体的充填量随转速的增加而增加，但是过高的转速将导致充填量的下降，过低的转速将导致铸件产生缩孔、缩松等缺陷。

立式离心场下熔体质点主要受重力，离心力和柯氏力的共同作用，因此熔体质点的运动轨迹比较复杂。李元东[26]通过研究发现熔体质点的运动轨迹为近渐开线形状，且随转速的增加，渐开线曲率增大，如图 1-11 所示。其数学表达式为：

$$\begin{aligned} x &= v_0 t\cos(\gamma - \omega t) - R_0 \omega t\cos(\omega t) + R_0 \sin(\omega t) \\ y &= v_0 t\sin(\gamma - \omega t) - R_0 \omega t\sin(\omega t) + R_0 \cos(\omega t) \end{aligned} \tag{1-5}$$

式中 v_0——初速度；

R_0——初始距离；

γ——质点初速度方向与 x 轴正方向的夹角。

I. V. Derevich[27]研究匀速旋转盘上砂粒的运动轨迹发现，砂粒的

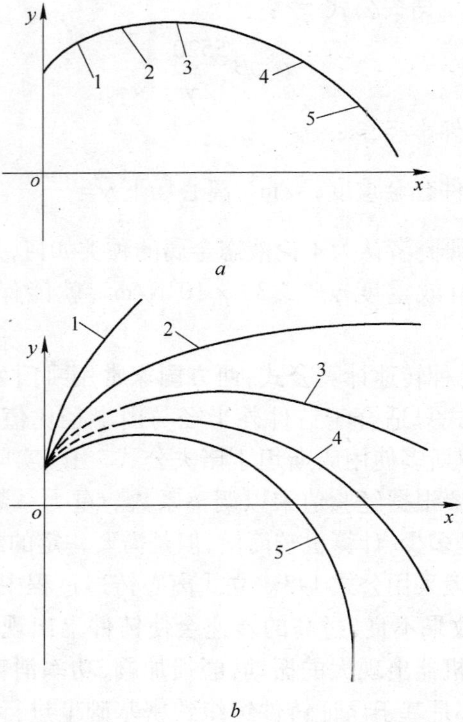

图 1-11 不同转速对熔体质点运动轨迹的影响[26]

$a—v_0=4\mathrm{m/s}$;$b—v_0=0$

1—$n=50\mathrm{r/min}$;2—$n=100\mathrm{r/min}$;3—$n=150\mathrm{r/min}$;4—$n=200\mathrm{r/min}$;5—$n=250\mathrm{r/min}$

$R_0=80\mathrm{mm}$,$\gamma=1.57°$

运动轨迹是开卷的螺旋状,砂粒质点的绝对速度随着砂粒距离旋转中心越远而逐渐增加。

离心浇铸时金属熔体的流动性与静止浇铸时有本质上的差别。离心浇铸过程中,合金熔体在铸型型腔内流动速度明显加快,减少了充填铸型的时间以及浇铸金属液温度下降的程度,从而大大提高了金属熔体的流动性能。因此离心铸造方式尤其适合那些流动性差、黏度高的合金熔体,如钛合金熔体。目前高性能的钛合金大型整体精铸件,大多数都是采用熔模精密铸造加离心技术浇铸出来的。如美国 Howmet 公司及 PCC 已能浇出 730 ~770kg 的工件,PCC 可生产出直径达 2m 的大型铸件，铸造尺寸公差可达 ±0.13mm，最小壁厚达 1.0 ~ 2.0mm。现今，熔模精密铸造工艺主要有：石墨熔模型壳、气相沉积碳陶瓷型壳、难熔金属面层型壳和惰性氧化物型壳等，这几种工艺的比较如表 1-3 所示。由于离心铸造的种种优点及其应用的民用化，越来越多的人从事离心铸造工艺方面的研究。

表 1-3 钛合金各种熔模铸造工艺的特点

种 类	优缺点及适应范围
石墨熔模铸型	工艺简便，原料价廉收缩大，但是有渗碳层表面且冷却快，适用于中小型铸件
钨面层陶瓷型	收缩小，精度高，表面沾污少，工艺复杂，但是原料价高同时表面冷却快，适用于大型复杂铸件
惰性氧化物面层陶瓷铸型	收缩小，精度高，表面光洁，存在气孔缺陷，但是必须热等静压处理，有表面沾污层，适用于大型复杂铸件

1.3.1.1 钛合金熔体充填过程的研究

合金熔体的充填过程对随后的凝固、组织及缺陷形成有很大的影响，良好的充填效果有助于改善合金组织，减少缺陷。立式离心场下合金熔体的充填过程比较复杂，而钛合金铸件多数都是采用立式离心铸造工艺完成的，所以立式离心场下钛合金熔体的充填过程是人们首先要研究的课题。

I. Watanabe[28]在研究铸造方法对钛合金铸造性能的影响中提出，铸造性能主要受两方面因素影响，一方面是合金熔体固有的流动性，另一方面是铸造条件，在差压铸造生产钛合金中提出，压力为 20kPa 时，铸件缺陷最少。

日本的 H. Shimizu[29]在研究钛合金楔形件充填过程中提出，表面张力、动力黏度、熔体与铸型之间的温差是影响合金熔体充填的几大因素。K. Liu[30]在 TiAl 排气阀离心铸造中指出，合金熔体的过热有利于熔体的充填以及缺陷的减少。Morten Syvernd[31]研究了不同的铸型气体渗透率对钛合金精密铸造充填过程的影响。研究指出，铸型的气体渗透率低将导致铸件出现浇不足，合金熔体的充填效果随着铸型气体渗透率的提高而提高。K. Watanabe 和 T. Okabe[32] 等人在研究各种钛合金在离心机上的充型中提出，合金的流动性差、黏滞力强往往导致合金充不满现象，合金的流动方向不仅仅受控于离心力，同时也受控于通道内流动性的变化，并且速度越大，Coriolis 力也越大。

李锡年[33] 在讨论异形铸件立式离心铸造的工艺技术和应用中指出，立式离心铸造工艺设计应遵循两个原则：一是建立起自外向内的顺序凝固；二是在浇铸系统中保持足够的钢液，保证凝固过程中能不断地对铸件实行离心力补缩。对于壁厚中空铸件，可将冒口尽可能地移至旋转中心或中心孔内侧，金属液的良好充型性能可避免铸件产生冷隔和皱皮。铸型在旋转时注入钢水，它的浇铸温度和速度可适当降低。

盛文斌[34] 对汽车用排气阀的充型规律及缺陷形成规律做了一定的研究。建立了 TiAl 基合金熔体离心力场下的充型过程的数学模型，推导出了填充过程中熔体充型速度、横截面面积和倾角及反向填充速度和时间变化的表达式，提出合金熔体在型腔中的充型过程中横截面面积随充型长度的增加而不断减小，如图 1-12 所示。

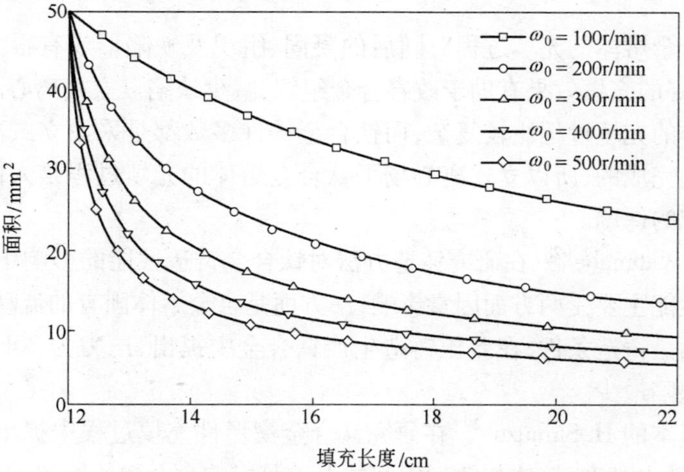

图 1-12 熔体横截面面积随充型长度的变化[34]

但是以上的研究是针对简单型腔进行的，对于复杂浇铸系统及复杂薄壁件的探讨尚显不足。同时，前人关于钛合金立式离心铸造工艺过程的研究没有涉及到熔体温度变化、铸型旋转方向的变化，以及浇铸温度、铸型温度的改变对钛合金熔体充填过程的影响，这些工艺参数的改变对合金熔体的充填、凝固以及缺陷形成有很大的影响。

1.3.1.2　充填过程数值模拟

陈立亮、曾兴旺等[35]对离心铸造过程中金属液体的流动、传热进行分析，成功建立了描述离心铸造充型及凝固特性的数学模型；并且利用数值模拟技术对离心铸造过程中铸件的形成过程进行可视化的仿真。

张新平[36]等人采用有限差分法离散二维柱坐标系下不稳定热传导微分方程，利用 Mathcad 软件处理数据文件得到温度场分布图，模拟了二维柱坐标系下自硬砂型中金属离心凝固过程。对离心法制备Al－16% Si 梯度功能材料出现的内外缩孔缺陷的成因进行了分析。李俊峰[37]等人建立了预测立式离心铸造缩孔、缩松的数学模型，并且进行了数值模拟，取得一定进展。

X. P. Zhang[38]模拟了钛合金假牙铸件的凝固过程。梁作俭[39]等人做了关于 γ－TiAl 增压涡轮熔模铸造过程数值模拟研究。根据熔模型壳离心浇铸的铸造工艺特点，建立了 γ－TiAl 增压涡轮凝固传热过程的数值模型，推导了离心压力下 γ－TiAl 金属间化合物的凝固收缩和补缩过程数学模型，模拟计算了 γ－TiAl 增压涡轮铸件的温度场和收缩缺陷，如图 1-13 所示。

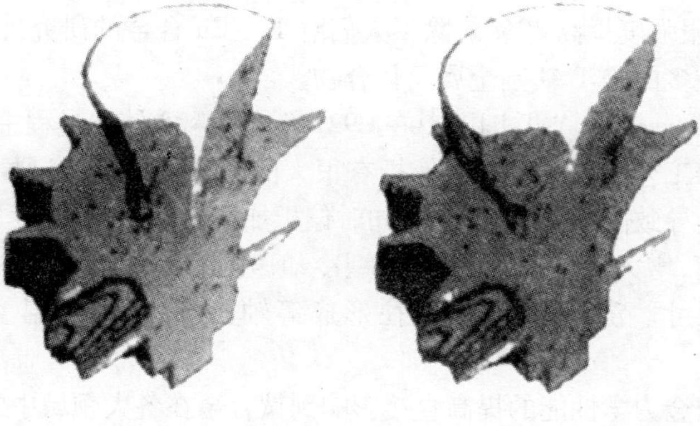

a　　　　*b*

图 1-13　涡轮铸件的收缩缺陷模拟结果

a—No. 1 涡轮；*b*—No. 2 涡轮[39]

随着模拟技术的发展，现在国内外出现了很多铸造模拟软件，如德国的 MAGAMA，法国的 PROCAST，瑞典的 NOVACAST，芬兰的 CASTECH，韩国的 ANYCASTING，中国的“华铸 CAE”、清华大学的“铸造之星”（FT－STAR）。但是真正能做离心铸造模拟的软件还不是很多。Menghuai Wu[40]通过 MAGAM 软件在研究钛合金假牙立式离心铸造缺陷分析中提出，对于钛合金假牙，铸造工艺设计中，关键问题是内浇道的尺寸，过于窄和过于长都会导致凝固过快，无法继续充填，过于宽和过于短容易在连接处产生热节。另一个关键问题是避免第一股熔体直接流入铸件中，因为过多的卷气将导致缺陷的产生。

1.3.2 钛合金充型凝固缺陷研究现状

1.3.2.1 钛合金铸造组织研究

钛合金的组织直接影响到钛合金的力学性能，晶粒细化可以提高合金的力学性能。S. Tamirisakandala[41]通过研究指出，硼元素的添加可以细化铸造钛合金晶粒，但是当硼元素添加多于 0.1% 时，其细化效果无明显改善，如图 1-14 所示。

Masafumi Kikuchi[42]等人对 Ti－Cu 合金的微观组织与力学性能作了深入研究，提出添加 5% 的铜元素，合金的拉伸强度比纯钛提高 30%，屈服强度提高 40%。除了人们对 Ti－Cu 合金的研究外，目前人们研究最多的是 TiAl 基金属间化合物。

A. Halvaee 和 A. Talebi[43]在 C92200 合金离心铸造过程中指出，不同的浇铸工艺对铸件组织和偏析有很大的影响。实验结果显示，温度的升高会导致晶粒尺寸的增大，同时偏析加重，高的旋转速度也会加重偏析程度，增大晶粒尺寸，但是铸型冷却速度的提高可以消除偏析，减小晶粒尺寸。浇铸温度低，往往形成等轴晶，高的浇铸温度形成柱状晶。

钛合金力学性能的提高直接影响到钛合金在各大领域中的广泛应用。目前对钛合金性能的研究主要包括磨损、蠕变性、疲劳性、超塑性等方面的研究。同时钛合金的机加性能也是研究的主要对象。

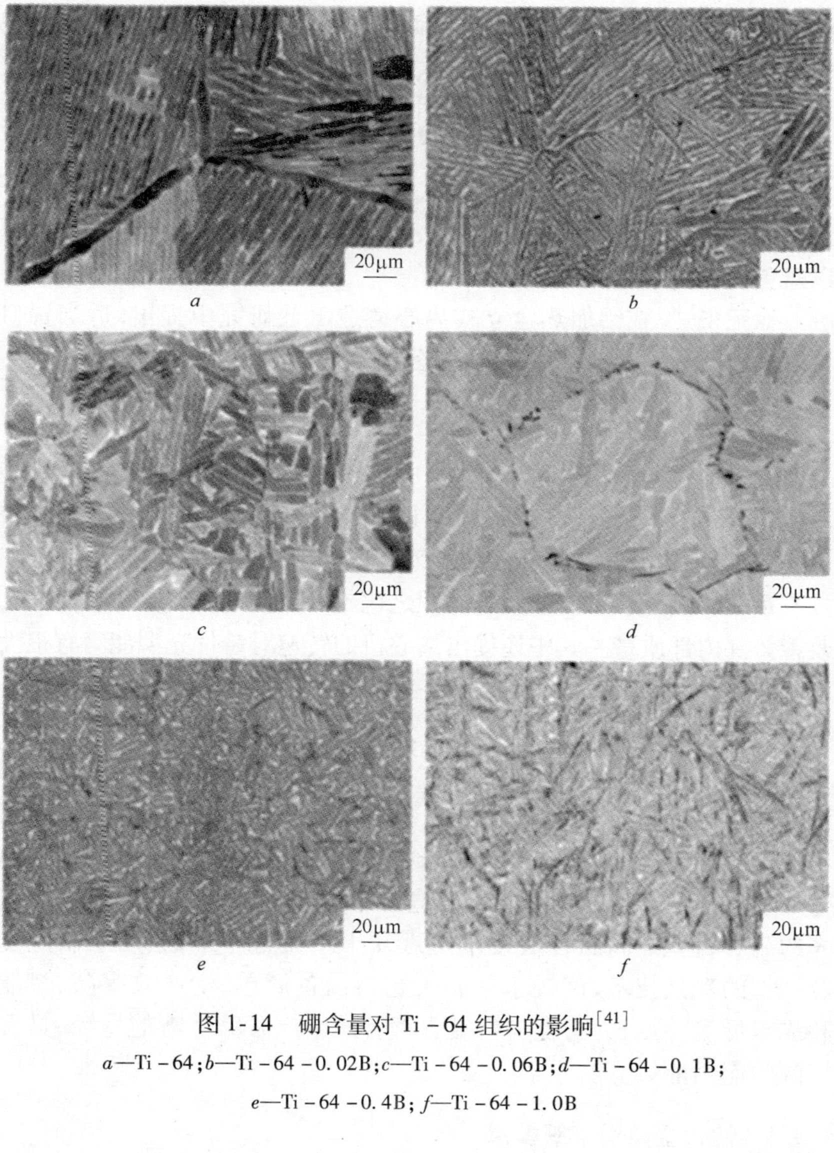

图 1-14　硼含量对 Ti-64 组织的影响[41]

a—Ti-64；*b*—Ti-64-0.02B；*c*—Ti-64-0.06B；*d*—Ti-64-0.1B；
e—Ti-64-0.4B；*f*—Ti-64-1.0B

1.3.2.2　立式离心场下铸件缺陷研究

立式离心场下合金铸件缺陷主要包括偏析、浇不足、缩孔、缩松等。针对不同缺陷，研究者们进行了大量的研究。

陈刚等人[44]在讨论 ZA27 合金件在离心铸造中铝的宏观偏析中指出，充型时间越长，充型温度越低，试件中的宏观偏析程度越低，同时还指出铝的宏观偏析是由于锌和铝之间的密度差异导致的，锰的加入可以有效地降低宏观偏析。

A. Choudhury[45]在研究用永久模离心铸造生产 TiAl 排气阀中介绍，凝固过程中理论计算传热显示，铸造过程中模型加热到 1000℃ 可以避免铸件内部缩孔的产生。

徐荣华[46]在铝加热盘立式离心铸造工艺研究中提出，适当冒口可以消除局部缩孔，冒口高度可按公式 1-6 计算：

$$H_{\mathrm{m}} = (1.1 \sim 1.2)\frac{\overline{w}^2}{2g}r_{\mathrm{m}}^2 \tag{1-6}$$

梁作俭、柳百成[47]等人在 γ－TiAl 增压涡轮近净成形的研究中指出，熔模型壳离心浇铸法制备 γ－TiAl 增压涡轮铸件过程中，冒口与铸件模数之差、冒口与铸件体积之比对涡轮铸件的凝固过程和收缩缺陷具有重要影响，模数之差越大，体积之比越高，越有益于减少收缩缺陷，改善铸件内部质量。其中还提出离心机的转速对铸件充型能力有很大影响。完整的 γ－TiAl 增压涡轮精密铸件合适的离心转速范围是 600～900r/min。

Ioana Baltag[48]研究钛合金假牙内部缺陷时提出，直浇道方向和尺寸对孔隙的形成影响很大。由于离心铸造工艺的特殊性，目前离心铸造越来越多地应用在梯度复合材料、陶瓷材料以及多孔材料的生产上。离心铸造技术和自蔓延高温合成技术结合在一起而发展起来的离心自蔓延高温合成技术是近几十年流行起来的、用于制造复合钢管的新兴技术，该技术具有工艺与设备简单、生产效率高、节能和成本低等特点，为陶瓷内衬复合钢管的生产开辟了新的途径，具有广阔的应用前景。

1.3.3 钛合金微观组织模拟

对于合金的研究，通常始于凝固。而凝固的最终结果是组织的形成。凝固组织直接决定铸锭质量的好坏，力学性能的优劣。图 1-15 给出了宏观传输现象、微观组织与性能的关系[49]。因此，要从本质上了

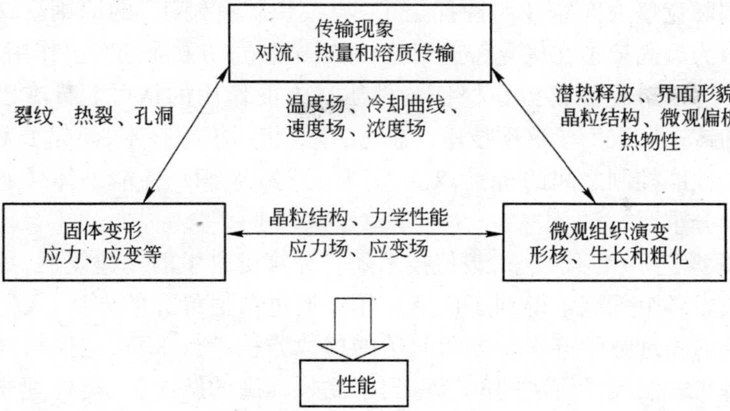

图 1-15 宏观传输现象和微观组织与性能关系[49]

解一种合金并更好的应用它就需要对其凝固过程中组织的形成从理论上进行系统、详细的研究。这具有非常现实和重要的意义,也是铸造工作者长期致力研究的课题。

过去的组织优化研究是对不同条件下制备的试样进行金相检验,以得到其组织形成的规律性,这样要耗费大量的人力物力,而且有一定的盲目性。目前,通过经验控制铸造工艺参数以及借助宏观传热、传质与流动的数值模拟,许多铸造过程中产生的宏观缺陷已经可以或有希望得到控制。然而由于组织形成的复杂性,光凭经验往往难以获得预想的组织,因此利用现有的宏观模拟成果,并依据基本的铸造理论对微观组织的形成进行模拟是当前凝固模拟研究的一大趋势。对铸件凝固过程的微观组织模拟,可以降低消耗,做少量实验既可以预测铸件的凝固组织和推断其力学性能,又可获得主要工艺参数与铸件凝固组织的定量关系,为通过工艺控制和改善铸件凝固组织提供了可靠依据。然后在实际铸造前进行虚拟生产,并根据结果调节控制参数,从而缩短铸件的试制周期,将铸造行业导入科学生产和管理的轨道。近年来,随着铸件凝固过程中宏观模拟的逐渐完善以及计算机硬件技术的飞速发展,微观组织模拟成为可能,因而微观组织模拟逐渐成为当前铸件凝固过程模拟的研究热点。Heine[50]在总结对金属铸造业产生重大影响的先进技术时高度评价了“凝固模型的建立与模拟”工作。英国铸造业为提高国际竞争力向企业明确提出了“有模拟就有销售”的原则。这不仅是因为凝固模拟在优化铸造工艺、缩短试制周期方面的突出作用,也是由于客户对凝固模拟在保证铸件质量方面作用的认可。日本已有10%的铸造厂采用了这项技术。总之,微观组织模拟技术,架起了工艺设计与性能控制之间的桥梁,对于实现工艺—组织—性能一体化研究具有十分重要的意义。

20 世纪 80 年代以来,数值技术随着计算机科学的飞速发展,其在科学技术各个领域中得到了广泛应用。通过数值计算的方法,人们可将复杂的物理数学方程转化为简单的代数方程进行求解,这使得许多利用解析方法无法解决的问题得到了比较圆满的解决,人类处理非线性问题的能力也大大提高。目前,凝固模拟的发展方向已由宏观模拟向微观模拟、微观耦合宏观模拟方向发展。经过 10 多年的研究,各种微观组织的模拟方法纷纷出现。这些方法虽各有优缺点,但都在一定程度上比较准确地模拟了合金的凝固组织。由于实际的凝固过程比较复杂,在应用中各种方法均作了不同程度的假设。随着计算方法及计算机硬件的不断发展,对铸件微观组织的模拟准确度和正确度正在不断提高。

综观各研究者的工作,常用的微观组织数值模拟方法主要有三类:确定性方法(Deterministic Method)、随机性方法(Probabilistic Method)和相场法(Phase Field Method)。所谓的确定性方法是指在给定时刻,一定体积熔体内晶粒的形核密度和生长速度是确定的函数。确定性方法又细分为体积元方法和相图计算法等。确定性模型以凝固动力学为基础,理论明确,符合晶粒生长物理背景,具有实际意义。但是由于它的确定性,还不能考虑到晶粒生长过程中的一些随机现象,如随机晶核分布、随机结晶取向。确定性模型一般用于计算形核率、固相分数、枝晶尖端长大速率、晶粒尺寸的平均分布等,以及枝晶生长过程中溶质成分变化等原始计算。随机性方法是采用概率理论来研究晶粒的形核和长大,包括形核位置的随机分布和晶粒晶向的随机选择。随机性方法又称为概率性方法,主要分为元胞自动机法(CA)和蒙特卡罗法(MC)等。概率性方法的提出可以弥补确定性方法的不足。概率性方法中的CA 法产生于 MC 法之后并被广泛应用。它具有如下优点:考虑了形核和生长的等物理机制;宏观传递现象如传热、传质和对流与微观形核及生长相耦合;可以再现柱状晶区的竞争生长现象;可以再现柱状晶向等轴晶的转变(CET);模拟过程中无论是模拟柱状晶生长还是模拟等轴晶生长均采用相同的形核模型和生长动力学。而相场法则是以金兹堡-朗道理论(Ginzburg-Landau)为基础,通过微分方程反映了扩散、有序化势及热力学驱动力的综合作用。确定性模型是人们最早使用的一种模拟方法,它的不足在于忽略了凝固中的一些随机过程,同时不能得到比较直观的晶粒组织图像。相场法尽管可以描述枝晶内部结构,而且可以对固液界面处的凝固行为进行详细分析,但此种方法只适合研究小计算域中的凝固情况,同时模拟中做了大量假设,模拟结果无法同实际结果进行直接比较。而随机性方法具有其他两种方法无可比拟的优势。它吸取了确定性方法的优点同时又包含了概率理论,既有理论基础又与实际过程接近,模拟中与宏观场相耦合,可以最大限度地考虑凝固过程中所涉及的复杂的物理现象,研究对象通常为实际铸锭或铸件。随机法具有利用简单、局部和离散的方法描述复杂、全局和连续系统的能力,目前仍为广大研究者所喜爱。

现在国内外对随机法的研究和应用已经取得了很大的进展,但在晶粒组织模拟方面,主要针对枝晶轮廓进行模拟,即只给出先析出相的信息,因此,很有必要在模拟过程中考虑当凝固温度达到共晶反应线或包晶反应线时,第二相形成对凝固组织的影响并且在模拟结果中直接给出第二相的分布信息。而在宏观缺陷模拟方面,还停留在缺陷形成的计算只与宏观场计算相关联,同时能否较精确地模拟缺陷形貌,在很大程度上受宏观网格尺寸的限制。所以,在微观组织的尺度内考虑宏观缩孔形成会解决当宏观网格剖分较大尺寸时所产生的失真。如何在模拟过程中较准确地模拟柱状晶向等轴晶转变(CET)一直是人们关注的问题。在其他理论研究的基础之上,有必要给出适合铸锭凝固过程中 CET 转变判据。同时针对大尺寸铸锭,从实用化的角度出发,有必要设计算法以节约计算时间和计算量。

确定性方法在定量模拟中具有优势。但是我们知道凝固过程是复杂的,涉及很多物理现象。如果单纯使用确定性方法来研究凝固过程,人们就不能更直观地了解凝固究竟是如何进行的。在认识到确定性模拟方法的局限性后,一种采用概率来研究晶粒的形核和长大(包括形核位置的随机分布和晶粒晶向的随机取向)的方法被提出,称为“概率性方法”或随机性方法(Stochastic Method),其中主要包括 Monte Carlo 法(MC)和 Cellular Automation(CA)法。这种方法的概率特点体现在如下两方面:形核位置的随机分布和晶粒取向的随机选择。

MC 法也称为随机抽样技术,它利用随机数求解问题,在计算机上模拟实际的概率过程,从中总结出一定的统计规律。MC 方法首先由 Spittle 和 Brown[51]引入合金凝固过程晶粒组织形成的计算机模拟中。这种方法是以界面能最小为基础,通过考察不同位置点(例如固液界面上的位置点)的自由能变化,计算出这些临近固液界面的液相位置点变成某一它所邻近晶粒的概率,然后根据产生的随机数确定这些位置点变成哪个晶粒。MC 法最初起源于对再结晶过程中固相晶粒生长过程的模拟,后来 Spittle 和 Brown 对这一方法作了发展,研究了工艺参数及合金参数对单相二元合金晶粒组织的定性预测结果,其中包括柱状晶和等轴晶的转化。然而,模型中忽略了宏观和微观之间传输过程的细节,缺乏明确的物理背景。此外,MC 方法的计算时间步长与凝固时间无关,不能定量分析各种物理现象对凝固组织的影响。因此目前应用更多的是 CA 法和相场法。

1.3.3.1　Ti - Al 合金的铸锭 CA 法模拟

元胞自动机理论是由 Von Neumann 于 20 世纪 40 年代创立的,在 1948 年 6 月,当第一台 Von Neumann 计算机在普林斯顿高等研究院建造时,Von Neumann 作了 3 个报告,阐述他关于具有自我复制能力的机器人的构想,此后他建立了一整套关于机器人自我复制和进化的理论。40 年代末,Von Neumann 的一位同事用一种二维棋盘格子的抽象自动机研究晶体生长问题,在他的建议下,Von Neumann 采用了 CA 法来研究机器人自我复制的可能性,自此他创立了元胞自动机理论。1983 年,美国年轻的物理学家沃尔夫拉曼大力发展了 Von Neumann 所提出的元胞自动机(Cellular Automation, CA)的雏形,随后,元胞自动机被引入到物理学、化学、生物学和材料学等许多领域。

CA 法是一个空间、时间以及系统状态都是离散化的动力学系统。

空间被一定形式的网格分割成许多单元，称为元胞(cell)。它所具有的物理状态是系统有限数目状态中的一种状态。在网格中，元胞的状态演化依据一个局域原则进行，即在一给定时间步长内元胞状态由其自身及其近邻元胞上一时间步长的状态决定。在离散的时间步长内，网格中所有的元胞同步更新，使得整个网格的状态发生变化。在给定时间步长后，随着演化规则定义的不同，系统的最终演化结果可能显现为均匀、混沌或复杂与混合的结构。归纳起来，CA 法的主要特征有：空间是离散的；时间是离散的；状态取值是离散的；演化的运算规则是局域的。CA 法是传统物理学中近距离作用的"场"，是场的离散化模型。CA 法的实质是利用大量的简单元件，通过简单的连续和简单的运算规则，在时空中并行地持续运行，以模拟出复杂而丰富的现象。

在材料科学中，CA 法主要应用于如下方面：在凝固过程中，用于模拟枝晶的形貌、处理形核、生长竞争和 CET 转变，通常被称作微观 CA 法；在凝固过程中，用于模拟枝晶内部结构、分析凝固过程中微观偏析现象，通常被称作介观 CA 法；还可以模拟再结晶；模拟位错样式的形成等。

CA 法将枝晶生长简化为八面体(二维情况则为四边形)格点的生长形为，只能给出枝晶包络线的形貌，而不能给出实际枝晶复杂的分形结构，而且，液相完全混合的假设也使得该模型忽略了成分的影响，不能给出微观偏析等重要的信息。

CA 元胞的划分和邻近元胞的定义为：本书在一个宏观网格内又细分了 $n \times n$ 个正方形网格。形核元胞的结晶取向指数为 1～48 中的任意一个整数，不同晶体学取向的元胞用不同颜色表示。每个元胞的最邻近元胞是上下左右四个元胞，即在已凝固元胞捕捉过程中，只考虑近邻元胞的捕捉。

针对试样图 1-16 和图 1-17 分别给出不同时刻下温度场和液相分数场的变化。随着凝固的进行，在对流的作用下，糊状区尺寸不断扩大，熔体中温度分布趋于均匀。同时可以看出，在铸锭的左右两侧，流动并没有使等温线产生明显的弯曲；而在铸锭底部，等温线发生明显变形，这说明在铸锭底部存在较为明显的对流换热。借助于图 1-17 可以知道，铸锭的凝固方式为顺序凝固，即最后凝固部位在铸锭中心处。

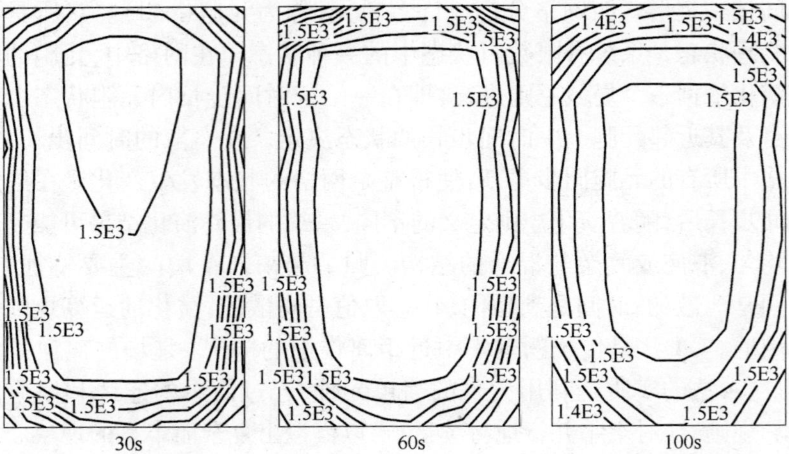

图 1-16 凝固过程中温度场的变化[52]

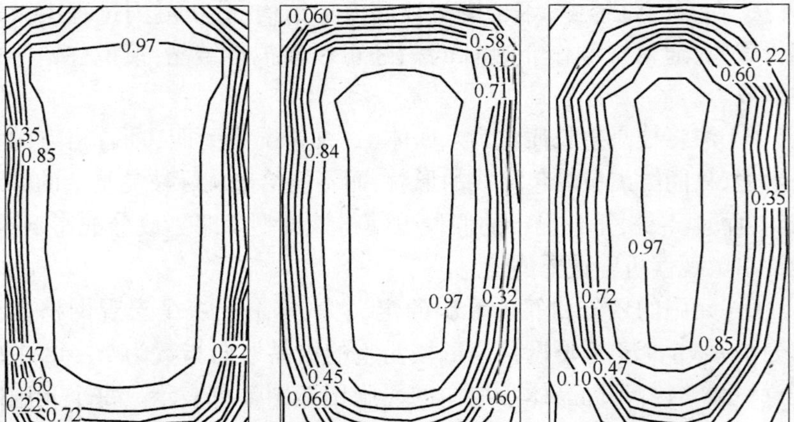

图 1-17 凝固过程中液相分数场的变化[52]

图 1-18 为不同时刻下成分场（平均成分 $c_{mix}=f_l c_l+f_s c_s$）的变化示意图。可以看出随着凝固的进行，中心处的液体会产生溶质富集，当铸锭凝固结束后，心部产生正偏析，而四周产生负偏析。这主要是因为固相析出时发生了溶质再分配现象，排入枝晶间液相的溶质以扩散和

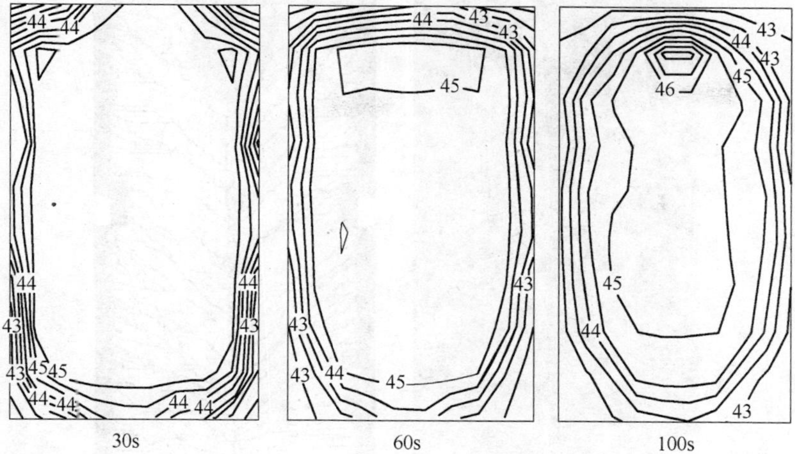

图 1-18 凝固过程中成分场的变化[52]

对流的方式被带走,进入液相区或固相分数较低的区域。同时铸锭上部最后的平均成分要高于合金初始成分,因为在糊状区中溶质对流起主导作用且使液体向上流动,所以溶质富集的液体被带到中上部。由于在真空条件下形成 TiAl 合金锭,冷却速率慢,所以凝固过程中凝固收缩产生的流动对成分分布的影响可以忽略。

图 1-19 给出了模拟结果和实验结果的对比。可以看出,Ti-45% Al(原子数分数)合金在凝固过程中,凝固组织为柱状晶。这是由于 TiAl 合金的活性高,凝固过程中熔体中并不存在异质形核核心。因此易得到穿晶组织,并且柱状晶生长呈倾斜方式。这主要是由于形成穿晶组织时,柱晶搭接,此时还没有发生"生长取向"的改变。这时由于周边处已凝固,凝固收缩会产生负压(也称高温负压),凝固的部分不会变形,只能中间糊状区部分变形,向下偏。

1.3.3.2 Ti-Al 合金的相场法模拟

从 20 世纪 70 年代开始,相场法被引入到枝晶生长的研究当中来。通过建立相场模型,可以避免跟踪复杂界面,通过相场与温度场、溶质场的耦合,可以直接模拟金属凝固过程枝晶形成及其所发生的偏析等,而且能够详细给出枝晶组织的具体形貌,而不像传统的数值模拟方法

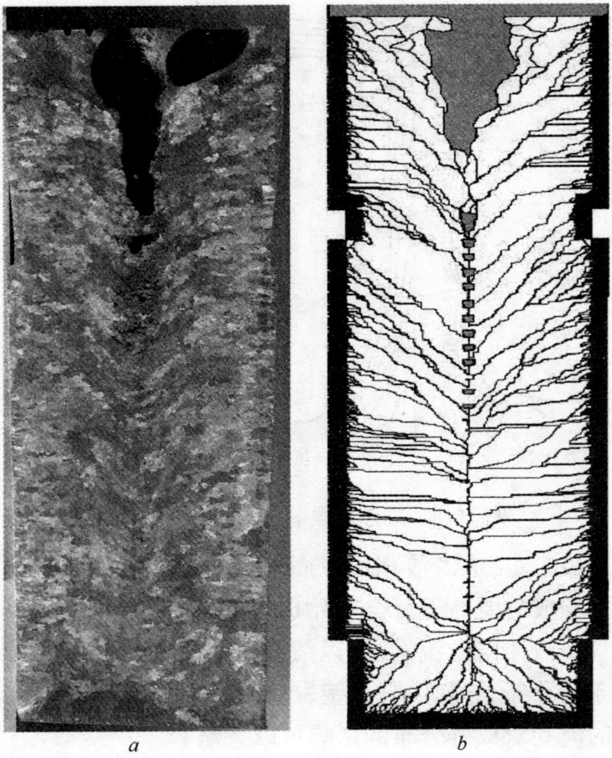

图 1-19　实际宏观组织与模拟结果对比[52]

a—实际宏观组织；*b*—模拟结果

那样只能够给出其包络线。相场法与处理固液相变的其他方法的主要不同之处是引入了一个新的变量 $\varphi(r,t)$，即相场变量，它表示材料在位置 r、时间 t 处的有序化数，$\varphi(r,t)$ 等于 0 表示液相，$\varphi(r,t)$ 等于 1 表示固相，这样，固液界面就变成了一个具有一定厚度的薄层，在界面上，$\varphi(r,t)$ 以一定的梯度从 0 到 1 变化，如图 1-20 所示。而且，相场法以金兹堡 - 朗道理论（Ginzburg - Landau）为基础，通过微分方程反映了相变过程扩散、有序化势及热力学驱动力的综合作用，物理意义明确，是模拟相变过程微观组织演化的理想方法。相场法是一种最新的微观组织模拟方法，其方法新颖，思路简单，功能强大。它能使研究者直接模拟微观组织的形成，因此相场方法也称为直接的微观组织模拟。相场法通过引入相场变量 φ,考虑有序化势与热力学驱动力的综合作用来建立相场方程,其解可描述金属系统中固/液界面形态和界面的移动,从而避免了跟踪复杂固/液面的困难。相场方法可以描述平衡状态下新相与母相界面以及固液界面处复杂的生长过程。此外,相场法还可以将相场变量引入温度场、溶质场、流场、应力场及其他外部场控制方程,比较真实地对凝固过程进行模拟。由于具有上述优点,相场法能直接模拟材料中固相和液相中的溶质偏析、分枝的形成、熟化等复杂的凝固过程及定量地研究扰动、各向异性和相变对凝固微观组织的影响,尤其是相场法可以直接和热力学数据相耦合进行微观组织的演化计算,这是目前其他的微观组织模拟方法所不能达到的,因此相场方法成为当前微观组织模拟的主要研究热点。

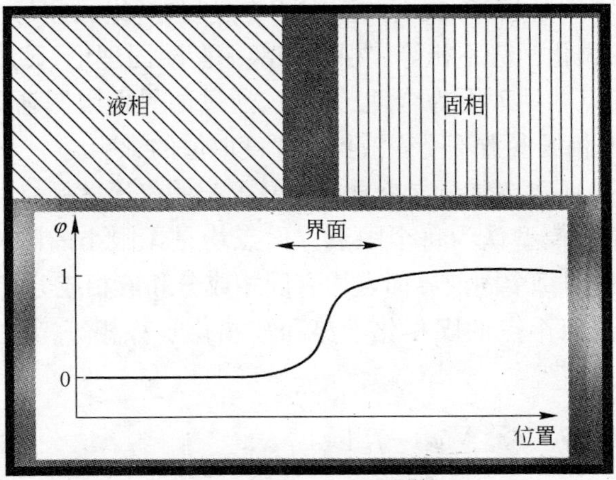

图 1-20 相场法对液固界面的定义

1993 年,Wheeler、Boettinger 和 McFadden[53] 首先提出了二元合金液固相变相场模型(WBM 模型),该模型的建立基于液固相变时体系自由能的降低和溶质守恒,研究了快速等温凝固过程固液界面处溶质截留现象,获得与经典凝固理论相一致的结果。近来,Boettinger 等[54] 对各种 WBM 相场模型进行统一,提出了适合规则溶液合金凝固微观组织模拟的 WBM 模型,这不仅拓宽了 WBM 模型的应用范围,还为相场法对各种具体合金凝固微观组模拟提供了很好的思路。

然而,上述 WBM 模型有两个明显的缺点:(1) 固液界面厚度作为一个外部输入参量,使该模型相场参数与其密切相关,因此,固液界面厚度的取值对模拟结果影响极大;(2) 该模型体系自由能密度的建立是基于理想溶液或正规溶液合金,因此,很难处理具有更复杂溶液模型的合金,如亚正规溶液合金。针对第一个缺点,1999 年 Kim 等[55]采用薄界面限制(Thin Interface Limit)渐进分析对 WBM 相场模型进行新的构造,获得简称为 KKS 的相场模型。该模型与 WBM 模型的唯一区别是:前者认为每个固液界面点均是无限小的固相点和液相点的混合体,即每个固液界面点均有固相成分和液相成分,在液固相变过程中,组元在每个点的固相化学势和液相化学势相等;而 WBM 模型则认为每个固液界面点都是均一成分点,即每个固液界面点虽均有固相成分和液相成分,但它们是相等的,而在液固相变过程中,组元在每个点的固相化学势和液相化学势不相等。根据局部平衡凝固理论,显然 KKS 模型对固液界面点的处理更为合理。而且,通过薄界面限制渐进分析获得的 KKS 模型相场参数不受固液界面厚度取值的影响。

A　Ti－Al 合金液固相变自由枝晶生长的相场模拟

KKS 相场模型认为每个固液界面点均是无限小的固相点和液相点的混合体,即每个固液界面点均有固相成分和液相成分,在局部平衡状态,组元在每个点的固相化学势和液相化学势相等,其控制方程如下:

$$\frac{\partial \varphi}{\partial t} = M_\varphi [\nabla \cdot (\varepsilon^2 \nabla \varphi) - f_\varphi] \tag{1-7}$$

$$\frac{\partial c}{\partial t} = \nabla \cdot \left[\frac{D(\varphi)}{f_{cc}} \nabla f_c\right] \tag{1-8}$$

$$c = p(\varphi) c_S + (1 - p(\varphi)) c_L \tag{1-9}$$

$$f^S_{c_S}(c_S, T) = f^L_{c_L}(c_L, T) \tag{1-10}$$

$$f(c, \varphi, T) = p(\varphi) f^S(c_S, T) + (1 - p(\varphi)) f^L(c_L, T) + Wg(\varphi) \tag{1-11}$$

式中　M_φ ——相场动力学系数;

c ——固液界面点液相溶质成分 c_L 和固相溶质成分 c_S 的平均成分;

$f(c,\varphi,T)$——体系自由能密度；

f_{φ}, f_c——体系自由能密度对相场和平均成分场的一阶偏导；

f_{cc}——对平均成分场的二阶偏导；

$D(\varphi)$——耦合相场的溶质扩散系数，$D(\varphi)=p(\varphi)D_S+(1-p(\varphi))D_L$；

$f^L(c_L,T), f^S(c_S,T)$——分别为液相自由能密度和固相自由能密度，可从合金相图热力学数据获得；

W——能垒。

方程式 1-10 表示在固液界面处出现局部液固相变平衡时，溶质组元的固相化学势和液相化学势相等。

Ti－40%～50% Al（原子数分数）存在 L＋β→α 包晶反应，其中无序相 L、β 和 α 可视为亚规则溶液[56]（Sub Regular Solution），其吉布斯自由能可表示为：

$$G=X_{Ti}G_{Ti}^{\ominus}+X_{Al}G_{Al}^{\ominus}+R_gT[X_{Ti}\ln X_{Ti}+X_{Al}\ln X_{Al}]+X_{Ti}X_{Al}[G_0+G_1(X_{Ti}-X_{Al})] \tag{1-12}$$

式中 X_{Ti}, X_{Al}——纯金属组元钛、铝的摩尔分数；

$G_{Ti}^{\ominus}, G_{Al}^{\ominus}$——纯金属组元钛、铝的标准吉布斯自由能；

T——绝对温度；

R_g——气体常数；

G_0, G_1——补偿吉布斯自由能作用系数。

Zhang 等[56]通过优化热力学参数得到它们的值，如表 1-4 所示。以纯组元钛和铝的液态自由能为参考点，将表 1-4 的数据代入方程式 1-12，可获得无序固溶体 L、β 和 α 相的自由能表达式。根据相平衡原理，每一组元在共存两相中的化学势相等，采用共切线构造法求出不同温度下两相平衡时各相的成分，计算了 Ti－40%～50% Al 的部分相图，如图 1-21 所示。

表 1-4 无序相 L、β 和 α 的热力学参数[56]

相	$G_{Ti}^{\ominus}$/J·mol^{-1}	$G_{Al}^{\ominus}$/J·mol^{-1}	参数/J·mol^{-1}
L	0.0	0.0	$G_0=41.11378T-112570$ $G_1=-7950.8$

续表 1-4

相	$G_{Ti}^{\ominus}$/J · mol^{-1}	$G_{Al}^{\ominus}$/J · mol^{-1}	参数/J · mol^{-1}
β	$7.288T-141460$	$6.6598T-628.0$	$G_0=40.0631T-129396.7$ $G_1=0.0$
α	$10.8984T-18318.0$	$9.6178T-5151.4$	$G_0=33.20902T-123788.5$ $G_1=12.18272T-16034.9$

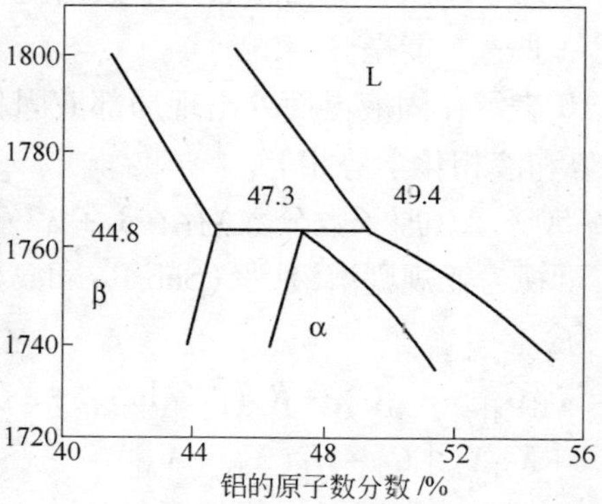

图 1-21　Ti－40%～50% Al 合金的部分相图[56]

采用上述"广义"相场模型，对具有复杂溶液模型的 Ti－40%～50% Al 合金发生液固相变 L→β 过程微观组织的演化进行模拟，以验证该模型的可行性及准确性。根据表 1-4 中热力学数据，液相 L 和固相 S(即 β)的自由能密度可表示为[57]：

$$f^{\mathrm{L}}(c,T)=\{cG_{\mathrm{Al}}^{\mathrm{L}}+(1-c)G_{\mathrm{Ti}}^{\mathrm{L}}+RT[c\ln c+(1-c)\ln(1-c)]+c(1-c)[G_0^{\mathrm{L}}+G_1^{\mathrm{L}}(1-2c)]\}/v_{\mathrm{m}} \tag{1-13}$$

$$f^{\mathrm{S}}(c,T)=\{cG_{\mathrm{Al}}^{\mathrm{S}}+(1-c)G_{\mathrm{Ti}}^{\mathrm{S}}+RT[c\ln c+(1-c)\ln(1-c)]+c(1-c)[G_0^{\mathrm{S}}+G_1^{\mathrm{S}}(1-2c)]\}/v_{\mathrm{m}} \tag{1-14}$$

式中，$G_{\mathrm{Al}}^{\mathrm{L}}$对应表 1-4 中液相 L 的 $G_{\mathrm{Al}}^{\ominus}$；$G_0^{\mathrm{L}}$ 对应表 1-4 中液相 L 的 G_0；G_1^{L} 对应表 1-4 中液相 L 的 G_1，其他参数类似。

采用上述"广义" 相场模型，模拟 Ti－Al 合金发生液固相变 L→β 的等温凝固过程中单个晶粒生长的微观组织演化。选择初始熔体温度为 1780K，初始溶质成分（原子数分数）为 45% Al。对于等温凝固，溶质过饱和度是合金相变驱动力。图 1-22 给出了模拟获得的 4 个时间片段 Ti −45% Al 在 1780K 等温熔体中单个晶粒（β）生长的溶质成分分布。从图中能清晰地观察到：(1) 枝晶具有四重对称结构，这是因为我们根据晶粒属性事先定义各向异性模数 $k=4$；(2) 枝晶主干和枝晶臂的心部溶质成分均较低，而枝晶臂之间的区域溶质成分较高，即存在

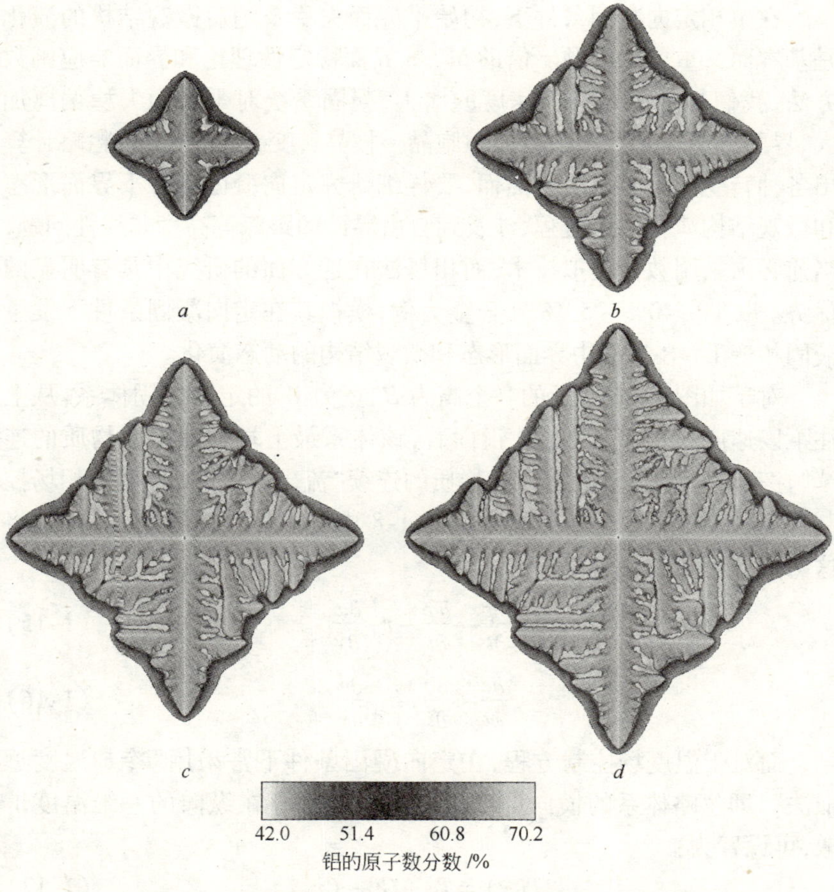

图 1-22　4 个时间片段 Ti −45% Al 合金在 1780K 等温熔体中单个晶粒生长的溶质成分分布[57]

a—$t=1.59\mathrm{e}-3\mathrm{s}$；$b$—$t=2.52\mathrm{e}-3\mathrm{s}$；$c$—$t=3.73\mathrm{e}-3\mathrm{s}$；$d$—$t=4.11\mathrm{e}-3\mathrm{s}$

微观偏析;(3) 枝晶臂尖端的相互竞争生长有利于其他侧枝的生长或新侧枝的出现;(4) 枝晶臂根部存在明显的颈缩,这是由于其刚开始生长时并不垂直于枝晶主干,但后来却“努力”朝与枝晶主干垂直的方向生长;(5) 在相邻或发生碰撞的枝晶臂间存在相互融合的趋势。这些现象与在金属合金凝固实验中观察到的相一致。图中枝晶主干的最后生长长度大约为28.8μm。

B Ti-Al 合金液固相变定向凝固生长的相场模拟

在单相定向凝固条件下,初始平界面失稳及随后微观结构的演化是基本而又重要的问题。借助 M-S 界面稳定性理论和界面响应函数方法,我们知道随着抽拉速度的增大,凝固系统对平界面失稳偏离加大,界面形态通常经历平界面→胞晶→枝晶转变,而且还可以粗略计算出各种转变的临界速度。然而,要详细研究定向凝固条件下界面形态和微观结构演化的全过程,涉及到自由界面的跟踪等高度非线性问题,当前必须采用数值模拟技术,而相场法在这方面的研究中具有明显的优势。以 Ti-40% ~50% Al 合金为例,模拟其在定向凝固条件下发生液固相变 L→β 过程中界面形态和微观结构的动态演化。

对于如图 1-23 所示的一个高为 H、宽为 W 的定向凝固体系,从上往下以速度 v_p 进行抽拉,从正面看,该体系最上端类似存在物质的连续“注入”,而最下端类似存在物质的连续“流出”。相场模型的相场控制方程式 1-7 和成分场控制方程式 1-8 中考虑体系的移动,通常是将这两个方程式的左边设置为:

$$\frac{\partial \varphi}{\partial t} \rightarrow \frac{\partial \varphi}{\partial t} - v_p \frac{\partial \varphi}{\partial y} \tag{1-15}$$

$$\frac{\partial c}{\partial t} \rightarrow \frac{\partial c}{\partial t} - v_p \frac{\partial c}{\partial y} \tag{1-16}$$

而对于温度场控制方程,在定向凝固条件下常采用“冷却温度近似法”,即忽略体系的横向温度扩散而只考虑存在纵向的一维温度扩散,可设置为:

$$T(y) = T_c + Gy - Gv_p \tag{1-17}$$

式中 G ——温度梯度,$G = (T_H - T_c)/H$;

T_H, T_c ——分别为体系最顶端和最低端的温度,如图 1-23 所示。

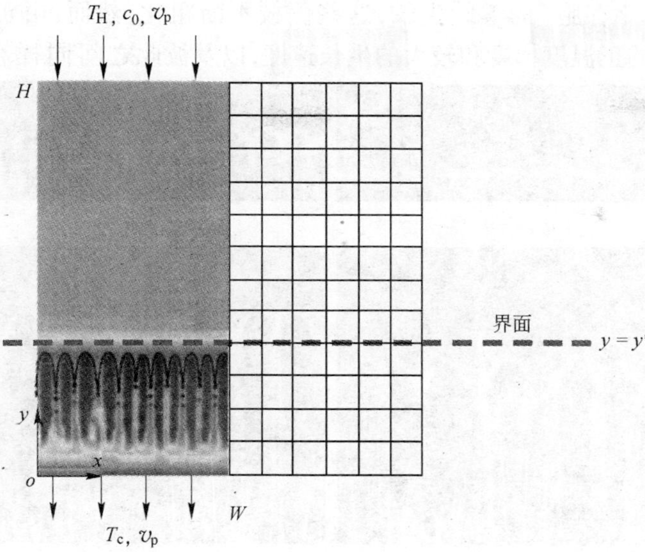

图 1-23　定向凝固体系示意图及其离散网格

初始在凝固体系低端设置 4～6 层的网格作为从固相到液相的过渡层,其中的相场值按步进函数给出:

$$\varphi=\frac{1}{2}\left[1+\tanh\left(\frac{y-y^{*}}{2\sqrt{2}}\right)\right] \tag{1-18}$$

由于相场模型的计算有自调节过程,因此,可设置整个熔体的初始成分为均一成分 c_0;根据方程 1-18 事先设置初始固液界面的位置($\varphi=0.5$),假设该处的初始温度为 c_0 成分对应的液相线温度,可根据给定的温度梯度计算出 T_H 和 T_c 的值,由此确定体系的初始温度场。

图 1-24 给出了模拟获得 Ti－45% Al 在生长速度为 0.055cm/s 的定向凝固过程中 6 个时间片段的溶质分布情况。在显示的参考框架内,受扰动的影响,初始平界面失稳形成许多细的胞晶,同时在界面及其前沿液相中出现溶质的富集和薄的溶质扩散层,如图 1-24*a* 所示;这些细胞晶在一段凝固距离内剧烈地竞争生长,导致只有有限几个细胞晶能幸存下来,而大部分的细胞晶则或被淹没或被抑制生长,如图 1-24*b*所示;“幸存胞”将不断地向前方液相中生长,并逐渐地粗化,不久,在“幸存胞”的尖端附近开始出现侧枝,如图 1-24*c* 和图 1-24*d* 所

示;随着“幸存胞”的继续生长,这些侧枝不断粗化,然而,由于“幸存胞”尖端的正温度梯度和较大的生长速度,以及彼此之间同样存在着

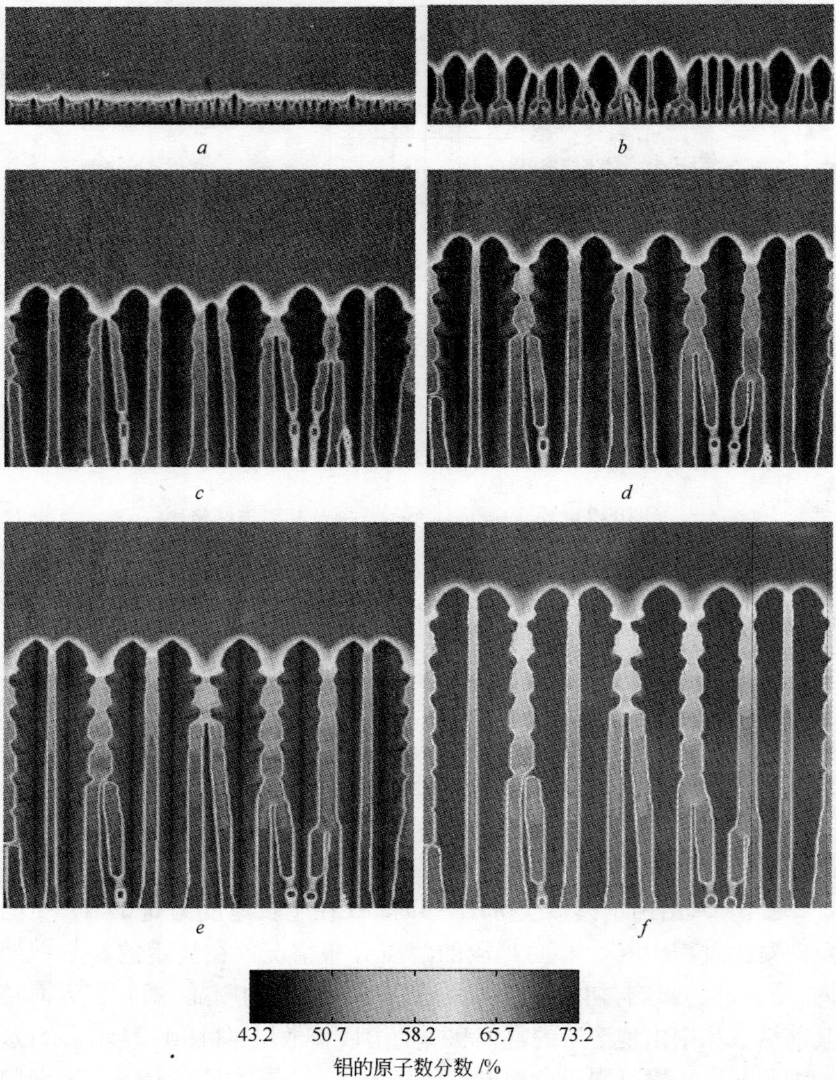

图 1-24　Ti－45% Al 在生长速度为 0.055cm/s 的定向凝固过程中 6 个时间片段的模拟结果[57]

a—3.48ms;*b*—8.02ms;*c*—18.1ms;*d*—23.4ms;*e*—26.4ms;*f*—33.8ms

激烈的竞争生长,这些侧枝并不能发展得像等轴晶的枝晶臂那样发达,最终形成胞状树枝晶结构,如图 1-24*e* 和图 1-24*f* 所示。从图中能清晰地观察到在胞晶间的液相中存在有较高的溶质成分。

图 1-25 给出了模拟获得生长速度为 0.08cm/s 的溶质分布情况。

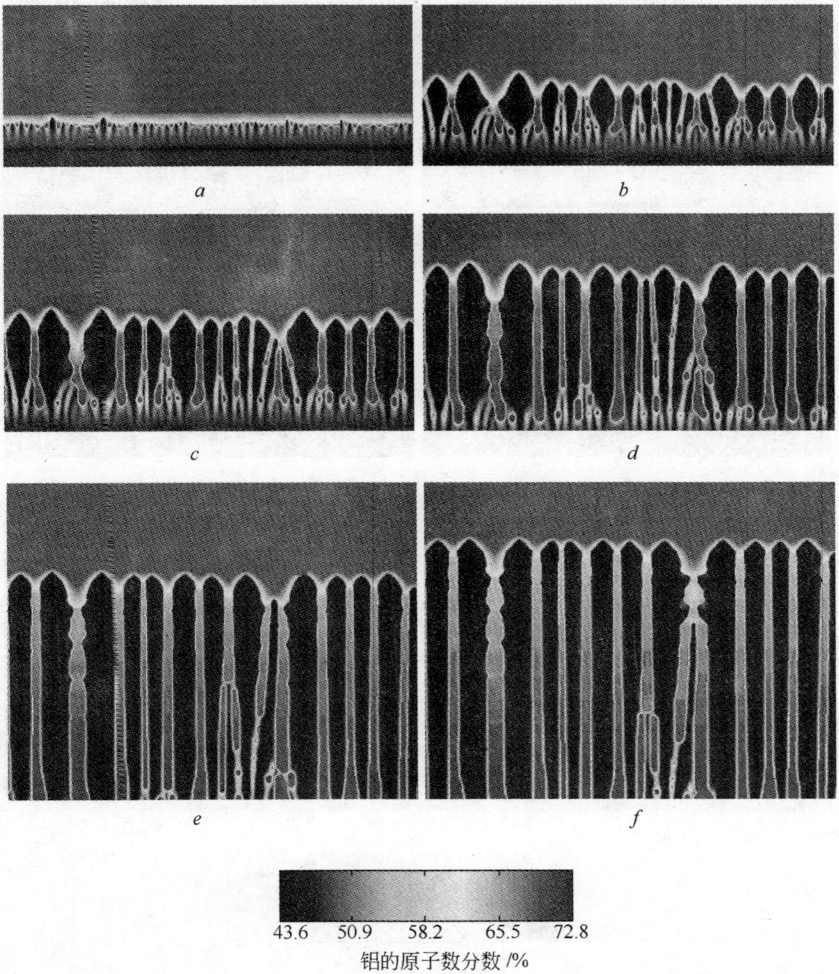

图 1-25　Ti－45% Al 在生长速度为 0.08cm/s 的定向凝固过程中 6 个时间片段的模拟结果[57]

a—4.98ms;*b*—8.64ms;*c*—11.5ms;*d*—15.4ms;*e*—20.5ms;*f*—24.1ms

与图 1-24 中结果相比，可看出，由于生长速度的增大，界面扰动的波长减小，但振幅增加，导致初始平界面失稳更严重，形成了更多的细胞晶；这些细胞晶要经历更长一段凝固距离的竞争生长才能出现稳定生长的“幸存胞”，但其数量明显增多且更细，胞晶间距相应减小；随着“幸存胞”向前方液相中的进一步生长，胞尖端出现轻微的侧枝，最终形成“弱”的胞状树枝晶结构。图 1-26 给出了模拟获得生长速度为 0. 3cm/s 的

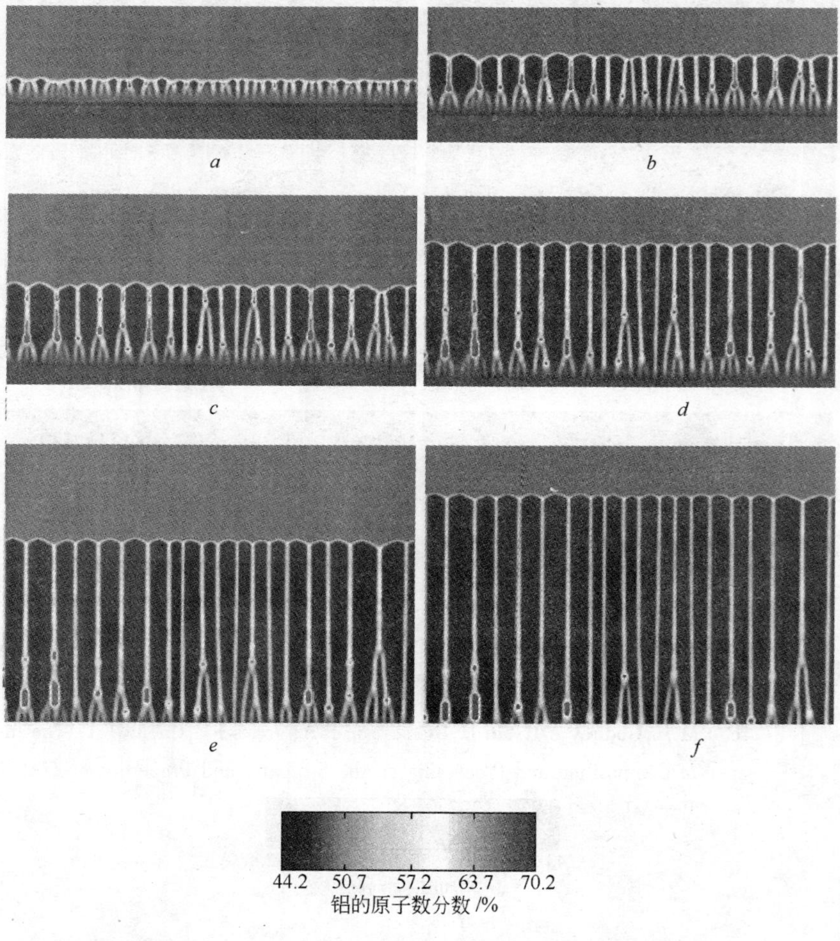

图 1-26　Ti－45% Al 在生长速度为 0. 3cm/s 的定向凝固过程中
6 个时间片段的模拟结果[57]

a—2. 89ms；*b*—4. 14ms；*c*—4. 98ms；*d*—6. 91ms；*e*—8. 83ms；*f*—10. 6ms

溶质分布情况,可以看出,初始平界面失稳形成许多细的胞晶,这些细胞晶在很长一段凝固距离内剧烈地竞争生长,然而与上面情况不同的是,大部分的细胞晶均能“幸存”,即使有少数的细胞晶最终被抑制生长,但其仍然要经历很长一段的凝固距离;而且,从图中能清晰地观察到许多液滴被卷入胞晶根部,形成“包裹液滴”,它们在凝固后具有较高的溶质成分;胞晶间的液相分数明显比上面几种情况小,相应的,胞晶也变得更细且更密。

以上模拟结果充分表明,在生长速度低于绝对稳定速度的快速定向凝固过程中,随着生长速度的增大,存在胞状树枝晶结构向细胞晶结构的转变,这种转变伴随着胞晶间距的减小和溶质分布的更加均一。

1.4 本章小结

本章针对钛及钛铝合金研究现状作了系统综述,钛合金按组成可分为 α 合金、α + β 合金及 β 合金等,钛铝基合金主要指钛铝金属间化合物,它们均在航空、航天发动机等方面具有极高的应用前景。本章介绍了钛铝基合金定向凝固技术及凝固参数对钛铝基合金定向凝固的影响等,并对钛合金凝固过程数值模拟研究现状,包括凝固过程缺陷预测、组织模拟等进行了重点介绍。

参考文献

[1] 傅恒志, 苏彦庆, 郭景杰, 徐达鸣. 高温金属间化合物的定向凝固特性. 金属学报, 2002, 38 (11): 1127 ~ 1132.

[2] Loretto M H, Godfrey A B, Hu D, Blenkinsop P A, Jones I P, Cheng T T. The Influence of Composition and Processing on the Structure and Properties of TiAl - based Alloys. Intermetallic, 1998, 6:663 ~ 666.

[3] Negrinia F, Fabbria M, Zuccarinia M, Takeuchib E, Tani M. Electromagnetic Control of the Meniscus Shape during Casting in a High Frequency Magnetic Field. Energy Conversion & Management, 2000, 41:1687 ~ 1701.

[4] Versnyder F L, Shank M E. Development of Columnar Grain and Single Crystal High Temperature Materials through Directional Solidification. Mater. Sci. Eng., 1970, (6): 213 ~ 215.

[5] Giamei A F, Tschinkel J G. Liquid Metal Cooling: A New Solidification Technique. Metall Trans A., 1976, 7A: 1427～1434.

[6] Higginbotham G J S. From Research to Cost – Effective Directional Solidification and Single – crystal Production – an Integrated Approach. Mater Sci Technol, 1986, (2): 442～459.

[7] Tschinkel J G, Giamei A F, Kear B H. USPat 3763193, 1980.

[8] 李建国，毛协民，傅恒志，史正兴. Al – Cu 合金高梯度定向凝固过程中的形态转变. 材料研究进展,1991, (6):461～466.

[9] 谢发勤，李金山，傅恒志. Cu – Ni 单相合金的深过冷定向凝固过程研究. 科学通报,1999,9:1947～1951.

[10] 李金山，张军，李建国，傅恒志. 钢的电磁约束成型定向凝固工艺研究. 西北工业大学学报,1998, (2): 133～137.

[11] Gremaud M, Allen D R, Rappaz M, Perepezko J H. Development of Nucleation Vontrolled Microstructures during Laser Treatment of Al – Si Alloys. Acta Materialia, 1996, (7): 2669～2681.

[12] 杨森，黄卫东，林鑫，周尧和. 定向凝固技术的研究进展. 兵器材料科学与工程,2000, (3): 44～51.

[13] Tiller W A, Jackson K A, Rutter J W, Chalmers B. The Redistribution of Solute Atoms during the Solidification of Metals. Acta Metall, 1953, 1: 428～437.

[14] Mullins W W, Sekerka R F. Morphological Stability of a Particle Growing by Diffusion of Heat Flow. J. Appl. Phys., 1963, 34: 323～329.

[15] Yamaguchi M, Johnson D R, Lee H N, Inui H. Directional Solidification of TiAl – base Alloys. Intermetallics, 2000, (8): 511～517.

[16] Singh A K, Banerjee D. Transformations in $\alpha_2+\gamma$ Titanium Aluminide Alloys Containing Molybdenum: Part I. Solidification behavior Metall Mater Trans A, 1997, 28A: 1735～1743.

[17] Hyman M E, McCullough C, Levi C G, Mehrabian R. Mehrabian. Metall Trans A, 1991, 22: 1647.

[18] Johnson D R, Masuda Y, Inui H, Yamaguchi M. Alignment of the TiAl/Ti_3Al Lamellar Microstructure in TiAl Alloys by Directional Solidification. Materials Science and Engineering, 1997, A239～240:577～583.

[19] Kishida K, Johnson D R, Masuda Y, Umeda H, Inui H, Yamaguchi M. Deformation and Fracture of PST Crystal and Drectionally Solidified Ingots of TiAl – based Alloys. Intermetallics, 1998, (6): 679～683.

[20] Yamanaka T, Johnson D R, Inui H, Yamaguchi M. Directional Solidification of TiAl - Re - Si Alloys with Aligned γ/α_2 Lamellar Microstructures. Intermetallics, 1999, (7): 779 ~ 784.

[21] Lee H N, Johnson D R, Inui H, Oh M H, Wee D M, Yamaguchi M. Directional Solidification and Creep Deformation of a Ti - 46Al - 1.5Mo - 0.2C (at.%) Alloy. Intermetallics, 2002, (10): 841 ~ 850.

[22] 郭景杰，苏彦庆. 钛合金 ISM 熔炼过程热力学与动力学分析. 哈尔滨:哈尔滨工业大学出版社，1998:13.

[23] 周彦邦. 钛合金铸造概论. 北京:航空工业出版社，2000:206.

[24] 中国机械工程协会铸造专业组. 铸造手册，特种铸造第六卷. 北京:机械工业出版社，1997.

[25] 李锡年. 立式离心铸造技术及其应用. 铸造技术，1999，19(1):10 ~ 13.

[26] 李元东，兰晔峰，董庚茂. 立式离心铸造磨球充型过程的影响因素研究. 甘肃工业大学学报，1999，25(1):22 ~ 25.

[27] Derevich I V. Modeling of the Motion of Particles in a Rotary Crusher. Theoretical Foundations of Chemical Engineering, 2005, 39(2):213 ~ 219.

[28] Watanabe I, Woldu M, Watanabe K, Okabe T. Effect of Casting Method on Castability of Titanium and Dental alloys. Journal of Materials Science: Materials in Medicine, 2000, (11):547 ~ 553.

[29] Shimizu H, Habu T. Mold Filling of Titanium Alloys in Two Different Wedge - Shaped Molds. Biomaterials, 2002, 23(11):2275 ~ 2281.

[30] Liu K, Ma Y C, Gao M, Rao G B. Single Step Centrifugal Casting TiAl Automotive Valves. Intermetallics, 2005, 13(9):925 ~ 928.

[31] Syvernd M, Hero H. Mold Filling of Ti Castings Using Investments with Different Gas Permeability. Dental Materials, 1995, 11(1):14 ~ 18.

[32] Watanabe K, Miyakawa O, Takada Y, Okuno O, Okabe T. Casting Behavior of Titanium Alloys in a Centrifugal Casting Machine. Biomaterials, 2003, 24(10): 1737 ~ 1743.

[33] 李锡年. 异型铸件立式离心铸造的工艺技术和应用. 特种铸造及有色合金，2000，5:30 ~ 32.

[34] 盛文斌. TiAl 基合金排气阀金属型离心铸造过程研究. 哈尔滨:哈尔滨工业大学博士论文，2000.

[35] 曾兴旺，陈立亮，刘瑞祥. 离心铸造数值模拟技术的研究与开发. 铸造，2004，53(4):310 ~ 313.

[36] 张新平，于思荣，孟长生，何镇明．离心加速条件下金属凝固过程及缩孔缺陷数值分析．铸造,2000，49(10):785～788.

[37] 李俊峰．立式离心铸造中缩松缩孔预测的数值模拟．矿山机械,2002，(12):43～45.

[38] Zhang X P,Chen G. Computer Simulation of the Solidification of Casting Titanium Dental Prostheses. Journal of Materials Science Letters,2005，40:4911～4916.

[39] 梁作俭，许庆彦，李俊涛．增压涡轮熔模铸造过程数值模拟研究．稀有金属材料与工程,2003，32(3):164～169.

[40] Wu M,Sdlich－Stubenrauch J r,Augthun M. Computer Aided Prediction and Control of Shrinkage Porosity in Titanium Dental Castings. Dent Mater,1998，14(5):321～328.

[41] Tamirisakandala S,Bhat R B,Tiley J S，Miracle D B. A Grain Refinement of Cast Titanium Alloys via Trace Boron Addition. Scripta Materialia,2005，53(12):1421～1426.

[42] Kikuchi M,Takada Y,Kiyosue S. Grindability of Cast Ti－Cu alloys. Dental Materials,2003，19(5):375～381.

[43] Halvaee A,Talebi A. Effect of Process Variables on Microstructure and Degregation in Centrifugal Casting of C92200 Alloy Journal of Materials Processing Technology,2001，118(1～3):123～127.

[44] 陈刚，佟铭铎．离心铸造 ZA27 合金铝偏析的控制．特种铸造及有色合金，1997，(5):49～50.

[45] Choudhury A,Blum M. Economical Production of Titanium－Aluminide Automotive Valves Using Cold Wall Induction Melting and Centrifugal Casting in a Permanent Mold. Vacuum Pergamon,1996，47(6～8):829～831.

[46] 徐荣华．铝加热盘的立式离心铸造工艺．铸造,1995，(6):28～29.

[47] 梁作俭．γ－TiAl 增压涡轮近净成形铸造过程试验研究．稀有金属材料和工程,2002，31(5):353～357.

[48] Baltag I,Watanabe K,Miyakawa O. Internal Porosity of Cast Titanium Removable Partial Dentures: Influence of Sprue Direction and Diameter on Porosity in Simplified Circumferential Clasps. Dental Materials,2005，21(6):530～537.

[49] 张光跃．铝合金凝固微观组织模拟的相场方法研究．北京：清华大学博士论文,2002.

[50] Heine H J. Metalcasting for the 21th Century. Foundry Management & Technol-

ogy,1996, 12: 31 ~ 33.
[51] Brown G R, Spittle J A. Computer Simulation of Grain Growth and Macrostructure Development during Solidification. Mater. Sci. Tech., 1989, 5: 362 ~ 368.
[52] 刘东戎. TiAl 合金锭凝固组织形成的数值模拟. 哈尔滨:哈尔滨工业大学博士论文,2006.
[53] Wheeler A A, Boettinger W J, McFadden G B. Phase - field Model for Isothermal Phase Transition in Binary Alloys. Phys. Rev. A, 1992, 45(10): 7424 ~ 7439.
[54] Boettinger W J, Warren J A, Beckermann C, Karma A. Phase - Field Simulation of Solidification. Annu. Rev. Mater. Res., 2002, 32: 163 ~ 194.
[55] Kim S G, Kim W T, Suzuki T. Phase - Field Model for Binary Alloys. Phy. Rev. E, 1999, 60(6): 7186 ~ 7197.
[56] Zhang F, Chen S L, Chang Y A. In: Kim Y W, Wagner R, Yamaguchi M, editors. Gamma Titanium Aluminides. Warrendale, TMS, 1995: 131 ~ 140.
[57] 李新中. 定向凝固包晶合金相选择理论及其微观组织模拟. 哈尔滨:哈尔滨工业大学博士论文,2006.

2 钛合金熔体充型过程计算机模拟

2.1 概论

由于钛合金熔点高,结晶范围窄,流动性差等原因,尤其对于大型薄壁钛合金铸件,利用常规铸造方法难以充满,容易出现浇不足、冷隔等缺陷,采用冷坩埚感应熔炼后进行离心浇铸生产钛合金铸件,不仅可以缩短充填时间,使其在较短的时间内充满型腔,同时还可以节省原材料,降低成本,提高铸件精度,消除缩孔和疏松。目前高性能的钛合金大型整体精铸件,大多数都是采用熔模精密铸造结合离心浇铸技术生产出来的[1~5]。但是离心铸造条件下金属液在充型过程中所受的力场随转速不同以及距转轴半径的大小不同而急剧变化,其充填流动过程比普通重力场下的金属液充型行为更为复杂。人们对合金熔体离心铸造过程的研究多数都是通过大量的实验得来的经验数据,这不仅浪费财力物力,同时还延长了合金铸造过程的研制周期。通过数值模拟方法不仅可以更清楚地研究合金熔体铸型充填、凝固及缺陷形成过程,有利于工艺的优化,同时还可以减少大量的人力物力,从而缩短研制周期。因此数值模拟在铸造行业中越来越受到研究者的重视,国内外很多学者作了关于离心铸造充填及凝固过程数值模拟方面的工作。

近年来,随着计算机技术、数值模拟技术、计算力学和计算传热传质学的迅速发展,工业发达国家非常注意将最新的三传(传热、传质和动量传输)理论应用于工程设计,铸造领域也不例外。从 20 世纪 60 年代开始的凝固过程数值模拟,80 年代初开始的充型过程数值模拟和铸件应力应变数值模拟,到 90 年代兴起的铸件微观组织数值模拟的研究,数值模拟技术已渗入到铸件形成过程的各个方面,

CAD/CAE/CAM/CIMS 技术、并行技术(CurrentTechnology)、快速原型制作技术等高新技术不断被采用和集成,使铸件从设计到完成制作的周期越来越短。铸件充型凝固过程数值模拟是上述技术实施过程中的重要环节。铸件充型凝固过程数值模拟及缺陷预报技术可在计算机屏幕上展示铸件充型凝固过程中液态金属自由表面、速度场和温度场的变化,结合判据函数预报常见铸造缺陷。在工艺实施前对铸件形成过程进行数值模拟试验,可优化或验证所采用的铸造工艺参数。在铸件产品开发上,数值模拟技术可缩短工艺设计和产品试制周期,显著降低能耗和材料消耗。深入开展该领域的研究、开发和应用,对改变我国铸造业落后面貌,推动铸造生产现代化,增强中国铸件产品在世界市场上的竞争能力,具有十分重要的意义[6,7]。

2.2　钛合金熔体充型过程数值模拟概况

2.2.1　实验研究现状

立式离心场下合金熔体的充填过程比较复杂,而钛合金铸件多数都是采用立式离心铸造工艺完成的,所以立式离心场下钛合金熔体的充填过程是人们首先要研究的课题。

I. Watanabe[8~10]在研究铸造方法对钛合金铸造性能的影响中提出,铸造性能主要受两方面因素影响,一方面是合金熔体固有的流动性,另一方面是铸造条件,在差压铸造生产钛合金中提出,压力为20kPa时铸件缺陷最少。日本的H. Shimizu[11]在研究钛合金楔形件充填过程中提出,表面张力、动力黏度、熔体与铸型之间的温差是影响合金熔体充填的几大因素。K. Liu[12]在TiAl排气阀离心铸造中指出,合金熔体的过热有利于熔体的充填以及缺陷的减少。Morten Syvernd[13]研究了铸型不同的气体渗透率对钛合金精密铸造的充填过程及影响因素。研究指出,铸型的气体渗透率低将导致铸件出现浇不足现象,合金熔体的充填效果随着铸型气体渗透率的提高而提高。K. Watanabe和T. Okabe[8]等人在研究各种钛合金在离心机上的充型中提出,合金的流动性差、黏滞力强往往导致合金充不满现象,合金的流动方向不仅仅受控于离心力,同时也受控于通道内流动性的变化,并且速度越大,Coriolis 力也越大。

W. W. Cheng[14]通过研究发现,在 Ti - 6Al - 4V 中加入 1% 的铋,合金的铸造性能可以提高 30%。李锡年[15]在讨论异形铸件立式离心铸造的工艺技术和应用中指出,立式离心铸造工艺设计应遵循两个原则:一是建立起自外向内的顺序凝固;二是在浇铸系统中保持足够的钢液,保证凝固过程中能不断地对铸件实行离心力补缩。对于壁厚中空铸件,可将冒口尽可能的移至旋转中心或中心孔内侧,金属液的良好充型性能可避免铸件产生冷隔和皱皮。铸型在旋转时注入钢水,它的浇铸温度和速度可适当降低。

王金友[16]在《航空用钛合金》一书中介绍,钛合金的浇铸方式有:静止浇铸、离心浇铸、压力铸造、电磁铸造、低压铸造、真空吸铸。其中提出静止浇铸时,过热度对合金熔体充填能力有较大的影响。离心铸造多用来生产航空用的优质精密铸件,日本在水冷坩埚感应熔炼的基础上,发展了真空吸铸法,用于制造钛合金精密铸件。

劳金海摘译关于离心力对钛合金精密铸造时凝固的影响中提出:进入内浇道后,铸型内钛合金熔体的流动大体上受离心力支配,受重力的影响小;熔体由于受铸型旋转时惯性力和离心力的作用,沿着与旋转方向相反侧的内壁流入铸型,铸型前端部的离心力最大。凝固收缩引起的缺陷,由于受离心力的作用产生方向性凝固而明显减少,要防止产生气孔性缺陷和凝固收缩缺陷需要 0.3N 的离心力。周彦邦[3]在《钛合金铸造概论》一书中指出,合金成分对铸钛流动性有很大影响,在离心浇铸时,铸型材料及合金成分对流动性影响的程度大大降低了。液体金属的表面张力和铸型湿润性能是决定填充性的两个重要因素。郭景杰教授和盛文斌[17,18]博士等人采用数学方法对汽车用排气阀的充型规律及缺陷形成规律做了一定的研究,建立了 TiAl 基合金熔体离心力场下充型过程的数学模型,推导出了填充过程中熔体充型速度、横截面面积和倾角及反向填充速度和时间变化的表达式,提出合金熔体在型腔中的充型过程中横截面面积随充型长度的增加而不断减小。

2.2.2 数值模拟研究现状

国内清华大学、哈尔滨工业大学、华中科技大学等研究单位做了有关钛合金立式离心铸造充填及凝固缺陷方面的模拟，在此基础上还分析了离心铸造过程中缺陷形成机理及控制措施；对离心铸造过程中金属液体的流动、传热进行分析，成功建立了描述离心铸造充型及凝固特性的数学模型；并且利用数值模拟技术对离心铸造过程中铸件的形成过程进行了可视化的仿真。

随着模拟技术的发展，现在国内外出现了很多铸造模拟软件，如德国的 MAGAMA，法国的 PROCAST，瑞典的 NOVACAST，芬兰的 CASTECH，韩国的 ANYCASTING，中国的“华铸 CAE”、清华大学的“铸造之星”（FT－STAR）。但是真正能做离心铸造模拟的软件还不是很多，至少没有实现商业化。Menghuai Wu[19~21] 通过 MAGAMA 软件在研究钛合金假牙立式离心铸造缺陷分析中提出，对于钛合金假牙，铸造工艺设计中，关键问题是内浇道的尺寸，过于窄和过于长都会导致凝固过快，无法继续充填，过于宽和过于短容易在连接处产生热节。另一个关键问题是避免第一股熔体直接流入铸件中，因为过多的卷气会导致缺陷的产生。梁作俭[22] 等人做了关于 γ－TiAl 增压涡轮熔模铸造过程数值模拟的研究，根据熔模型壳离心浇铸的铸造工艺特点，建立了 γ－TiAl增压涡轮凝固传热过程的数值模型，推导了离心压力下 γ－TiAl 金属间化合物的凝固收缩和补缩过程数学模型，模拟计算了 γ－TiAl 增压涡轮铸件的温度场和收缩缺陷。

吴士平[23~27] 等人进行了钛合金金属型及石墨型立式离心铸造过程充填及凝固缺陷数值模拟方面的研究。研究结果发现立式离心铸造过程中，合金熔体沿着与旋转方向相对的型壁进行充填，同时该研究小组还做了相应物理模拟，研究立式离心场下流体的充填状态，如图 2-1 所示。同时研究还发现，铸型转速对合金熔体的充填是一个非常重要的参数，转速的选择直接影响熔体的充填效果，进一步影响凝固缺陷的形成。

徐达鸣[28] 等人也进行了关于离心场下钛合金熔体充填及凝固过程方面的研究，如图 2-2 所示。

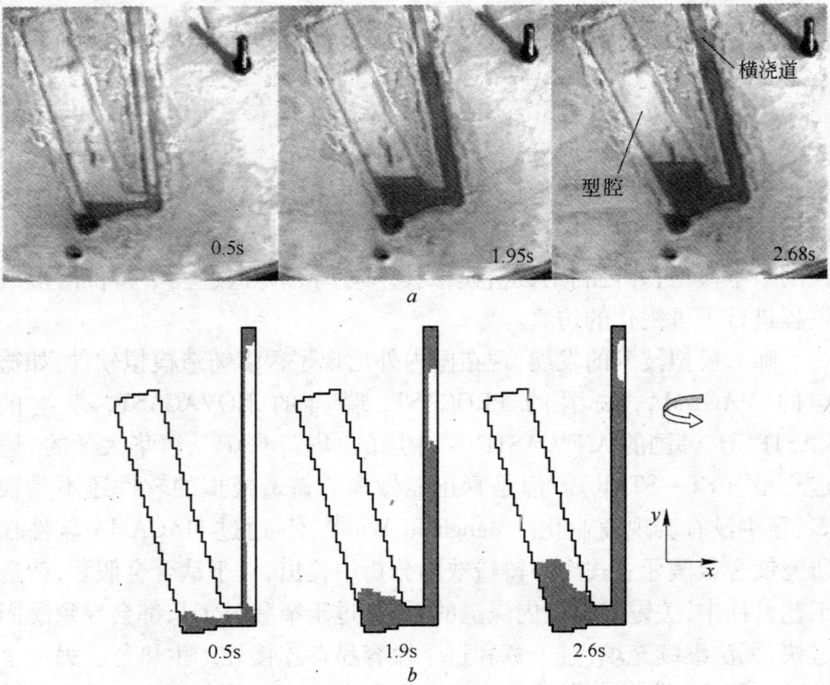

图 2-1　转速为 163r/min 时底注式充填过程[29]

a—物理模拟；*b*—数值模拟

2.3　充型过程数值模拟计算方法

铸件成形过程一直伴随着流动，铸件充型过程流动对正确模拟铸件的凝固过程起着至关重要的作用；初始温度场的正确确定，对充型后惯性流动、自然对流以及凝固过程的缺陷有很大的影响，铸件充型过程数值模拟的展开为正确解决上述问题开辟了崭新的途径。

铸件充型过程数值模拟开始于 20 世纪 80 年代初期，由美国的 R. A. Stoehr 教授和他的学生一起最先开展这方面的研究，并于 1983 年发表了应用 MAC 技术，模拟简单形状铸件的二维充型流动过程的论文，首次在计算机上清晰地显示了充型过程中金属流体流动的自由表面和流体的速度分布。

图 2-2 钛合金熔体在重力场与离心场下充填过程数值模拟结果比较[28]

a—90r/min；b—0r/min

围绕充型过程流动数值模拟的研究主要有两方面的技术，一方面是流场计算自身技术；另一方面是处理自由表面技术，而更多的研究是二者的统一。目前，国内外铸件充型过程中使用的数值模拟技术主要有以下几种：

(1) MAC 技术。MAC(Marker And Cell)技术是美国加利福尼亚大学 Los Alamos 科学实验室 F. H. Harlow 和 J. E. Welch 于 1965 年提出的。MAC 技术最初是用来模拟水和空气流动，利用流体具有的质点特性，采用示踪粒子随流流动，描述流体自由边界的移动。MAC 技术在使用时类似于经典的质点运动。由于 MAC 技术中，计算流场是对 N－S 方程两端取散度，得到求取压力的泊松方程进行处理，通过反复迭代 N－S 方程和泊松方程而求得速度场和压力场。这样迭代次数很大,计算速度慢,实际应用受到限制。为了解决上述缺陷,出现了SMAC 技术,该方法在处理流场时对 N - S 方程离散时没有压力项计算,校正压力项由校正势函数来代替,并用校正势函数来校正速度场,校正后的速度场如不能满足连续性方程,则反复迭代势函数,修改速度场,直到满足连续性方程为止。SMAC 技术的特点是一场的迭代。

(2)SOLA - VOF 技术。SOLA - VOF 技术是 20 世纪 80 年代初由美国加利福尼亚大学 Los Alamos 科学实验室发展起来的一种流场模拟技术。该技术采用 SOLA(Solution Algorithm)方法求解动量守恒方程和连续性方程,采用 VOF(Volume of Fluid)即体积函数法处理流体的形状。这样一个网格的状态由一个函数就可以代替,取代了一个网格需要多个示踪粒子才能表达的情况。对于铸件充型这样的流体流动过程对流体自由表面形状要求不高的实际问题,采用 SOLA - VOF 方法,既可以节省大量的内存,同时也可以提高模拟运算速度。

1985 年,匹兹堡大学的 C. M. Wang 将 SOLA - VOF 软件加以改进,计算了一个三爪滑轮的二维充型过程,计算结果与高速摄影实验结果基本一致。1993 年,又将该项技术用于消失模铸件充型凝固过程模拟,预报了铸件充型过程中可能出现的模样材料卷入金属液内的缺陷。1986 年,德国亚琛大学的 P. R. Sahm 与 H. Walte 也模拟了上述同一种滑轮的充型过程,只是改变了流体的入口方位。同年,美国 Argonne 国家实验室的 H. M. Domanus 等人模拟了一个简单形状铸件的三维流动和传热过程,计算中应用了 Patankar 的方法和 VOF 法。1987 年,王君卿将二维 SOLA - VOF 发展成三维计算程序,并加入三维传热计算,模拟了一个铸铁三通管的三维充型凝固过程,与实验取得了基本一致的结果。研究还对比了二维 SMAC、SOLA、SOLA - VOF及 SIMPLE 软件,结果表明 SOLA - VOF 在计算速度上优于其他三种软件,而计算精度并无多大差别。1988 年,匹兹堡大学的 H. J. Lin 和 R. A. Stoehr 将二维 SOLA - VOF 与传热计算结合,预报了扁平铸件充型时的冷隔情况。

(3)SOLA - MAC 技术。SOLA - MAC 技术吸取了 SOLA - VOF 技术和 MAC 技术的优点,即在求解流场时采用 SOLA 技术一场迭代的特点,求解速度很快,同时利用了 MAC 技术描述流场形状准确的特点。

与MAC技术不同的是,SOLA-MAC技术采用的示踪粒子只跟踪流体的边界,这样大大减少了示踪粒子的数量,提高了模拟速度。

1998年,日本东北大学的安斋浩一等人采用伪三维SMAC方法解析了压铸件的充填过程,预测了铝合金压铸件的冷隔缺陷,并与水力模拟实验对比,验证了充填过程数值模拟结果。1991年,美国的Shea. Chen等人改进了二维的SMAC算法,使其在流体流动计算结果的对称性及流股交汇面的处理上有较大发展。加拿大国家研究院工业材料所的C. A. Loong等人采用三维有限元法模拟了压铸件的充填过程。1993年在美国召开的第六届铸造、焊接和凝固过程模拟会议上,有十几篇文章介绍了在充型凝固过程数值模拟技术研究方面的进展情况,主要内容包括:日本东北大学的新山英辅和安斋浩一提出了一种自适应压力迭代法,解决了SOLA算法压力迭代不易收敛的问题;日本大阪大学的大中逸雄等人模拟了纤维增强复合材料铸件的三维充型和凝固过程,模拟中考虑了多孔介质内的流动及反压影响;比利时WRCM铸造中心的Z. A. Xu和F. Mampaey模拟了球墨铸铁件的充型凝固过程,并对VOF法作了适当改进;德国MAGMA公司的D. M. Lipinski等人在充型模拟中考虑了湍流的影响,并在Multi Flow Trace7/300计算机上模拟了压铸件的三维充型凝固过程。

1995年在英国召开的第七届铸造、焊接和凝固过程模拟会议上,英国伯明翰大学的B. Sirrell等人公布了其标准试验,试验合金为纯铝,铸型材料为树脂砂,直浇道设计得较高,以人为地造成湍流充填效果,并用X射线摄像技术记录金属液充填状态变化。有9个研究小组在事先未知结果的前提下对试件的形成过程进行了模拟计算,以验证各自软件的精确性。结果表明,大部分计算的充填状态随时间的变化与实验结果接近,可以预报卷入气孔缺陷的形成,但无法计算气体在金属液内的变化过程,铸件温度场变化趋势及最后凝固部位的预报较为准确,但对铸件内测温点的具体凝固时间的预报不十分准确。1998年,在美国圣地亚哥召开的第八届铸造、焊接和先进凝固过程模拟会议上,论文内容涉及充型凝固过程模拟、铸件微观组织模拟及铸件应力应变模拟。

2.4 充型过程数学模型

2.4.1 流动数学模型

铸造过程中产生的许多缺陷都与铸件的充填过程密不可分，液态金属的充型过程是一个伴随着热量散失及凝固的流动过程，铸造过程中流体的充型过程遵守流体力学及传热学的基本定律。高温状态下液态金属的充型过程可视为具有自由表面的黏性不可压缩流体的三维非稳态流动，其运动状态可用动量守恒方程和质量守恒方程来描述[30]。

动量守恒方程（Navier – Stokes 方程）为：

$$\rho\left(\frac{\partial u}{\partial t}+u\frac{\partial u}{\partial x}+v\frac{\partial u}{\partial y}+w\frac{\partial u}{\partial z}\right)=-\frac{\partial p}{\partial x}+\eta\left(\frac{\partial^2 u}{\partial x^2}+\frac{\partial^2 u}{\partial y^2}+\frac{\partial^2 u}{\partial z^2}\right)+\rho g_x$$

$$\rho\left(\frac{\partial v}{\partial t}+u\frac{\partial v}{\partial x}+v\frac{\partial v}{\partial y}+w\frac{\partial v}{\partial z}\right)=-\frac{\partial p}{\partial y}+\eta\left(\frac{\partial^2 v}{\partial x^2}+\frac{\partial^2 v}{\partial y^2}+\frac{\partial^2 v}{\partial z^2}\right)+\rho g_y \quad (2\text{-}1)$$

$$\rho\left(\frac{\partial w}{\partial t}+u\frac{\partial w}{\partial x}+v\frac{\partial w}{\partial y}+w\frac{\partial w}{\partial z}\right)=-\frac{\partial p}{\partial z}+\eta\left(\frac{\partial^2 w}{\partial x^2}+\frac{\partial^2 w}{\partial y^2}+\frac{\partial^2 w}{\partial z^2}\right)+\rho g_z$$

其中：

$$\eta=\mu+\mu_t$$

质量守恒方程（连续性方程）为：

$$\frac{\partial u}{\partial x}+\frac{\partial v}{\partial y}+\frac{\partial w}{\partial z}=0 \quad (2\text{-}2)$$

为了确定自由表面的形状，这里介绍了比较常用的 SOLA – VOF 方法，求解体积函数方程为：

$$\frac{\partial F}{\partial t}+u\frac{\partial F}{\partial x}+v\frac{\partial F}{\partial y}+w\frac{\partial F}{\partial z}=0 \quad (2\text{-}3)$$

铸件充型凝固过程涉及复杂的动量和热量传输，其描述凝固传热的数学基础是傅里叶热传导偏微分方程，其能量方程为：

$$\frac{\partial T}{\partial t}+u\frac{\partial T}{\partial x}+v\frac{\partial T}{\partial y}+w\frac{\partial T}{\partial z}=\frac{\lambda}{\rho c}\left(\frac{\partial^2 T}{\partial x^2}+\frac{\partial^2 T}{\partial y^2}+\frac{\partial^2 T}{\partial z^2}\right)+S \quad (2\text{-}4)$$

式中　u,v,w——流速在三个坐标轴方向上的速度分量；

g_x,g_y,g_z——加速度在三个坐标轴上的分量；

ρ——金属流体的密度；

η——流体运动黏度；

t ——时间；

F ——体积函数；

p ——流场中(x,y,z)点的压力；

S ——源项；

μ ——动力黏度；

μ_t ——紊流黏度；

c ——比热容；

λ ——导热系数。

2.4.2 紊流流动数学模型

高压铸造或者离心铸造过程不同于低压铸造和重力铸造，铸造充型过程中合金熔体常常呈紊流流动，若只用层流流动的基本方程计算，必然造成一定的误差，因此数值模拟过程中必须考虑紊流的影响。

紊流是一种复杂的非稳态三维流动，从物理结构上说可以把紊流看成是各种不同尺度的涡旋叠合而成的流动。目前计算流体力学和计算传热学中比较困难的就是紊流运动及换热的数值计算。目前，紊流的计算主要有三种方法：湍流尺度的网格尺寸内求解瞬态三维动量方程的直接模拟；亚网格尺寸的大涡旋模拟；Reynolds 时均化模拟。前两种方法由于计算量大，在工程中应用比较少，只有时均方程法较为实用[30]。

直接模拟是用非稳态的 N－S 方程对紊流进行计算，无需引入任何模型，但需要在紊流尺度的网格尺寸内求解，目前尚无法完成，随着计算机容量及速度的提高，将来有望得到解决。

大涡旋模拟是用非稳态的 N－S 方程直接模拟大尺度的涡旋，这种方法只能模拟一些简单情况，目前仍不能直接用于工程实际。

Reynolds 时均化模拟是将非稳态的控制方程对时间做平均，在关于时均物理量的控制方程中包含了脉动量乘积的时均值等物理量，所得方程的个数少于未知量的个数，而且不可能依靠进一步的时均处理来使方程组封闭。要使方程组封闭，就必须建立模型，模型中把未知的、更高阶的时间平均值表示成较低阶的可以在计算中确定的量的函数。紊流模型有零方程模型、单方程模型和双方程模型,其中采用 $k-\varepsilon$ 双方程模型模拟充型过程中的紊流应用较广。其中 k 是合金熔体紊流动能,ε 是紊流动能耗散率。

$k-\varepsilon$ 双方程的通用形式为:

$$\frac{\partial}{\partial t}(\rho\zeta)+\frac{\partial}{\partial x}(\rho_u\zeta)+\frac{\partial}{\partial y}(\rho_v\zeta)+\frac{\partial}{\partial z}(\rho_w\zeta)$$
$$=\frac{\partial}{\partial x}(\psi\frac{\partial\zeta}{\partial x})+\frac{\partial}{\partial y}(\psi\frac{\partial\zeta}{\partial y})+\frac{\partial}{\partial z}(\psi\frac{\partial\zeta}{\partial z})+S \tag{2-5}$$

式中 ζ——通用应变量;

ψ——输运系数;

S——源项。

对于 k 方程:

$$\zeta=k,\psi=\frac{\mu_{\mathrm{e}}}{\sigma_k},S=P_k-\rho\varepsilon$$

对于 ε 方程:

$$\zeta=\varepsilon,\psi=\frac{\mu_{\mathrm{e}}}{\sigma_\varepsilon},S=\frac{\varepsilon}{k}(C_1P_k-C_2\rho\varepsilon)$$

其中:

$$P_k=\mu_t|2|(\frac{\partial u}{\partial x})^2+(\frac{\partial v}{\partial y})^2+(\frac{\partial w}{\partial z})^2\Big|+(\frac{\partial u}{\partial x}+\frac{\partial v}{\partial y})^2$$
$$+(\frac{\partial u}{\partial x}+\frac{\partial w}{\partial z})^2+(\frac{\partial v}{\partial y}+\frac{\partial w}{\partial z})^2\Big| \tag{2-6}$$

由紊流所引起的动量传输通过紊流黏度 μ_t 来实现:

$$\mu_t=C_\mu\rho K^2/\varepsilon \tag{2-7}$$

目前紊流模型中常数的取值一般如表 2-1 所示[31]。

表 2-1 紊流模型中的常数取值

常 数	C_1	C_2	C_μ	σ_k	σ_ε
取 值	1.44	1.92	0.09	1.0	1.33

2.5 充型过程数学模型离散化处理

通过数学解析法求解以上数学模型中的偏微分方程组是非常困难

的,目前一般采用数值求解方法进行求解。数值求解的实质就是将求解目标离散成有限个相对独立的微元体,然后基于这些微元体进行求解计算,最后将所有微元体求解结果在时间上联系起来作为整个求解目标的结果,所以数值求解的前提就是要对上述偏微分方程组在空间上和时间上进行离散。

这里主要介绍有限差分网格来实现流动域上时间和空间的离散。文中采用直角六面体划分流场空间,主要是确定流场中速度和压力变量。在数值模拟过程中,为了避免求出不合理的高度不均匀的速度场和压力场,必须采用交错网格技术。所谓交错网格就是在网格划分时,把压力 p 和体积函数 F 定义在网格控制单元的中心,而把速度分量定义在控制单元的表面上。这里采用 S. V. 帕坦卡教授提出的交错网格定义速度和压力,如图 2-3 所示。采用交错网格具有两个重要的意义:

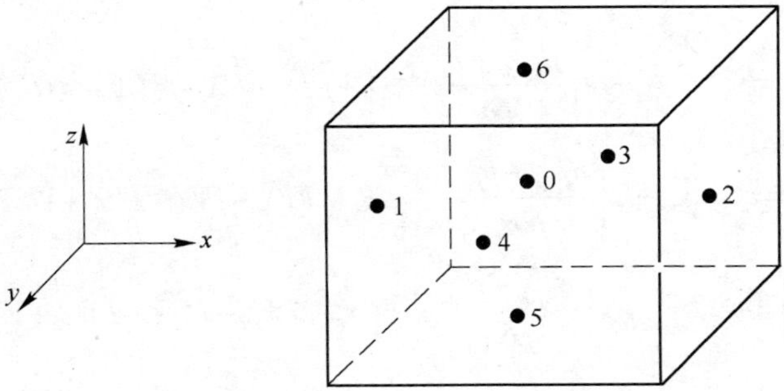

图 2-3 三维交错网格中各变量的位置

0—$F_{i,j,k}$ $p_{i,j,k}$;1—$u_{i,j,k}$;2—$u_{i+1,j,k}$;3—$v_{i,j,k}$;4—$v_{i,j+1,k}$;5—$w_{i,j,k}$;6—$w_{i,j,k+1}$

(1)对于典型的控制容积,离散的连续性方程将含有相邻速度分量的差,避免了一个高度不均匀速度场满足连续性方程的情况。

(2)采用交错网格时,两个相邻网格点之间的压力差现在成了位于这两个网格点之间的速度分量的自然驱动力。

由于熔体充填过程中,流动域自由表面是不断变化的,因此需要对流动域进行定义,这里采用体积函法(VOF)定义单元的状态,通过 F 来表示。$F=1$ 表示单元网格充满,$F=0$ 表示空网格,$0<F<1$ 表示未充满状态。$F=1$ 的网格单元的集合构成了流场的流动域,未充满网格

单元的集合构成了自由表面,并且网格单元的状态随充填过程的进行不断变化。

充型流动过程是一个动态的连续过程,为了进行数值计算必须将这一个过程在时间上进行离散,把连续变化的非稳态过程用许多微小时间段上的稳态过程代替,在每一个微小时间段上,流场的速度、压力都可以看成是不变的。

2.5.1 动量方程(Navier - Stokes)的离散

充型流动过程是一个动态的连续过程,为了数值计算方便,必须将这一过程在时间上进行离散,用稳态过程代替非稳态过程,在每一个微小时间段上,流场的速度、压力都可以看成是不变的。利用上述的交错网格离散格式,对动量方程进行离散,可以得到如下形式的离散化方程:

$$u^{\delta t}_{i+\frac{1}{2},j,k}=u_{i+\frac{1}{2},j,k}+\delta t\left[\frac{p^{\delta t}_{i,j,k}-p^{\delta t}_{i+1,j,k}}{\rho\delta x_{i+\frac{1}{2}}}+g_x-FUX-FUY-FUZ+VISX\right]$$

$$v^{\delta t}_{i,j+\frac{1}{2},k}=v_{i+\frac{1}{2},j,k}+\delta t\left[\frac{p^{\delta t}_{i,j,k}-p^{\delta t}_{i,j+1,k}}{\rho\delta y_{j+\frac{1}{2}}}+g_y-FVX-FVY-FVZ+VISY\right]$$

$$w^{\delta t}_{i+\frac{1}{2},j,k}=w_{i+\frac{1}{2},j,k}+\delta t\left[\frac{p^{\delta t}_{i,j,k}-p^{\delta t}_{i,j,k+1}}{\rho\delta z_{k+\frac{1}{2}}}+g_z-FWX-FWY-FWZ+VISZ\right] \quad (2\text{-}8)$$

其中:

$$FUX=\frac{u_{i+\frac{1}{2},j,k}}{\delta x_{au}}[\delta x_{i+1}DUB+\delta x_i DUF+a\operatorname{sgn}(u_{i+\frac{1}{2},j,k})(\delta x_{i+1}DUB-\delta x_i DUF)]$$

$$FUY=\frac{v_{i+\frac{1}{2},j,k}}{\delta y_{au}}[\delta y_{i+\frac{1}{2}}DUL+\delta y_{j-\frac{1}{2}}DUR+a\operatorname{sgn}(v_{i+\frac{1}{2},j,k})(\delta y_{j+\frac{1}{2}}DUL-\delta y_{j-\frac{1}{2}}DUR)]$$

$$FUZ=\frac{w_{i+\frac{1}{2},j,k}}{\delta z_{au}}[\delta z_{k+\frac{1}{2}}DUD+\delta z_{k+\frac{1}{2}}DUU+a\operatorname{sgn}(w_{i+\frac{1}{2},j,k})(\delta z_{k+\frac{1}{2}}DUD-\delta z_{k-\frac{1}{2}}DUU)]$$

$$FVX=\frac{u_{i,j+\frac{1}{2},k}}{\delta x_{au}}[\delta x_{i+\frac{1}{2}}DVB+\delta x_{i-\frac{1}{2}}DVF+a\operatorname{sgn}(u_{i,j+\frac{1}{2},k})(\delta x_{i+\frac{1}{2}}DVB-\delta x_{i-\frac{1}{2}}DVF)]$$

$$FVY = \frac{v_{i,j+\frac{1}{2},k}}{\delta y_{au}}[\delta y_{j+1} DVL + \delta y_j DVR + a\mathrm{sgn}(v_{i,j+\frac{1}{2},k})(\delta x_{j+1} DVL - \delta y_j DVR)]$$

$$FVZ = \frac{v_{i,j+\frac{1}{2},k}}{\delta z_{au}}[\delta z_{k+\frac{1}{2}} DVD + \delta z_{k-\frac{1}{2}} DVU + a\mathrm{sgn}(w_{i,j+\frac{1}{2},k})(\delta z_{k+\frac{1}{2}} DVD - \delta z_{k-\frac{1}{2}} DVU)]$$

$$FWX = \frac{u_{i,j,k+\frac{1}{2}}}{\delta x_{au}}[\delta x_{i+\frac{1}{2}} DWB + \delta x_{i-\frac{1}{2}} DWF + a\mathrm{sgn}(u_{i,j,k+\frac{1}{2}})(\delta x_{i+\frac{1}{2}} DWB - \delta x_{i-\frac{1}{2}} DWF)]$$

$$FWY = \frac{v_{i,j,k+\frac{1}{2}}}{\delta y_{au}}[\delta y_{j+\frac{1}{2}} DWL + \delta y_{j-\frac{1}{2}} DWR + a\mathrm{sgn}(v_{i,j,k+\frac{1}{2}})(\delta y_{j+\frac{1}{2}} DWL - \delta y_{j-\frac{1}{2}} DWR)]$$

$$FWZ = \frac{v_{i,j,k+\frac{1}{2}}}{\delta z_{au}}[\delta z_{k+1} DWD + \delta z_k DWU + a\mathrm{sgn}(w_{i,j,k+\frac{1}{2}})(\delta z_{k+1} DWD - \delta z_k DWU)]$$

$$VISX = \gamma\left[\frac{DUF - DUB}{\delta x_{i+\frac{1}{2}}} + \frac{DUR - DUL}{\delta y_j} + \frac{DUU - DUD}{\delta z_k}\right]$$

$$VISY = \gamma\left[\frac{DUF - DUB}{\delta x_i} + \frac{DUR - DUL}{\delta y_{j+\frac{1}{2}}} + \frac{DUU - DUD}{\delta z_k}\right]$$

$$VISZ = \gamma\left[\frac{DUF - DUB}{\delta x_i} + \frac{DUR - DUL}{\delta y_j} + \frac{DUU - DUD}{\delta z_{k+\frac{1}{2}}}\right]$$

$$DUB = \frac{u_{i+\frac{1}{2},j,k} - u_{i-\frac{1}{2},j,k}}{\delta x_i}, DUF = \frac{u_{i+\frac{3}{2},j,k} - u_{i+\frac{1}{2},j,k}}{\delta x_{i+1}}$$

$$DUR = \frac{u_{i+\frac{1}{2},j+1,k} - u_{i+\frac{1}{2},j,k}}{\delta y_{i+\frac{1}{2}}}, DUL = \frac{u_{i+\frac{1}{2},j,k} - u_{i+\frac{1}{2},j-1,k}}{\delta y_{i-\frac{1}{2}}}$$

$$DUD = \frac{u_{i+\frac{1}{2},j,k} - u_{i+\frac{1}{2},j,k-1}}{\delta z_{k-\frac{1}{2}}}, DUU = \frac{u_{i+\frac{1}{2},j+1,k+1} - u_{i+\frac{1}{2},j,k}}{\delta z_{k+\frac{1}{2}}}$$

$$DVB = \frac{v_{i\ j+\frac{1}{2},k} - v_{i-1,j+\frac{1}{2},k}}{\delta x_{i-\frac{1}{2}}}, DVF = \frac{v_{i+1,j+\frac{1}{2},k} - v_{i,j+\frac{1}{2},k}}{\delta x_{i+\frac{1}{2}}}$$

$$DVL = \frac{v_{i,j+\frac{1}{2},k} - v_{i,j-\frac{1}{2},k}}{\delta y_j}, DVR = \frac{v_{i,j+\frac{3}{2},k} - v_{i,j+\frac{1}{2},k}}{\delta y_j}$$

$$DVD = \frac{v_{i,j+\frac{1}{2},k} - v_{i,j+\frac{1}{2},k-1}}{\delta z_{k-\frac{1}{2}}}, DVU = \frac{v_{i,j+\frac{1}{2},k+1} - v_{i,j+\frac{1}{2},k}}{\delta z_{k+\frac{1}{2}}}$$

$$DWB = \frac{w_{i,j,k+\frac{1}{2}} - w_{i-1,j,k+\frac{1}{2}}}{\delta x_{i-\frac{1}{2}}}, DWF = \frac{w_{i+1,j,k+\frac{1}{2}} - w_{i-1,j,k+\frac{1}{2}}}{\delta x_{i-\frac{1}{2}}}$$

$$DWL = \frac{w_{i,j,k+\frac{1}{2}} - w_{i,j-1,k+\frac{1}{2}}}{\delta x_{j-\frac{1}{2}}}, DWR = \frac{w_{i,j+1,k+\frac{1}{2}} - w_{i,j,k+\frac{1}{2}}}{\delta y_{j+\frac{1}{2}}}$$

$$DWD = \frac{w_{i,j,k+\frac{1}{2}} - w_{i,j,k-\frac{1}{2}}}{\delta z_k}, DWU = \frac{w_{i,j,k+\frac{3}{2}} - w_{i,j,k+\frac{1}{2}}}{\delta z_{k+1}}$$

$$\delta x_{au} = \delta x_{i+1} + \delta x_i + a\text{sgn}(u_{i+\frac{1}{2},j,k})[\delta x_{i+1} - \delta x_i]$$

$$\delta y_{au} = \delta y_{i+\frac{1}{2}} + \delta y_{i-\frac{1}{2}} + a\text{sgn}(v_{i,j+\frac{1}{2},k})[\delta y_{i+\frac{1}{2}} - \delta y_{i-\frac{1}{2}}]$$

$$\delta z_{au} = \delta z_{k+\frac{1}{2}} + \delta z_{k-\frac{1}{2}} + a\text{sgn}(w_{i,j,k+\frac{1}{2}})[\delta z_{k+\frac{1}{2}} - \delta z_{k-\frac{1}{2}}]$$

$$\delta x_{av} = \delta x_{i+\frac{1}{2}} + \delta x_{i-\frac{1}{2}} + a\text{sgn}(u_{i+\frac{1}{2},j,k})[\delta x_{i+\frac{1}{2}} - \delta x_{i-\frac{1}{2}}]$$

$$\delta y_{av} = \delta y_{j+1} + \delta y_j + a\text{sgn}(v_{i,j+\frac{1}{2},k})[\delta y_{j+1} - \delta y_j]$$

$$\delta z_{av} = \delta z_{k+\frac{1}{2}} + \delta z_{k-\frac{1}{2}} + a\text{sgn}(w_{i,j,k+\frac{1}{2}})[\delta z_{k+\frac{1}{2}} - \delta z_{k-\frac{1}{2}}]$$

$$\delta x_{aw} = \delta x_{i+\frac{1}{2}} + \delta x_{i-\frac{1}{2}} + a\text{sgn}(u_{i+\frac{1}{2},j,k})[\delta x_{i+\frac{1}{2}} - \delta x_{i-\frac{1}{2}}]$$

$$\delta y_{aw} = \delta y_{j+\frac{1}{2}} + \delta y_{j-\frac{1}{2}} + a\text{sgn}(v_{i,j+\frac{1}{2},k})[\delta y_{j+\frac{1}{2}} - \delta y_{j-\frac{1}{2}}]$$

$$\delta z_{aw} = \delta z_{k+1} + \delta z_k + a\text{sgn}(w_{i,j,k+\frac{1}{2}})[\delta z_{k+1} - \delta z_k]$$

$$\delta x_{i+\frac{1}{2}} = (\delta x_{i+1} + \delta x_i)/2, \delta x_{i-\frac{1}{2}} = (\delta x_{i-1} + \delta x_i)/2$$

$$\delta y_{j+\frac{1}{2}} = (\delta y_{j+1} + \delta y_j)/2, \delta y_{j-\frac{1}{2}} = (\delta y_{j-1} + \delta y_j)/2$$

$$\delta z_{k+\frac{1}{2}} = (\delta z_{k+1} + \delta z_k)/2, \delta z_{k-\frac{1}{2}} = (\delta z_{k-1} + \delta z_k)/2$$

上面公式中带有上标 δt 的变量表示 t 时刻经过微小时间段以后的值，不带上标的变量则表示 t 时刻的值，各变量的下标表示所在空间的位置。sgn 为符号函数，sgn(u)表示取 u 的符号，α 为权重因子，取值 $0<\alpha\leqslant 1$。一般动量方程离散格式的选取根据 Paclet 数的差别可分为 5 种：中心差分格式、上风格式、指数格式、混合格式和乘方格式。当 $\alpha=0$时为中心差分格式；$\alpha=1$ 时为上风格式。计算时取 $\alpha=0.8$，使该格式兼顾中心差分和上风格式且靠近上风格式。

2.5.2　SOLA－VOF 计算方法

SOLA－VOF 法是美国加利福尼亚大学 Los Alamos 科学实验室发展起来的一种模拟技术。该计算方法是用体积函数代替示踪粒子来确定自由表面的位置，即定义：

$$F = V_f/V \tag{2-9}$$

式中　F——体积分数函数；

V_f——网格空间内流体体积；

V——网格空间体积。

F 可以用来描述流体充填状态，当 $F=0$ 时网格为空，当 $F=1$ 时为充满状态即内部网格，当 $0<F<1$ 时网格为半充满状态，也就是自由表面网格。通过 F 函数代替大量示踪粒子来表示网格状态，提高了模拟运算速度。

SOLA－VOF 技术不同于 SMAC 技术，它是通过 SOLA 求解压力场和速度场，用 VOF 确定流动域和自由表面，不需要求解势函数方程。压力的计算采用随机假设计算，将随机假设中的压力代入 N－S 方程中，求假设压力计算出来的速度，然后通过反复调整网格压力而求取新的速度，直到计算出来的速度满足连续性方程为止，这时求取的速度和压力即为所求。该技术要求求解的方程只有 N－S 方程，而压力和速度用修正公式不断修正，因而迭代速度大大加快，求解速度也相对加快。

2.5.2.1 SOLA 计算方法

SOLA 计算方法步骤如下：

(1) 由 N－S 方程离散公式，以初始条件或前一时刻值为基础，计算当前时刻的试算速度——假设 δt 时间后每个网格压力值不变，这样以前一时刻速度值代入离散方程 2-8，求解每个网格速度值，这个速度值称为试算速度。

(2) 对每个网格定义散度 $D_{i,j,k}$：

$$D_{i,j,k}=\frac{u^{\delta t}_{i+\frac{1}{2},j,k}-u^{\delta t}_{i-\frac{1}{2},j,k}}{\delta x_i}+\frac{v^{\delta t}_{i,j+\frac{1}{2},k}-v^{\delta t}_{i,j+\frac{1}{2},k}}{\delta y_j}+\frac{w^{\delta t}_{i,j,k+\frac{1}{2}}-w^{\delta t}_{i,j,k+\frac{1}{2}}}{\delta z_k} \tag{2-10}$$

将每个网格的试算速度代入式 2-10，求出每个网格的 $D_{i,j,k}$。

(3) 如果每个网格的 $D_{i,j,k}=0$，则表明 (i,j,k) 网格单元满足连续性方程，当全部网格单元都满足连续性方程时，这时的速度场和压力场就是新时刻的速度场和压力场。如果有一个网格不满足连续性方程则继续迭代压力值，求解速度值，直到满足要求为止。从工程角度定义 $|D_{i,j,k}|\leqslant 0.001$。

(4) 当 $D_{i,j,k}\neq 0$ 时，表明试算速度场不满足连续性方程，通过调

整压力的手段来修正速度,使其满足连续性方程。修正压力公式如下:

$$\delta p^n = -\frac{D_{i,j,k}}{\dfrac{\partial D_{i,j,k}}{\partial p}} \tag{2-11}$$

其中:

$$\frac{\partial D_{i,j,k}}{\partial p} = \frac{\delta t}{\delta x_i}\left(\frac{1}{\rho\delta x_{i+\frac{1}{2}}} + \frac{1}{\rho\delta x_{i-\frac{1}{2}}}\right) + \frac{\delta t}{\delta y_j}\left(\frac{1}{\rho\delta y_{j+\frac{1}{2}}} + \frac{1}{\rho\delta y_{j-\frac{1}{2}}}\right) + \frac{\delta t}{\delta z_k}\left(\frac{1}{\rho\delta z_{k+\frac{1}{2}}} + \frac{1}{\rho\delta z_{k-\frac{1}{2}}}\right)$$

修正压力为:

$$p^{n+1} = p^n + \delta p^n \tag{2-12}$$

从修正压力得到修正速度为:

$$\begin{aligned}
u^{n+1}_{i+\frac{1}{2},j,k} &= u^n_{i+\frac{1}{2},j,k} + \frac{\delta t\delta p^n \beta}{\rho\delta x_{i+\frac{1}{2}}} \\
u^{n+1}_{i-\frac{1}{2},j,k} &= u^n_{i-\frac{1}{2},j,k} - \frac{\delta t\delta p^n \beta}{\rho\delta x_{i-\frac{1}{2}}} \\
v^{n+1}_{i,j+\frac{1}{2},k} &= v^n_{i,j+\frac{1}{2},k} + \frac{\delta t\delta p^n \beta}{\rho\delta y_{j+\frac{1}{2}}} \\
v^{n+1}_{i,j-\frac{1}{2},k} &= v^n_{i,j-\frac{1}{2},k} - \frac{\delta t\delta p^n \beta}{\rho\delta y_{j-\frac{1}{2}}} \\
w^{n+1}_{i,j,k+\frac{1}{2}} &= w^n_{i,j,k+\frac{1}{2}} + \frac{\delta t\delta p^n \beta}{\rho\delta z_{k+\frac{1}{2}}} \\
w^{n+1}_{i,j,k-\frac{1}{2}} &= w^n_{i,j,k-\frac{1}{2}} - \frac{\delta t\delta p^n \beta}{\rho\delta z_{k-\frac{1}{2}}}
\end{aligned} \tag{2-13}$$

式中 β——松弛因子;

$n, n+1$——修正循环次数。

(5)将修正后的试算速度场带回网格定义散度公式中,反复修正,直到所有网格单元满足连续性方程,则这一时刻速度计算就结束了。

2.5.2.2 VOF 计算方法

结束了新时刻速度场计算后,通过 VOF 方法来计算下一时刻的流动域。VOF 计算方法是通过每个单元在 t 时刻的体积分数 F 来确定流动域。F = 单元流体体积/单元总体积。单元流体体积等于 t 时刻 δt 时间内流入流出该单元的流体体积的代数和，为了提高计算速度，设定 $\delta x_i = \delta y_j = \delta z_k$，并且在 δt 时间内速度是稳定的，则 δt 时间内任一网格的体积分数变化 $\delta F_{i,j,k}$ 为：

$$\delta F_{i,j,k} = -\frac{\delta t}{\delta x}\left(u_{i+\frac{1}{2},j,k} - u_{i-\frac{1}{2},j,k} + v_{i,j+\frac{1}{2},k} - v_{i,j-\frac{1}{2},k} + w_{i,j,k+\frac{1}{2}} - w_{i,j,k-\frac{1}{2}}\right) \tag{2-14}$$

当 $\delta F_{i,j,k} > 0$ 时，表示网格 (i,j,k) 内流体流量增加；当 $\delta F_{i,j,k} = 0$ 时，表示网格 (i,j,k) 内流体流量没有变化；当 $\delta F_{i,j,k} < 0$ 时，表示网格 (i,j,k) 内流体流量减少。

根据 $F + \delta F$ 的值来确定新时刻的自由表面，如果 $F + \delta F = 0$ 表示空网格，如果 $F + \delta F = 1$ 表示满网格，如果 $F + \delta F$ 介于两者之间表示半满网格，从而来决定流动域；当新的流动域确定后，在这个新的流动域上再计算流场，这样通过 VOF 计算方法不断确定新的流动域，然后通过 SOLA 计算方法来计算流动域的速度场和压力场，因此整个充填过程就模拟出来了。

2.6 初始条件和边界条件的确定

2.6.1 初始条件

合金熔体的铸造方式不同，其初始条件和边界条件都有所不同，这里以钛合金铸件实际生产中浇铸过程为例来研究其初始条件和边界条件。由于钛合金熔体是在真空条件下熔炼浇铸的，当金属料在坩埚中熔炼结束后，旋转坩埚，通过漏斗进入铸型，为了防止熔渣卷入铸型，铸型口用一层薄铝箔封住，以便阻挡熔渣。由于坩埚旋转速度非常慢，加上漏斗与铝箔的阻挡作用，所以进入铸型的熔体速度比较低。为了使数值模拟更接近实验过程，这里通过提高浇铸位置来实现。如图 2-4 所示，设初始速度为 $v_0 = 0$，距直浇道入口距离为 h，到达直浇道入口处的速度为 v'，该速度与实际浇铸过程中熔体到达直浇道入口速度一致。

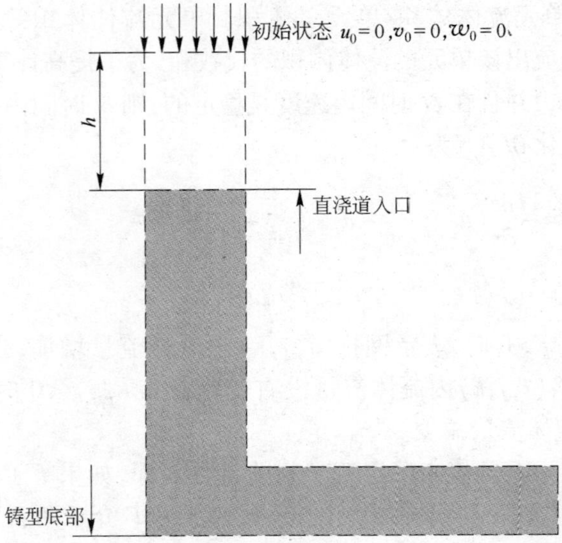

图 2-4　初始条件设定

浇铸初始状态,熔体的初始速度为:

$$u_0 = 0, v_0 = 0, w_0 = 0$$

受重力作用,经过高度为 h 的距离后,到达铸型顶部,此时流体在三个方向上的速度分别为:

$$u' = u_1, v' = v_1, w' = w_1$$

这样,横浇道入口处速度与实际情况比较接近,可以通过调整浇铸位置的高度来调整入口速度。流体进入直浇道后,继续受重力的作用,当接触到铸型底部时,受重力、离心力和柯氏力的共同作用。

充填流动过程中,自由表面有两种状态,一种是边界网格,另一种是满网格。当满网格变成边界网格时,把新产生的边界网格与周围的非满网格之间的速度设为零。当边界网格变成满网格时,如果在同一网格内,流体不遇阻碍,则保持原有的方向和流速继续流动,如果遇到阻碍,则将其流量均匀地转移到其他可能出流的方向,然后重新调整出流速度,使新生成的满网格能够满足连续性方程。

2.6.2　边界条件

对于型壁边界条件的处理,SOLA 方法中给出了两种条件下的型壁边界条件，即自由滑动边界和无滑动边界，如图2-5所示。

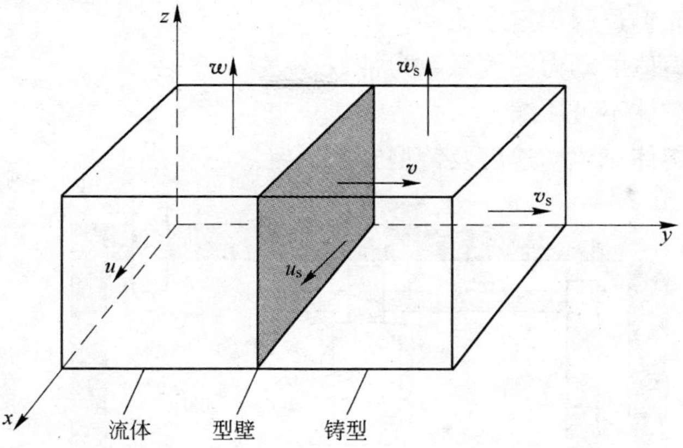

图2-5　型壁速度边界条件

自由滑动边界条件就是在与型壁平行的流动方向上，固壁对流体没有牵制作用，流体在型壁上的流动速度与流体内的速度相同，即：$u_b=u$，$w_b=w$。流体不能穿过型壁，则 $v_b=0$，假设型壁中熔体的流动速度为：

$$u_s=u, w_s=w, v_s=0 \tag{2-15}$$

无滑动边界条件是指流体在型壁上无滑动，即：$u_b=0$，$w_b=0$，$v_b=0$。型壁中熔体的流动速度为：

$$u_s=-u, w_s=-w, v_s=0 \tag{2-16}$$

熔体充填过程中，型壁表面的光滑程度不同，处于自由滑动和无滑动边界之间，因此，引入滑动系数 μ，其中 $-1\leqslant\mu\leqslant1$，则型壁边界条件为：

$$u_s=\mu u, w_s=\mu w, v_s=0 \tag{2-17}$$

2.7　立式离心力场下熔体质点的受力分析

2.7.1　基本假设

钛合金实验件熔铸过程是首先采用感应凝壳熔炼（ISM）方法进行熔炼，然后通过导流器引流使合金熔体进入转速恒定的旋转铸型中充填凝固，如图2-6所示。对钛合金铸件充型过程进行分析，并作如下假设：

(1)熔体的充型过程是连续的;

(2)充型过程为定常流动;

(3)熔体的动力黏度系数为常数;

(4)熔体不可压缩;

(5)熔体充填初速度及铸型转速恒定。

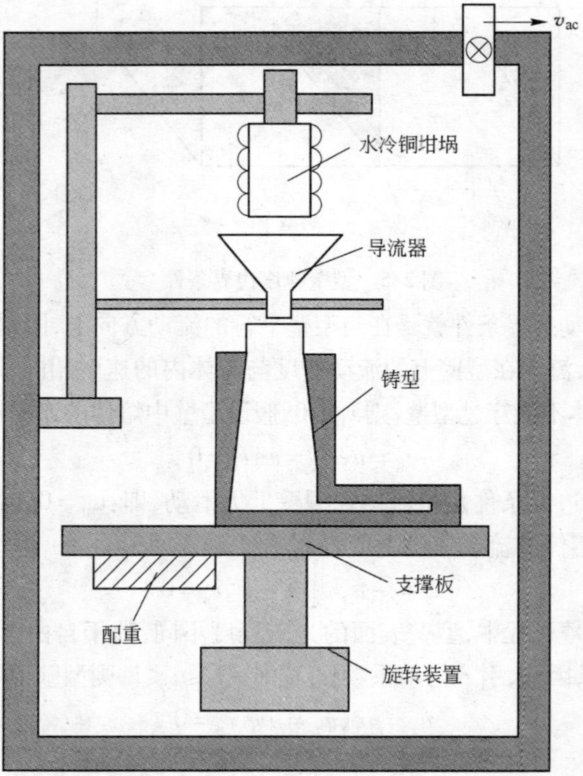

图 2-6 熔铸系统示意图[32]

2.7.2 立式离心场下熔体质点运动加速度模型[32]

立式离心铸造过程中,熔体随铸型作旋转运动,选取其中任意质点进行分析,熔体质点质量为 m,距旋转中心线距离为 r,铸型的旋转角速度为 ω。假设铸型匀速旋转,该质点所受到的离心惯性力大小为 $F_{ce} = mr\omega^2$,此离心力的作用线通过旋转中心,沿半径方向逐渐增大。充型过程中流体质点在型腔内流动，铸型的旋转和流体质点的相对运动引入柯氏惯性力的作用，它属于一种惯性力，随着流体相对运动的消失而消失。柯氏惯性力的大小可由公式 $F_{co}=2mv_r\omega$ 来表示，该惯性力始终位于与旋转轴垂直的平面内，方向垂直于矢量$\boldsymbol{v}_r$。充型过程中，液体质点还受到重力场的作用，方向垂直向下指向地心，大小为 mg。立式离心铸造充填过程是流体在重力、离心力和柯氏力三个力场合成作用下运动的结果，如图 2-7 所示。

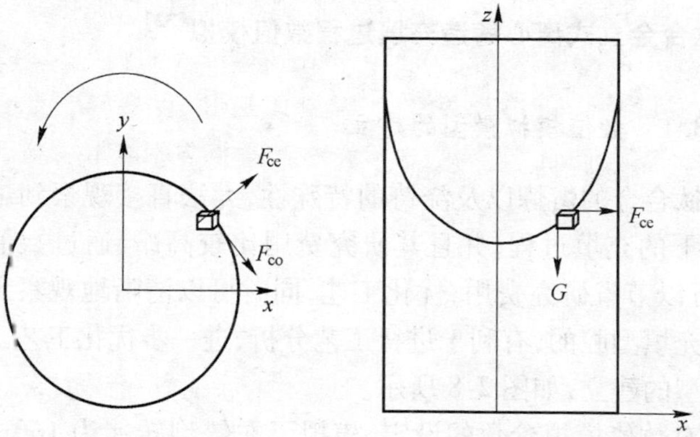

图 2-7 熔体在离心力场下的受力图

因此合金熔体质点在立式离心场下所受到的合力如公式 2-18 所示：

$$F=F_{ce}+F_{co}+G=m(a_{ce}+a_{co}+a_g) \tag{2-18}$$

式中 F_{ce}——离心力；

F_{co}——柯氏力；

G——重力。

则质点在三个方向的加速度分别为：

$$\begin{aligned} a_x &= x_i(t)\omega^2+2v_{xi}(t)\omega \\ a_y &= y_i(t)\omega^2-2v_{yi}(t)\omega \\ a_z &= g \end{aligned} \tag{2-19}$$

式中 ω——铸型旋转速度；

x_i——质点旋转半径在 x 轴上的分量；

y_i——质点旋转半径在 y 轴上的分量；

v_{xi}——质点在 x 轴方向上的速度分量；

v_{yi}——质点在 y 轴方向上的速度分量；

g——重力加速度。

通过对流体质点的受力分析，得到了立式离心铸造充型过程中流体质点的受力模型及加速度模型，为离心铸造充型过程数值模拟奠定了理论基础。

2.7.3 钛合金立式离心铸造充填过程数值模拟[32]

2.7.3.1 数值模拟模型的建立

由于钛合金的熔炼以及浇铸的特殊性，无法直接观察到熔体在立式离心场下的充填过程，并且其研究费用比较高昂，通过数值模拟手段，不仅可以节省研究费用，优化工艺，同时可以清晰地观察到合金熔体是如何充填型腔的，有利于进行工艺分析，进一步优化工艺。首先进行数值模型的建立，如图 2-8 所示。

通过对数值模拟参数的设定，模拟了在铸型转速为 160r/min、铸型旋转方向为逆时针、熔体过热度为 30℃、铸型材质为石墨条件下，钛合金熔体充填铸型的过程，如图 2-9 所示。立式离心场下，合金熔体受重力、柯氏力和离心力的共同作用，其中柯氏力的存在主要改变熔体的运动方向，不同的旋转方向，直接影响熔体的运动方向。由模拟结果可以发现，合金熔体进入横浇道后，由于受较大的柯氏力的作用，沿着与旋转方向相对的型壁进行充填，当遇到内浇道后，一部分熔体通过内浇道进入型腔 1，另一部分熔体继续向前充填，当遇到内浇道 2 时，开始充填型腔 2。而且横浇道内流体的截面面积也发生变化，开始随充填长度的增加而减少，但是内浇道入口处，横截面面积有所回升。为了更详细地了解熔体进入铸型后速度及温度变化，本书给出了熔体在 $x-y$ 平面以及 $x-z$ 平面上相应的速度场、温度场以及压力场。计算过程中，分别考虑了铸型温度、熔体过热度、铸型旋转速度以及旋转方向对钛合金熔体充填状态的影响。根据前人的研究经验，不同的模拟过程，界面换热系数选取不同的值。合金熔体充

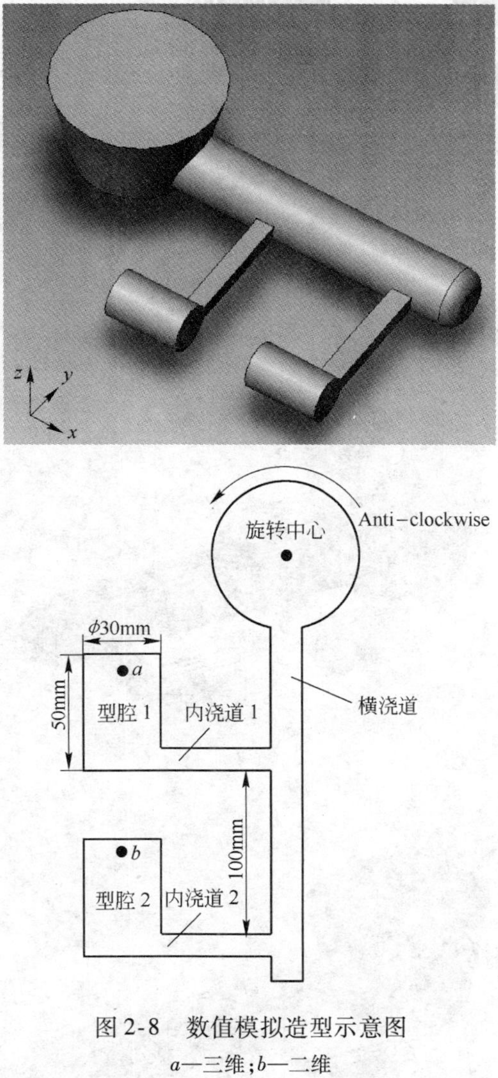

图 2-8 数值模拟造型示意图

a—三维；*b*—二维

填过程中，界面换热主要以传导为主，界面换热系数选取较大值；当合金熔体温度低于固相线温度以下时开始形成一定的金属凝壳，这时界面的传热方式主要是辐射换热，界面换热系数采用较小值。对于换热系数的选择，可参考有关文献。数值模拟中，应用到合金熔体及铸型的相关热物性参数如表 2-2 所示。

图 2-9　逆时针旋转时钛合金熔体的充填过程

a—0. 5s；*b*—1. 5s；*c*—2. 5s

表 2-2 铸锭和铸型相关热物性参数

参数	Ti6Al4V	石墨
$\lambda_L/W \cdot (m \cdot K)^{-1}$	14.1	135
$c_p/J \cdot (kg \cdot K)^{-1}$	930	648
$\rho_s/kg \cdot m^{-3}$	4430	1922
$L/J \cdot m^{-3}$	1580×10^6	
$T_L/℃$	1703	
$T_s/℃$	1678	

由图 2-10 可以看出,立式离心场下,正向充填过程中熔体充填速度随充填长度的增加而增加,当熔体充满型腔后,直浇道内熔体随铸型做旋转运动。

图 2-11 给出熔体在 $x-y$ 平面内充填过程温度场变化,由图可以看出,由于内浇道尺寸较小,熔体热量在内浇道处散失较快,导致该处温度降低幅度较大,合金熔体较快进入糊状区,容易导致柱状件因为无法得到补缩而产生缺陷,柱状件的缺陷分析在后面作具体介绍。图 2-12 和图 2-13 分别给出了在 $x-z$ 二维平面内熔体充填过程中相应的速度场、温度场。

立式离心场下,合金熔体的充填顺序与旋转方向的选择有很大的关系,如果旋转方向为顺时针,则充填顺序完全改变,这对有内浇道的铸型尤其重要,因为充填顺序直接影响到最后凝固缺陷位置的形成。

2.7.3.2 工艺参数对钛合金熔体充填过程的影响

A 铸型转速对钛合金熔体充填过程的影响

立式离心场下,铸型转速的选择非常重要,转速的高低不仅影响铸件的成形质量,还影响设备的使用年限。铸型转速不仅与合金熔体本身的特性相关,还与浇道的尺寸相关,浇道尺寸越大,转速越低。

通过研究发现,立式离心力场下熔体的充填速度要高于重力场下熔体的充填速度,且充填时间随着铸型转速的增加而不断减少。重力场下熔体的充填顺序完全不同于离心场下的充填顺序。该研究的模型中,立式离心场逆时针旋转方向条件下,合金熔体先充填铸型 1,再充填铸型 2。而重力场下,熔体先充填铸型 2,最后充填铸型 1。

转速对钛合金薄壁件的充填能力有很大的影响,在离心场下,随着

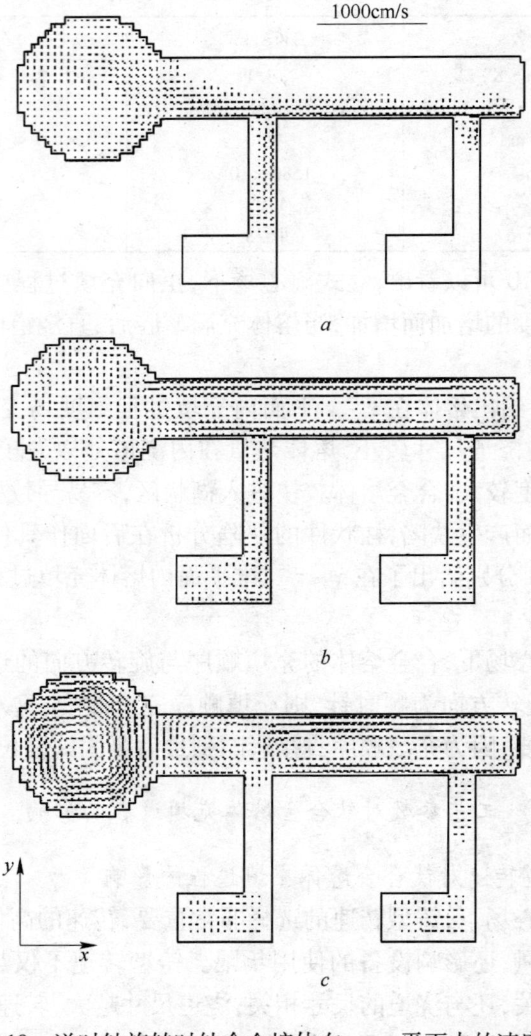

图 2-10　逆时针旋转时钛合金熔体在 $x-y$ 平面内的速度场

a—0. 5s；b—1. 5s；c—2. 5s

转速的增加，钛合金熔体充填楔形件及薄壁件的效果逐渐增加。这是由于重力场下，合金熔体的充填力主要来自于压头高度，离心场下合金熔体的充填力主要来自于离心力和柯氏力，对于统一的流动性试件而

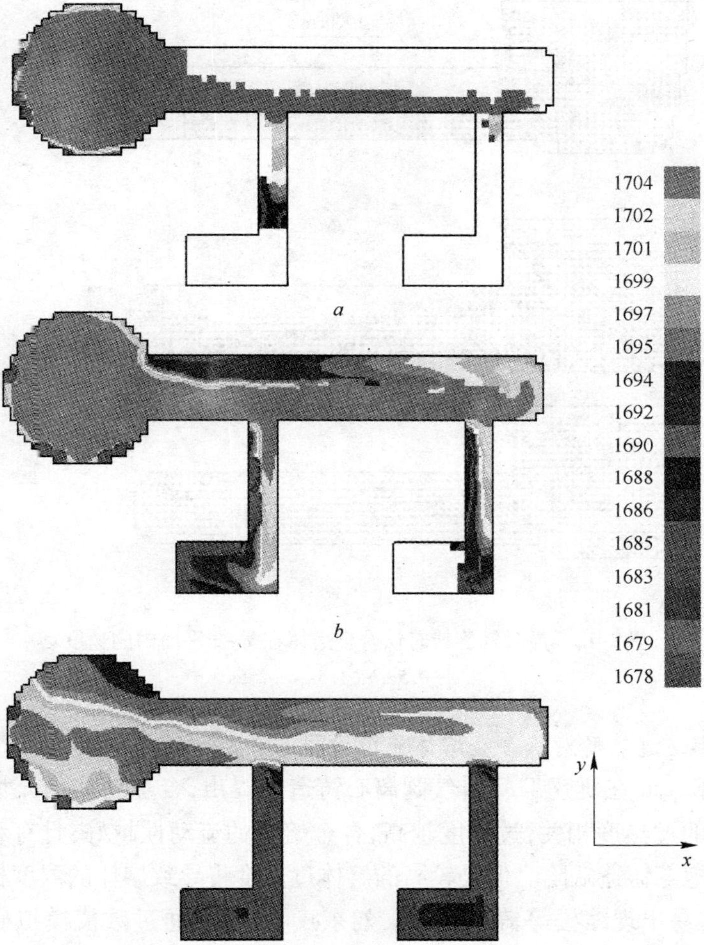

图 2-11 逆时针旋转时钛合金熔体在 $x-y$ 平面内的温度场

a—0.5s；*b*—1.5s；*c*—2.5s

言，由于壁薄导致表面张力等充填阻力较大，重力场下的充填力小于充填阻力导致无法进一步充填；而离心场下合金熔体的充填力随转速的增加而增加，且大于薄壁铸型的充填阻力，所以可以顺利充填。

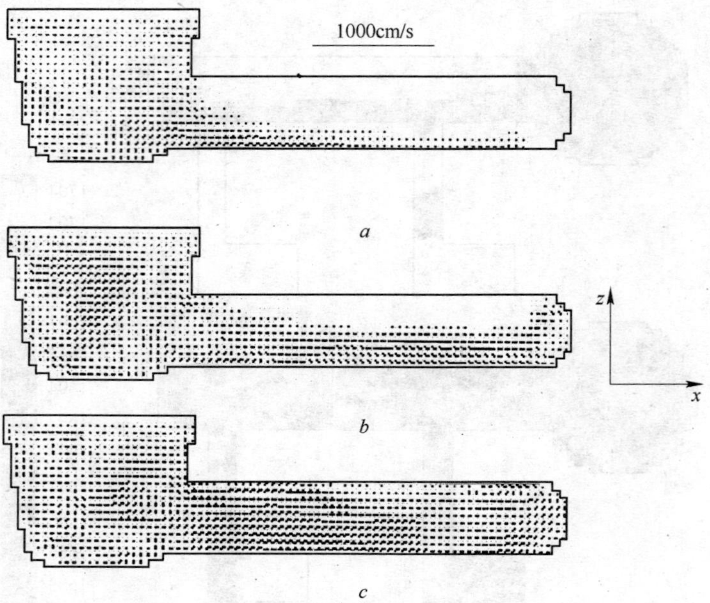

图 2-12　逆时针旋转时钛合金熔体在 $x-z$ 平面内的速度场

a—0.5s；*b*—1.5s；*c*—2.5s

B　过热度对钛合金熔体充填过程的影响

K. Liu 在研究 TiAl 排气阀离心铸造中提出，合金熔体的充填率与熔体的过热度相关，过热度越高，合金熔体的流动性越好，且有利于减少气泡等铸造缺陷。但是较高的熔体过热度将导致熔体的温度梯度较大，容易出现缩松等铸造缺陷。刘东戎[33]等人通过数值模拟研究过热度对 CET 的影响时指出，过热对凝固组织的影响不大。数值模拟结果如图 2-14 所示，可以发现过热度较低时，熔体的充填时间长，热量散失较多，但是随着过热度的增加熔体的充填时间减少。这是因为合金过热度高，金属液内含热量多，保持液态的时间长，所以充型能力强。

C　铸型温度对合金熔体充填过程的影响

研究各种铸造工艺参数对合金熔体的充填及凝固过程的影响时，铸型温度变化是一个重要的参数。数值模拟研究发现，随着铸型温度的提高，合金熔体的充填时间逐渐减少。铸型温度的提高有利于增加合金熔

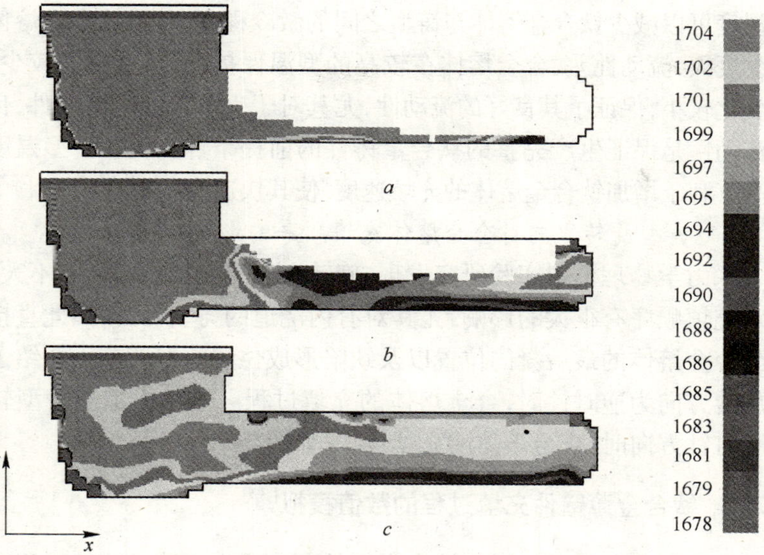

图 2-13 逆时针旋转时钛合金熔体在 $x-z$ 平面内的温度场

a—0.5s；b—1.5s；c—2.5s

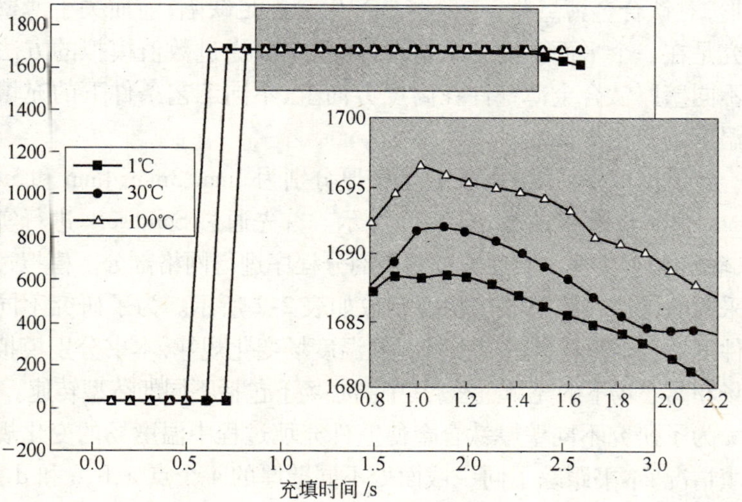

图 2-14 过热度对合金熔体的充填速度及温度变化的影响

体的充填性及流动性,这是由于钛合金熔体浇铸温度比较高,较高的铸型温度可以减少钛合金熔体与铸型之间的激冷程度,并且钛合金熔体本身黏度大,流动性差,合金熔体在较高的型温保护下,热量损失较少,黏度变化较小,保证了其良好的流动性,尤其对于生产钛合金薄壁件,良好的流动性是保证生产完整的钛合金铸件的前提条件。所以铸型温度的提高有利于增加钛合金熔体的充填速度,使其快速充满型腔。

D 铸型旋转方向对合金熔体充填顺序的影响

水力学物理模拟实验研究发现,旋转方向对充填量的影响不大,但是对充填顺序有很大的影响,尤其对有内浇道的铸型而言,因此直接影响到合金熔体的最后凝固位置以及缺陷形成位置。本章前面介绍了铸型旋转方向为逆时针时,合金熔体的充填过程。这里模拟了铸型转速为顺时针方向时,合金熔体的充填过程,如图 2-15 所示。

2.7.4 钛合金薄壁件充填过程的数值模拟[32]

前面的研究是针对一般钛合金铸件在立式离心场下充填过程的研究。目前,很多大型钛合金薄壁件被广泛地应用于航空航天以及民用领域。薄壁件在立式离心场下的充填及凝固有别于一般钛合金铸件的成形,对钛合金薄壁件,一般容易产生浇不足缺陷,前面关于薄壁件的研究是在一个平面上的充填情况,这里单独通过数值模拟的方法研究了不同壁厚钛合金薄壁件在高度方向上、不同工艺条件下的充填特点及温度场变化规律。

数值模拟中采用的模拟件为壁厚分别为 2mm、3mm、4mm 和 5mm 的 80mm × 80mm 薄壁件,如图 2-16 所示。首先通过 Solidwork 进行实体造型,输出 STL 文件。然后通过网格剖分程序进行网格剖分。模拟过程中所采用的铸件和铸型的热物性参数如表 2-2 所示。为了研究不同工艺条件下钛合金薄壁件的充填状况及温度场变化规律,本书分别模拟了重力场和离心场下的充填过程,其中离心场下包括不同的铸型转速。

为了研究不同壁厚钛合金薄壁件充填过程中温度场的变化规律及充填情况,本书跟踪了同一截面处不同壁厚的 4 个点 a、b、c 和 d 点,如图 2-16*b* 所示。数值模拟结果显示,2mm 壁厚的钛合金铸件在重力场下出现浇不足现象,由于铸型的激冷作用,合金熔体迅速凝固,阻碍了

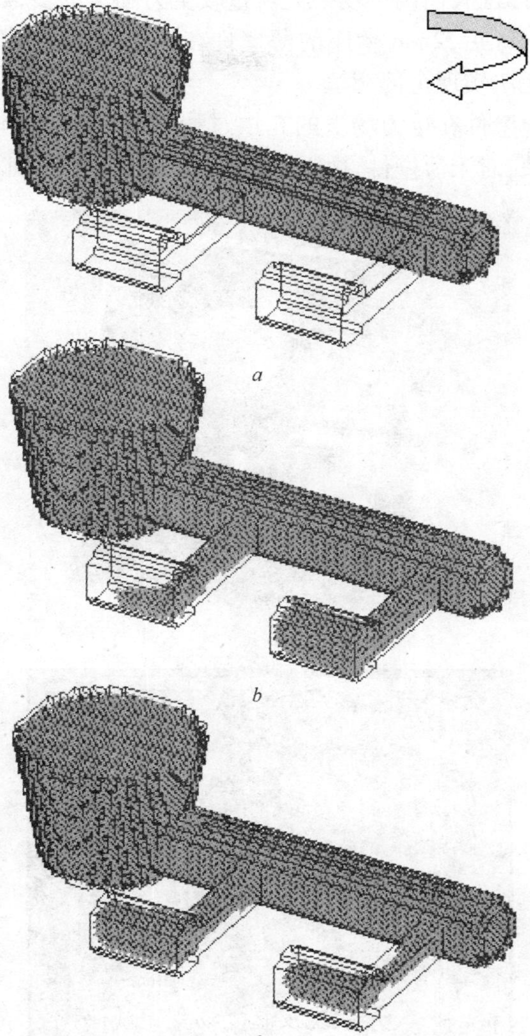

c

图 2-15　顺时针方向旋转时钛合金熔体的充填过程
a—0.5s；*b*—1.5s；*c*—2.5s

钛合金熔体的进一步充填。图 2-17 给出了钛合金薄壁件分别在重力场下和离心场下的充填过程。由图中可以看出，充填 4s 后，重力场下合金熔体部分凝固，而离心场下充填量较重力场下的多，热量损失相对较少；当充填 5s 后，2mm 壁厚的薄壁件在离心场下实现完全充填，而重力场下却无法实现全部充填。

钛合金薄壁件在重力场下的充填过程中，其合金熔体的驱动力来源于液体压头，对于薄壁件，由于合金熔体的充填阻力（如熔体前端由

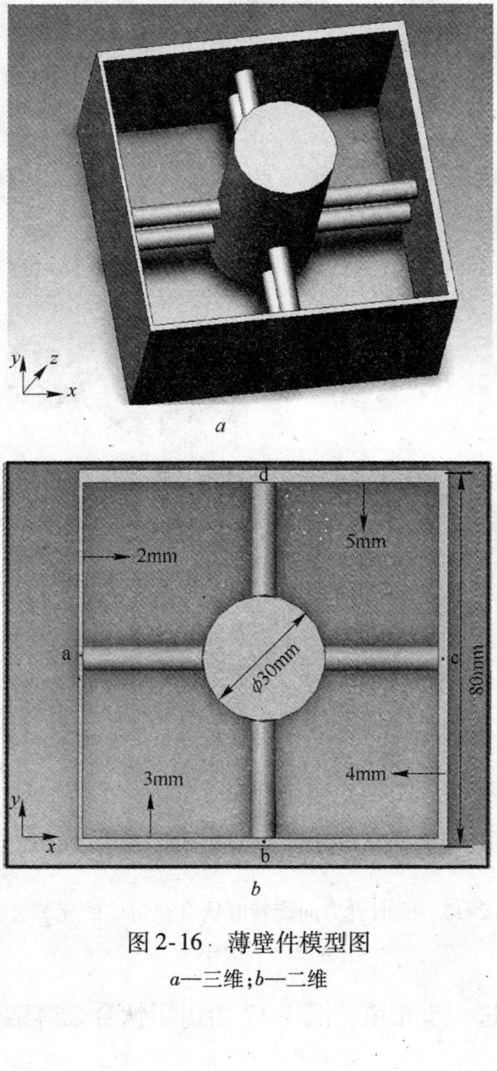

图 2-16　薄壁件模型图

a—三维；*b*—二维

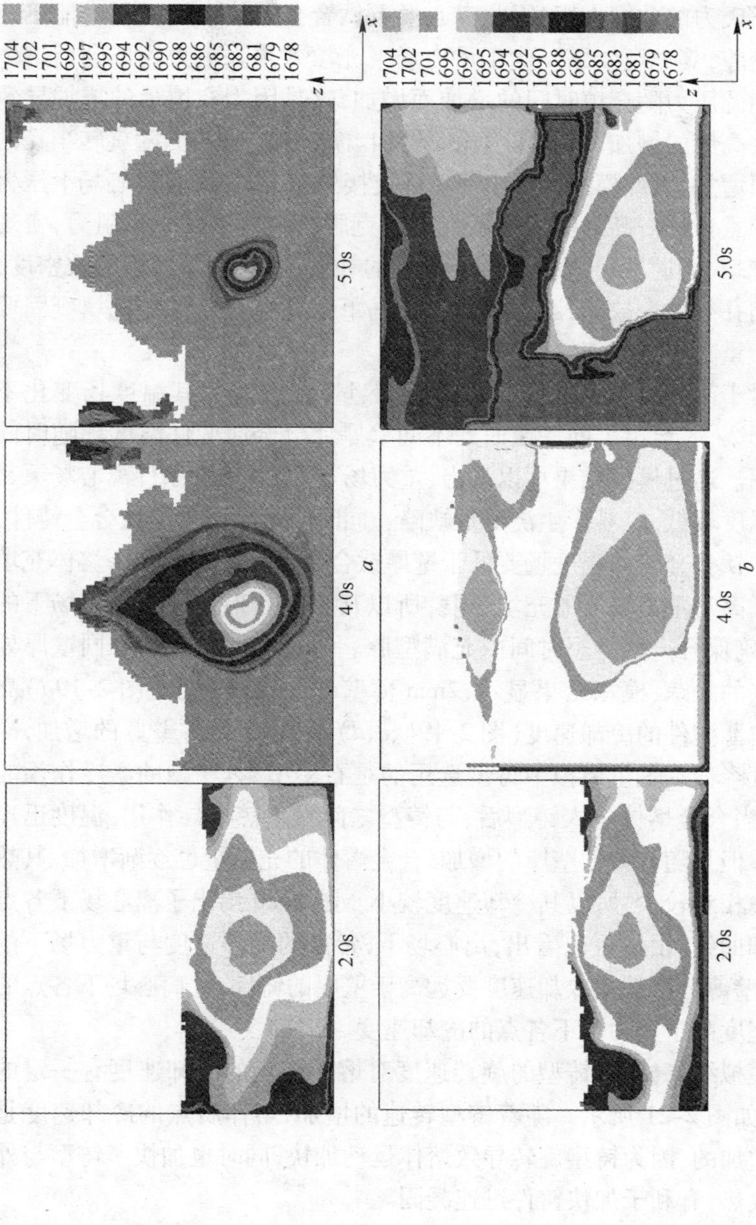

图 2-17 2mm 壁厚钛合金薄壁件充填过程温度场变化

a—重力场；*b*—立式离心场

于凝固引起阻塞形成阻力等）较大，合金熔体的驱动力无法克服充填阻力，导致出现浇不足现象。然而在离心场下合金熔体受较大的离心力和柯氏力的共同作用，因此离心场下钛合金熔体在短时间内能迅速充填型腔，其充填效果要优于重力场下充填效果。重力场下合金熔体所受到的压力随充填时间的增加而增加，这是因为充填量的增加导致了压头高度的增加，因此压力相应增加。离心场下，压力随旋转半径的增加而增加，因此模拟结果中薄壁件连接处压力最大，且离心场下压力远大于重力场。高的驱动力不仅可以克服合金熔体的充填阻力，实现迅速充填，同时还可以提高合金熔体的补缩效果，增加组织的致密度，减少缩孔缩松等缺陷，因此立式离心场下钛合金薄壁件的充填凝固要远好于重力场下的充填和凝固。

对于不同壁厚钛合金铸件，由于热量散失不同，其温度场变化不同。图 2-18 给出了同一截面处不同壁厚钛合金薄壁件温度场随时间变化图。通过模拟结果可以看出，重力场下，相对于同条件离心场下其截面温度较低，容易产生浇不足缺陷。同时对于不同壁厚钛合金铸件，壁薄的钛合金铸件温度场要低于壁厚钛合金铸件。离心场下熔体充填速度远高于重力场下的充填速度，所以其充填效果要优于重力场下的充填，确保合金熔体短时间内充满型腔。通过对同一截面不同壁厚处不同点的跟踪，模拟结果显示，2mm 薄壁件的冷却速度（图 2-19*a*）高于其他薄壁件的冷却速度（图 2-19*b*、*c*、*d*），且随着铸件壁厚的增加，冷却速度降低。这里模拟中铸型选用的是石墨型，石墨型的激冷作用非常强，当合金熔体进入铸型后，与铸型之间发生热传导作用，温度迅速下降。但是随着铸件壁厚的增加，合金熔体的充填量也逐渐增加，其热量损失相对较少，所以其冷却速度较小。图 2-20 给出了离心场下各点的冷却曲线，由图可以看出，离心场下，各点的冷却速度与重力场下的相似，壁薄的铸件其冷却速度要远高于壁厚的铸件，且离心场下各点的冷却速度高于重力场下各点的冷却速度。

模拟结果显示，铸型的旋转速度对熔体质点的冷却速度有一定的影响，如图 2-21 所示。随着铸型转速的增加，熔体质点的冷却速度是逐渐增加的，因为铸型旋转导致熔体运动加快，同时也加快了铸型与外界的换热，有利于加快铸件迅速凝固。

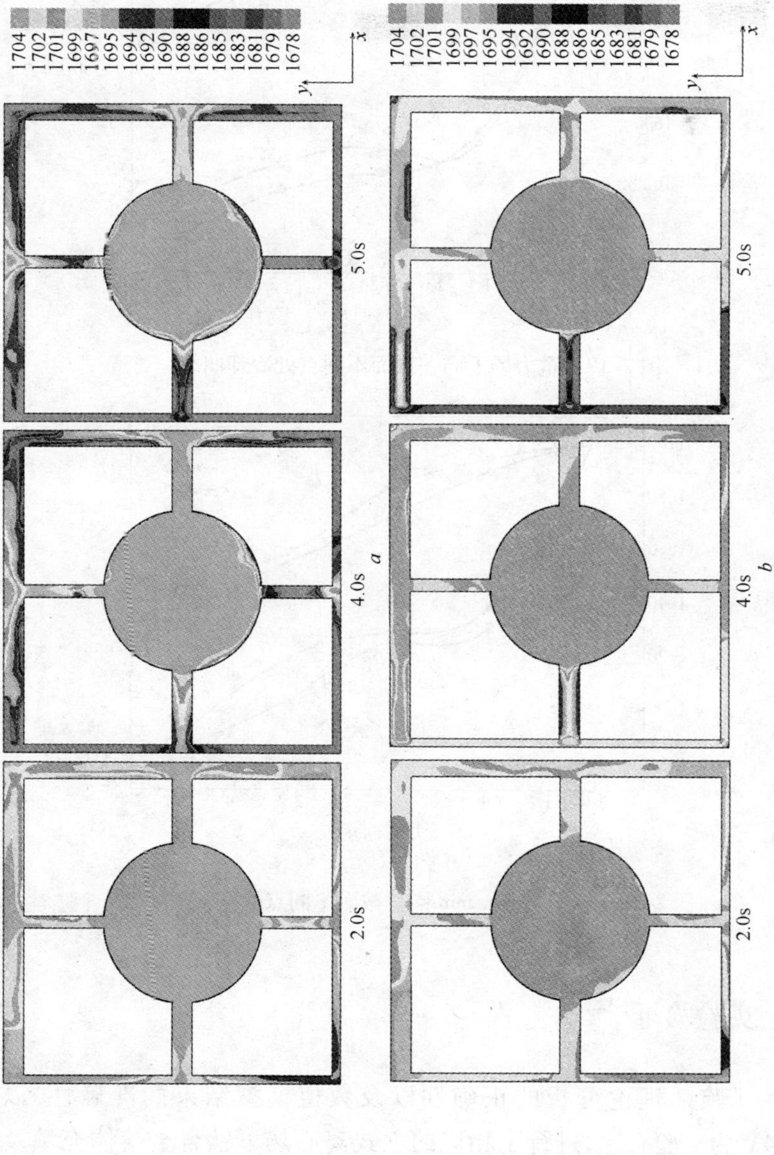

图 2-18 同一截面处不同壁厚钛合金铸件温度场随时间变化

a—重力场；*b*—立式离心场

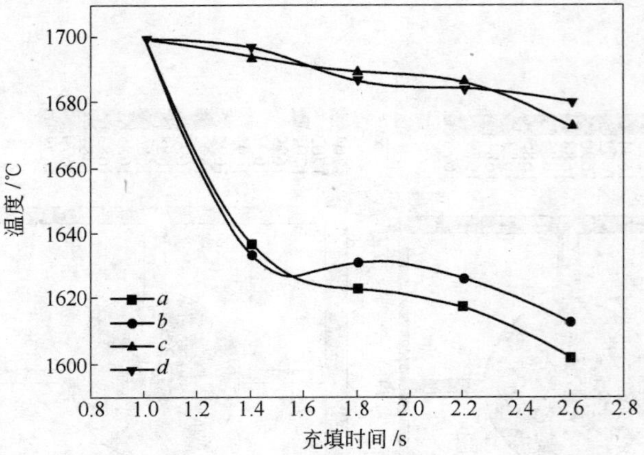

图 2-19　重力场下同一截面不同点处冷却曲线

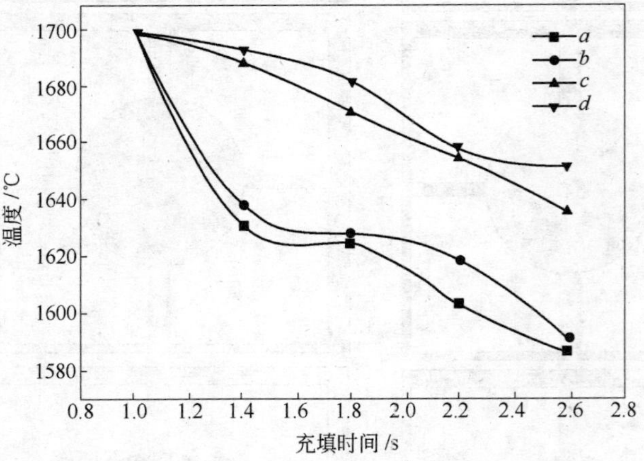

图 2-20　转速为 50r/min 同一截面不同点处冷却曲线

2.8　实验验证[32]

为了验证理论分析的正确性以及数值模拟结果的准确性，以 Ti6Al4V 为实验合金，进行了相应的立式离心场下钛合金熔体充填及凝固过程实验。下面分别介绍钛合金实验过程及实验结果。

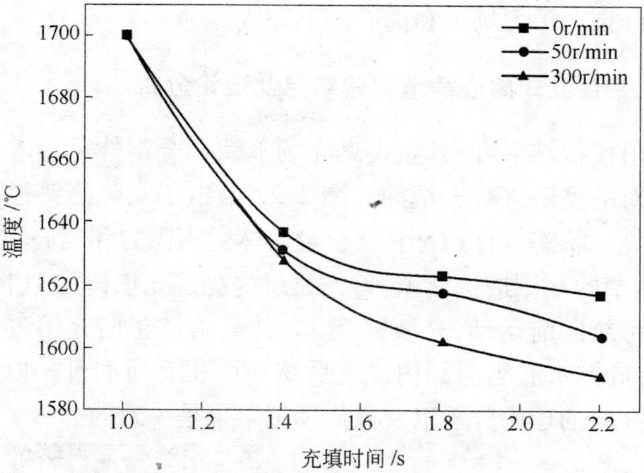

图 2-21 2mm 壁厚钛合金铸件同一质点不同转速下的冷却曲线

2.8.1 实验材料及方案

钛合金的铸造性能是由钛合金的成分和铸造工艺所决定的,设计钛合金铸造工艺时必须考虑这些性能,其中主要包括合金熔体的流动性、填充性以及缺陷的形成。流动性是指液态金属流入铸型的能力,填充性是指金属或合金精确地复制铸型轮廓,特别是复制薄截面轮廓的能力。流动性和填充性存在一定的联系,在有毛细管效应的小截面与尖角处,反映填充性的表面张力,与合金流动和填充铸型能力存在一定的一致性,在另外的情况下,表面张力与流动性之间就不会有联系了,填充性是在制造薄壁铸件和精密铸件时选择合金的主要准则之一。

实验中采用的炉料是海绵钛和 Al - 85% V 中间合金。钛合金难熔,且化学活性高,在熔融状态下能与几乎所有耐火材料和气体反应,因此大大增加了钛合金的铸造难度。钛合金熔炼是铸造过程中的关键一环,高质量熔体的获得是得到高质量铸件的前提条件,所以钛合金的熔化和浇铸过程都必须在惰性气体保护下或真空中进行。

为了能够清晰地观察钛合金熔体充填型腔的状态,实验中采用给料不足的方法来研究钛合金熔体在立式离心场下的充填过程。同时为了比较重力场与离心场下熔体充填及凝固过程的不同,钛合金熔体的浇铸过程分别在重力场下和离心场下完成。

2.8.2　钛合金立式离心铸造实验结果及理论分析

由数值模拟结果可知,立式离心场下钛合金熔体是沿着与铸型旋转方向相对的型壁进行充填的。图 2-22 给出了实际浇铸过程中钛合金熔体的充填状态,可以看出,钛合金熔体受柯氏力和离心力的共同作用,沿着型壁的一侧进行充填,首先通过内浇道充填铸型 1,同时,部分合金熔体继续向前运动,充填铸型 2。并且熔体正向充填过程中截面面积是逐渐减少的,当遇到内浇道后截面面积有所回升。以上实验结果与前面介绍的理论分析以及数值模拟结果是一致的。

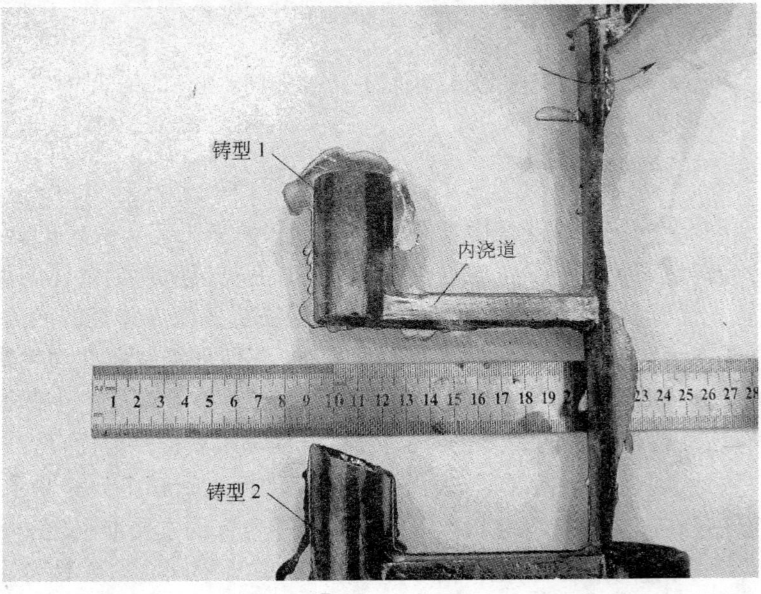

图 2-22　立式离心场下钛合金熔体充填过程

2.9　本章小结

基于凝固理论的数值模拟方法是摸索合金充型及凝固规律经济快捷的一种新方法,通过对铸件充填、凝固及缺陷形成过程的数值模拟,可以短时间内优化工艺，降低消耗，减少大量的人力物力，从而缩短研制周期。因此，有必要通过实验和数值模拟的方式对钛合金立式离心铸造充型及凝固过程进行研究开发，这样可以加快钛合金铸件应用的民用化，同时对推动航天工业和汽车行业的发展具有重要的理论和实践意义。

参 考 文 献

[1] Schutz R W, Watkins H B. Recent Developments in Titanium Alloy Application in the Energy Industry. Materials Science and Engineering A, 1998, 243: 305 ~ 315.

[2] Gorynin I V. Titanium Alloys for Marine Application. Materials Science and Engineering A, 1999, 263: 112 ~ 116.

[3] 周彦邦. 钛合金铸造概论. 北京: 航空工业出版社, 2000: 30 ~ 50.

[4] 南海, 谢成木. 国外铸造钛合金及其铸件的应用与发展. 中国铸造装备与技术, 2003, (6): 1 ~ 3.

[5] 谢成木. 先进的铸造钛合金及其发展趋向. 材料导报, 1993, 6(4): 27 ~ 30.

[6] 柳百成, 沈厚发. 面向21世纪的铸造技术. 特种铸造及有色合金, 2000, (6): 11 ~ 13.

[7] 零正技. 铸造过程计算机模拟技术的应用. 广西机械, 2001, 3: 35 ~ 36.

[8] Watanabe I, Woldu M, Watanabe K, Okabe T. Effect of Casting Method on Castability of Titanium and Dental alloys. Journal of Materials Science: Materials in Medicine, 2000, (11): 547 ~ 553.

[9] Watanabe I, Watkins J H, Nakajimal H, Atsuta M, Okabe T. Effect of Pressure Difference on the Quality of Titanium Casting. J Dent Res., 1997, 76(3): 773 ~ 779.

[10] Watanabe I, Ohkubo C, Ford J P, Atsuta M, Okabe T. Cutting Efficiency of Air - Turbine Burs on Cast Titanium and Dental Casting Alloys. Dental Materials, 2000, 16(6): 420 ~ 425.

[11] Shimizu H, Habu T. Mold Filling of Titanium Alloys in Two Different Wedge - shaped Molds. Biomaterials, 2002, 23(11): 2275 ~ 2281.

[12] Liu K, Watanabe I, Yoshida K, Atsuta M. Joint strength of laser - welded titanium. Dental Materials, 2002, 18(2): 143 ~ 148.

[13] Syvernd M, Hero H. Mold Filling of Ti Castings Using Investments with Different Gas Permeability. Dental Materials,1995, 11(1):14～18.

[14] Cheng W W,Lin J H C, Ju C P. Bismuth Effect on Castability and Mechanical Properties of Ti－6Al－4V Alloy Cast in Copper Mold. Materials Letters,2003, 57(16～17):2591～2596.

[15] 李锡年．异型铸件立式离心铸造的工艺技术和应用．特种铸造及有色合金, 2000,5:30～32.

[16] 王金友．航空用钛合金．上海:上海科学技术出版社, 1985.

[17] 盛文斌．TiAl 基合金排气阀金属型离心铸造过程研究．哈尔滨:哈尔滨工业大学博士学位论文, 2000.

[18] 盛文斌, 李东, 杨锐, 郭景杰．金属型离心铸造 Ti－48Al－2Cr－2Nb 合金汽车排气阀的研制．铸造,2001, 50(3):129～133.

[19] Wu M H,Sdlich－Stubenrauch Jr,Augthun M. Computer Aided Prediction and Control of Shrinkage Porosity in Titanium Dental Castings. Dent Mater,1998, 14(5):321～328.

[20] Wu M H,Augthun M. Numerical Simulation of the Casting Process of Titanium Tooth Crowns and Bridges. Journal of Materials Science: Materials in Medicine, 2001, 12:485～490.

[21] Wu M H, Augthun M. Numerical Simulation of the Casting Process of Titanium Removable Partial Denture Frameworks. Journal of Materials Science: Materials in Medicine,2002, 13:301～306.

[22] 梁作俭．γ－TiAl 增压涡轮近净成形铸造过程试验研究．稀有金属材料和工程,2002, 31(5):353～357.

[23] 吴士平．TiAl 基合金排气阀金属型离心铸造过程数值模拟．哈尔滨:哈尔滨工业大学博士后研究工作报告,2003.

[24] 吴士平, 郭景杰, 苏彦庆, 贾均．TiAl 基合金排气阀离心铸造充型过程数值模拟的试验验证．铸造,2001, 50(9):560～563.

[25] Shiping W,Jingjie G,Yanqing S,Chengzhi Z, Jun J. Numerical Simulation of Off－Centred Porosity Formation of TiAl－Based Alloy Exhaust Valve During Vertical Centrifugal Casting. Modeling and Simulation in Materials Science and Engineering. Institute of Physics Publishing,2003, 11:599～608.

[26] Wu S P, Li C Y,Guo J J, Su Y Q,Lei X Q,Fu H Z. Numerical Simulation and Experimental Investigation of Two Filling Methods in Vertical Centrifugal Casting. Transactions of Nonferrous Metals Society of China, 2006, 16 (5):

1035 ~ 1040.

[27] Changyun L, Shiping W, Jingjie G, Yanqing S, Weisheng B, Hengzhi F. Model Experiment of Mold Filling Process in Vertical Centrifugal Casting. Journal of Materials Processing Technology, 2006, 176(1 ~ 3):268 ~ 272.

[28] Xu D M, Ma H, Guo J. Numerical Simulation for Mold - Filling and Coupled Heat Transfer Processes of Titanium Shaped Castings Under Centrifugal Forces. Symposium on Materials Processing under the Influence of External Fields - 2007 TMS Annual Meeting. Orlando, Florida, USA, The Minerals, Metals and Materials society, 2007.

[29] 历长云，吴士平，郭景杰，傅恒志．立式离心铸造熔体充填量的研究与模拟．特种铸造及有色合金，2006，2(26)：80 ~ 82.

[30] 柳百成，荆涛．铸造工程的模拟仿真与质量控制．北京：机械工业出版社，2001.

[31] 邱佳，高志强，柳百成．用改进的 SOLA - VOF 法模拟铸造充型过程．清华大学学报（自然科学版），1997，37(11)：42 ~ 45.

[32] 历长云．钛合金立式离心铸造充填及凝固过程研究．哈尔滨：哈尔滨工业大学博士学位论文，2007.

[33] 刘东戎．TiAl 合金锭凝固组织形成的数值模拟．哈尔滨：哈尔滨工业大学博士学位论文，2006.

3 钛合金凝固过程缩孔缩松预测

3.1 概论

铸件的形成过程就是在高温下液态金属经浇铸系统流入铸型型腔,进而充填型腔,在铸型中冷却、凝固,最后形成铸件的过程。在这一过程中,液态金属将发生冷却、凝固、收缩或膨胀等一系列复杂的物理、化学变化。如果这些变化发生的时间、位置不合适,铸件中就会产生缺陷。以往对铸件形成过程是利用有机物的结晶试验来间接研究的,计算机技术的发展为铸件形成过程提供了一个全新的研究方法。铸件形成过程中重要的物理、化学现象,如传热过程、流动过程等,都可以用非线性高阶微分方程来描述,并求得近似解,这就是凝固过程计算机数值模拟技术。利用这一技术可以研究任何铸件在任意一种工艺方案下的凝固过程,从而达到预测缺陷、优化工艺、提高铸件质量的目的。

自从20世纪80年代中期以来,各国都对铸造过程模拟展开研究,由于凝固模拟技术可能提供给铸造工艺师一个有力的工具,使其可以根据凝固模拟所显示的可能出现的缺陷和位置加以改进,直到满足要求为止,因此可以提高铸件的收得率和质量。铸件凝固过程是一个伴随温度变化的传热过程,铸件凝固过程数值模拟的研究是从研究温度场开始的。

1962年丹麦学者 V. K. Fursund 首次使用数字计算机把 Dusinberre 等人在工程应用中提出的有限差分近似法(Finite Difference Approximation)应用于铸件凝固过程的传热计算,开创了凝固过程温度场设置模拟的新领域。1965年 J. R. Henzel 和 J. G. Keverian 首次用计算机计算了9t砂型铸钢件温度随时间的分布,取得了与实际吻合较好的结果。此后,世界各国都相继开展了铸件凝固过程温度场数值模拟及相关技术的研究。其中常用的数值计算方法有有限差分法(FAM)、有限元法(FEM)、有限体积法(FVM)、直接差分法(DFM)以及边界元法(BEM)等。有限差分法具有差分格式简单、网格剖分和初始数据准备方便等特点,因此最早应用到铸件温度场数值模拟中。在有限差分法中空间网格的划分是固定的,都是标准的直角六面体,但是对时间步长的处理不同,也就产生了不同的方法,有显示法、隐式法、交替方向隐式法、控制体积法、Saulyov 法以及分数步长法等。R. D. Pehlke、P. N. Hamban 等在模拟铸件温度场时使用了有限差分法中的显示法。M. I. Thamban 等采用交替方向隐式法对金属模中铝合金的凝固进行了模拟。国内有很多研究者在模拟铸件温度场时也采用了有限差分法。随着有限差分法在铸件温度场数值模拟中应用的日趋成熟,很多商用软件也都采用该方法,如德国 MAGMA 公司的 MAGMASOFT 软件以及印度 Magna Electro Castings Ltd 的 MAGNADE 软件等。有限差分法随着凝固数值模拟技术的不断发展其应用范围将更加宽广。

尽管有限差分法很适用,但是在模拟形状复杂的铸件时,用该方法的直六面体去逼近曲面边界时会产生较大的阶梯误差,因此,就产生了有限元法,J. Silimar 和 E. Forhroo 首次在传热问题上引入了有限元法。该方法可以在边界处以小平面去逼近复杂的曲面,因此可以弥补有限差分边界处理误差较大的缺点,但是有限元法存在着计算时间长、数据准备复杂、计算中容易出现数值震荡等问题。

随后出现的直接差分法具有有限差分法和有限元法双重优点,它是从传热角度推导出的一种计算方法,该方法是有限差分法的一种,但是在边界处采用有限元法去逼近实铸件表面,因此该方法很受欢迎,是由日本的大中逸雄等人于 1977 年提出的。

经过 30 多年的发展,计算机凝固模拟已经取得了令人注目的成就,可以协助设计人员改进工艺设计,提高铸件质量和效率,但是凝固模拟软件需要在铸件凝固的物理模型、计算机数值计算、铸件的三维成形、初始条件和边界条件的确定、热物性数据的测量、铸件缺陷的预测以及显示等多方面进行改进,以便在更大程度上满足铸造生产的需要。

3.2 凝固过程传热计算数学模型

对于二维温度场计算,用传统的内节点直接差分法时需要记录每个单元的传热面面积和内节点到各传热表面的距离等大量数据。而改值的直接差分法每个网格单元边长相等,是各已知定值,这样就可以省略记录这些值的数组,节省存储空间,提高运算速度。

3.2.1 传统直接差分法的传热计算原理

在二维传热过程中,传统的内节点直接差分法将剖分体系剖分成锐角三角形或四边形,取各单元的外心为计算节点,且该节点温度近似代表对应单元的平均温度。在微小时间 Δt 内,单元 i 吸收的热量为:

$$Q = \rho_i c_{pi} V_i (T_i^{\Delta t+t} - T_i^t) \tag{3-1}$$

当单元 i 与相同材料的单元 a 相邻时,它们之间以无热阻形式相接触,根据 Fourier 定律,从接触面 S_a 流入单元 i 的热量为:

$$Q_{ina} = \overline{\lambda}_{ia} \frac{S_a}{l_{ia}} (T_a^t - T_i^t) \Delta t \tag{3-2}$$

式中　l_{ia}——单元 i 和单元 a 之间的内节点距离;

$\overline{\lambda}_{ia}$——单元 i 和单元 a 之间的平均导热系数(认为是温度的函数 $\lambda(T)$);

Δt——时间步长。

$$\overline{\lambda}_{ia} = \lambda\left(\frac{T_i + T_a}{2}\right) \tag{3-3}$$

假定单元 b 和单元 i 以具有热阻 r_b 的形式接触,则从它们相接触面 S_b 流入 i 的热量为:

$$Q_{inb} = \frac{S_b}{r_b + \dfrac{l_{ib}}{\lambda_i} + \dfrac{l_{bi}}{\lambda_b}} (T_b^t - T_i^t) \Delta t \tag{3-4}$$

式中　l_{ib}, l_{bi}——分别为单元 i 和单元 b 的内节点到截面 S_b 的距离,m;

λ_i, λ_b——分别为单元 i 和单元 b 的导热系数,W/(m · K)。

假定比热容流量 q_c 已知,则由边界面 S_c 流入单元 i 的热量为:

$$Q_{inc} = S_c q_c \Delta t \tag{3-5}$$

若不考虑热辐射边界,根据能量守恒定律可得:

$$\rho_i c_{pi} V_i (T_i^{t+\Delta t} - T_i^t) = \sum_a \bar{\lambda}_{ia} \frac{S_a}{l_{ia}} (T_a^t - T_i^t) \Delta t + \sum_b \frac{S_b}{r_b + \dfrac{l_{ib}}{\lambda_i} + \dfrac{l_{bi}}{\lambda_b}} (T_b^t - T_i^t) \Delta t + S_c q_c \Delta t \tag{3-6}$$

$$TN = \sum_a \bar{\lambda}_{ia} \frac{S_a}{l_{ia}} (T_a^t - T_i^t) + \sum_b \frac{S_b}{r_b + \dfrac{l_{ib}}{\lambda_i} + \dfrac{l_{bi}}{\lambda_b}} (T_b^t - T_i^t) + S_c q_c$$

设 $AX = \Delta t / (\rho_i c_{pi} V_i)$ 则式 3-6 变形为:

$$T_i^{t+\Delta t} = T_i^t + AX \times TN \tag{3-7}$$

式 3-7 为内节点直接差分法的数学表达式。

3.2.2 改进的直接差分法传热计算原理

以二维传热为例,为了简化内节点直接差分法的网格形状和数据记录,这里采用正四边形网格单元剖分,取正四边形的中心为内节点,设正四边形的边长为 Δx,则单元 i 的体积为 $(\Delta x^2) \times 1$,每个侧面积为 $\Delta x \times 1$。

在微小时间 Δt 内,单元 i 吸收的热量 Q 为:

$$Q = \rho_i c_{pi} (\Delta x)^2 (T_i^{t+\Delta t} - T_i^t) \tag{3-8}$$

从相邻单元流入单元 i 的热量总和为:

$$Q_{in} = \sum_{j=1}^{4} \frac{\Delta x}{r_j + \dfrac{\Delta x/2}{\lambda_i} + \dfrac{\Delta x/2}{\lambda_j}} (T_j^t - T_i^t) \Delta t \tag{3-9}$$

根据能量守恒原则:

$$\rho_i c_{pi} (\Delta x)^2 (T_i^{t+\Delta t} - T_i^t) = \sum_{j=1}^{4} \frac{\Delta x (T_j^t - T_i^t) \Delta t}{r_j + \dfrac{\Delta x/2}{\lambda_i} + \dfrac{\Delta x/2}{\lambda_j}} \tag{3-10}$$

整理得:

$$T_i^{t+\Delta t} = T_i^t + \frac{\Delta t}{\rho_i c_{pi} \Delta x} \sum_{j=1}^{4} \frac{\Delta x (T_j^t - T_i^t) \Delta t}{r_j + \frac{\Delta x/2}{\lambda_i} + \frac{\Delta x/2}{\lambda_j}} \tag{3-11}$$

其中,若单元 i 与相邻单元 j 为同种材料,则 $\lambda_i = \lambda_j$;若单元 i 与相邻单元 j 之间以热阻形式接触,则 $r_j = 0$。

$$T_i^{t+\Delta t} = \left[1 - \frac{\Delta t}{\rho_i c_{pi} \Delta x} \sum_{j=1}^{4} \frac{1}{r_j + \frac{\Delta x/2}{\lambda_i} + \frac{\Delta x/2}{\lambda_j}}\right] T_i^t + \frac{\Delta t}{\rho_i c_{pi} \Delta x} \sum_{j=1}^{4} \frac{T_j^t}{r_j + \frac{\Delta x/2}{\lambda_i} + \frac{\Delta x/2}{\lambda_j}} \tag{3-12}$$

其中,等式右边第二项为正,如果相邻节点温度 T_j^t 增加或减小,则 $T_i^{t+\Delta t}$ 也相应增减。为保证数值解稳定,则等式右边第一项 T_i^t 系数也为正,即

$$1 - \frac{\Delta t}{\rho_i c_{pi} \Delta x} a_i \geqslant 0 \tag{3-13}$$

其中:

$$a_i = \sum_{j=1}^{1} \frac{1}{r_b + \frac{\Delta x}{2\lambda_i} + \frac{\Delta x}{2\lambda_j}}$$

则计算时所取时间步长 Δt 满足下式:

$$\Delta t \leqslant (\rho_i c_{pi} \Delta x)/a_i \quad 且\ \Delta t > 0$$

3.2.3 改值直接差分三维传热计算公式[1]

将公式 3-11 推广到三维传热条件,单元 i 与 6 个单元相邻。单元 i 在 Δt 时间内的温度计算公式为:

$$T_i^{t+\Delta t} = T_i^t + \frac{\Delta t}{\rho_i c_{pi} \Delta x} \sum_{j=1}^{6} \frac{(T_j^t - T_i^t)}{r_j + \frac{\Delta x}{2\lambda_i} + \frac{\Delta x}{2\lambda_j}} \tag{3-14}$$

为保证解稳定,所取最大时间步长 Δt 应满足下式:

$$\Delta t \leqslant (\rho_i c_{pi} \Delta x)/a_i \quad 且\ \Delta t > 0 \tag{3-15}$$

其中:

$$a_i = \sum_{j=1}^{6} \frac{1}{r_j + \frac{\Delta x}{2\lambda_i} + \frac{\Delta x}{2\lambda_j}}$$

在给出初始温度和边界条件后，根据式 3-15 求出最大时间步长 Δt，再由式 3-14 连续迭代即可计算出各个单元体在不同时刻的温度值。当采用式 3-15 计算最大时间步长 Δt 时，对于同一种材质且无热阻的网格单元，式 3-14 中 $r_j = 0$ 且 $\lambda_i = \lambda_j$，则公式简化为：

$$\Delta t \leqslant (\rho c_p (\Delta x)^2)/(6\lambda) \quad 且\ \Delta t > 0 \tag{3-16}$$

根据式 3-16，可先分别计算各种材质的最大时间步长，然后取其中最小值作为程序中的最大时间步长。

3.3　凝固过程潜热处理[2]

凝固过程中，单位体积的金属在单位时间内释放潜热。潜热处理常采用温度回升法、等价比热容法、热焓法。

3.3.1　温度回升法

凝固开始的一段时间内，固相不断增多，但温度基本上保持在熔点附近，这是由于所释放的潜热补偿了传热所引起的温度下降。由于热量的多少常以单元体的温度变化来表示，因此可将这部分热量折算成所能补偿的温度下降，加到温度计算中去。体积为 ΔV 的液态金属凝固时所释放的潜热为 $\Delta Q = \rho L \Delta V$，如果这部分热量用于提高自身温度，则温度应升高 $\Delta T = \Delta Q/(\rho c \Delta V)$。潜热释放也可以用固相率 f_s 的增加来判断，当 $\sum f_s = 1$ 时说明凝固结束。该方法是利用金属凝固所释放的潜热来使单元体自身温度相应回升，适用于处理熔点温度恒定材料（如纯金属或者共晶合金）的潜热释放过程。

3.3.2　等价比热容法

比热容是指单位质量物体降低单位温度所释放的热量，也可以理解成单位质量金属在凝固温度范围内降低单位温度所释放的热量。实际上这个比热容包括两部分，即物体的真正比热容 c 和潜热引起的比

热容 L_0 增加，称此比热容为等价比热容或有效比热容（亦称当量比热容）$c_e = c + L_0$。在实际计算中假设潜热均匀释放，则有：

$$L_0 = L/(T_L - T_S) \tag{3-17}$$

式中　T_L——液相线温度；

T_S——固相线温度。

该方法适用于处理结晶温度范围较宽的合金，能满足绝大多数铸造合金的要求，目前应用较为广泛。

3.3.3　热焓法

热焓法与等价比热容法类似，适用于有一定结晶温度范围的合金。

对比上述三种潜热处理方法可知，温度回升法的思路比较明确，实现也比较简单，但是在程序设计中要分配大量的存储空间，如果希望程序有断点续算功能则会生成大量的临时文件，而且温度回升法适应的范围小。热焓法和等价比热容法适应面要广得多，但是热焓法引入了另一个物理量（焓），计算复杂，所以等价比热容法相对来说更经济，物理意义更明确。

3.4　初始条件和边界条件的确定[3]

合金熔体的充填过程伴随温度场变化，合金熔体的初始温度为浇铸温度，铸型温度等于铸型预热温度。模拟中，边界条件的确定较为复杂。这是因为在凝固过程中，由于铸件的收缩而在铸件和铸型之间产生气隙，气隙内同时存在着导热和辐射换热现象，因此气隙中的传热过程是很复杂的。虽然人们对铸件和铸型之间气隙的传热系数的实测和计算做了不少研究，但还没有找到一种令人满意的方法。对于采用ISM（Induction Skull Melting）熔炼浇铸钛合金铸件来说，由于凝固是在真空环境下进行的，因而自由表面的散热基本上只有辐射散热。重力场下合金熔体与铸型界面处换热经历了三个发展阶段，如图3-1所示。

热传导：当金属液刚充满铸型时，液态金属与铸型表面紧密接触，这时主要的换热方式为热传导（图3-1 Ⅰ）。

热传导+热辐射：由于传热作用，固相从液体中析出，在析出的固

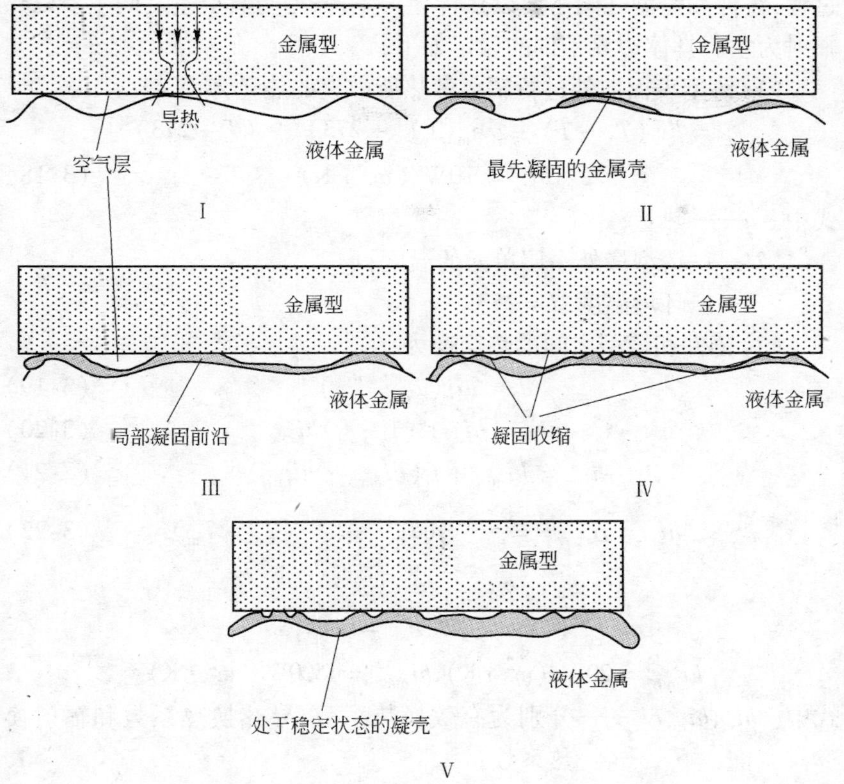

图 3-1　凝固过程中热传递所经历的不同阶段[4]

相没有形成凝壳之前，或已形成凝壳但此壳没有足够的强度来通过凝固收缩而脱离铸型表面，这时换热方式为热传导和辐射换热（图 3-1 Ⅱ、Ⅲ）。

热辐射：随着凝固的进一步进行，合金熔体发生凝固之前整个外表面都要形成一层有足够强度的凝壳，随着铸锭的凝固收缩（铸型热膨胀量可以忽略），铸锭和铸型之间形成气隙，则金属与铸型之间的主要换热模式为辐射换热（图 3-1Ⅳ、Ⅴ）。

重力场下凝固过程中，由于凝固收缩，铸件要脱离左、右型壁，导致铸件与铸型之间产生气隙。但是在离心场下，铸件与铸型之间由于离心力和柯氏力的作用而保持良好接触。所以针对钛合金立式离心铸造

过程,铸件和铸型之间主要以热传导为主,铸型与真空室之间主要以热辐射为主。具体边界条件的设定如下:

(1)铸型表面向外进行辐射散热所散失的热量为:

$$q = hi_c(T' - T) + \sigma\varepsilon_m[(T' + 273)^4 - (T + 273)^4]$$

$$hi_c = 10\mathrm{W/(m^2 \cdot K)} \tag{3-18}$$

式中　q——热量;

T'——铸型最外一层单元的温度;

T——环境温度,$T = 25$℃。

(2)铸件和铸型之间的热交换为:

$$q = hi_e(T_c - T_m) \tag{3-19}$$

$$hi_e = hi_c + (1 - f_l)hi_r \tag{3-20}$$

$$hi_c = hi_{min} + f_l(hi_{max} - hi_{min}) \tag{3-21}$$

$$hi_r = \sigma \frac{1}{\frac{1}{\varepsilon_c} + \frac{1}{\varepsilon_m} - 1}(T_c^2 + T_m^2)(T_c + T_m) \tag{3-22}$$

$$\varepsilon_c = 0.9, \varepsilon_m = 0.64$$

$$hi_{min} = 20\mathrm{W/(m^2 \cdot K)}, hi_{max} = 1500\mathrm{W/(m^2 \cdot K)}$$

式中　hi_e, hi_c, hi_r——分别为有效换热系数、导热换热系数和辐射换热系数;

T_c——铸锭外表面所有单元温度的平均值;

T_m——铸型内表面所有单元温度的平均值;

f_l——液相分数。

3.5　缩孔、缩松预测的数学模型

铸件缩松、缩孔形成的模拟预测是铸件充型过程模拟软件的主要功能之一,目前国内外凝固模拟软件中均提供了多种判据用于铸件缩松、缩孔的预测。铸钢件缩松、缩孔预测判据经过多年的发展,从最初的定性温度场热节法,发展到后来的流导法、固相率剃度法等定量预测方法,无论精度还是使用范围,均达到了较高的水平,可以有效地预测铸件钢中的缩松、缩孔。而铸铁件特别是球墨铸铁件缩松、缩孔的预测一直缺乏可靠有效的判据。1994 年,李嘉荣等在大量实验的基础上提出了球墨铸铁缩松、缩孔形成预测的"收缩膨胀动态叠加法(DECAM)",可以预测球墨铸铁件缺陷的形成。

日本在铸件缩松、缩孔的形成与铸件凝固温度场间关系方面的研究对数值模拟技术走向实用化起了重要的推动作用。大阪大学大中逸雄针对有限差分法的弱点提出了直接差分法;东京大学的梅田高照将工程中的边界元法引入凝固计算,并对简单形状铸件进行了温度场计算与缩松预测。日本锻铸钢公司、日本制铁公司、三井造船公司以及三菱重工等都开展了相应的研究,以预测铸件的缩孔、缩松和偏析缺陷。

西北工业大学的徐宏等人研究铸件凝固模拟液态孤立多熔池动态判定方法及缩孔预测模型,实验证明该方法可以提高铸件模拟缩孔预测精度。

总结有关缩松缩孔预测的研究,主要有两大类型,一类是以判据为研究对象的定性预测方法,这一方法的基本思想是建立缩松缩孔与温度场或流场等物理量的联系,找到它们之间的关系,然后建立判据,并且通过实验确定判据值。这种方法的特点是使用方便,原理简单,但是无法预测缩松缩孔的准确大小,较适合对缩松的预测。另一类是通过数值模拟实际计算缩孔和缩松发生的大小、位置的定量预测方法。这种方法的基本思想是首先计算铸件凝固的收缩体积,然后将这一收缩体积按照缩孔产生的原理,找到其具体产生的位置。这一方法不仅预测了缩孔的大小,而且还可以预测出产生的具体位置,适合于缩孔的预测。

3.5.1 凝固过程缩孔预测模型

铸件在凝固过程中因为合金体积收缩,往往在铸件最后凝固部位出现孔洞,称为缩孔,容积大而集中的孔洞称为集中缩孔,细小而分散的孔洞称为缩松,根据缩孔缩松的形状和发生部位,把因金属液面下降而形成的管筒状的缩孔称为一次缩孔,在一次缩孔下面部位产生二次缩孔,在壁厚中心部位产生的缩松称为宏观缩松,在分散的枝晶间产生的缩松称为显微缩松,如图 3-2 所示。

形成缩孔的主要机理是,铸锭冷却凝固过程时的液态收缩、凝固

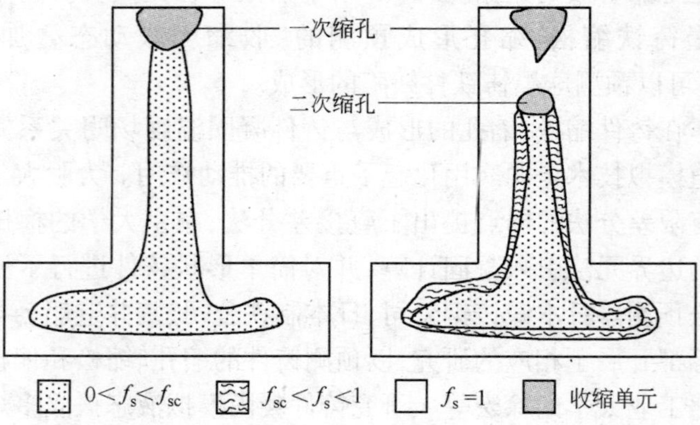

图 3-2 铸件缩孔形成示意图[5]

收缩、固态收缩以及铸件变形等引起了型腔中液体金属的移动，使液体金属自由表面变化。数值模拟中通常只考虑液态收缩和凝固收缩。液体金属流动会引起压力下降，特别是凝固过程中处于固液共存状态时，压力下降很大，这也是导致缩孔形成的原因。文献[5]认为，在计算过程中，压力改变对缩孔形成的影响可以转化为固相分数的改变对缩孔形成的影响。如果固相率增大，相同流速下的压力损失会急剧增加。当固相率达到某个值以上、液体的压力降到足够小时，液相的流动会变得非常困难，此时由于合金的体积收缩而得不到金属液的补缩造成缩孔缺陷。这就涉及到一个重要的概念，即把流动发生困难时的这个固相率称为临界流动固相率，简称临界固相率。固相分数大于临界固相分数的单元，定义为不可流动单元，计算过程中不能参与液体补缩。

钛合金在凝固过程中，由于合金的收缩，在铸件最后凝固部位会产生宏观缩孔。数值计算中采用等效液面下降法模拟缩孔形成。第一，确定相关参数，如液态收缩率 ζ_1、凝固收缩率 ζ_s 和临界流动固相率 f_{sc}。第二，在铸件的凝固过程中，往往同时存在多个孤立的熔池，有必要进行孤立熔池的判断。其计算步骤如下：

(1) 在 t 时刻对所有铸件单元赋予熔池编号“-1”。

(2) 判断全部单元，定义 $1>f_{s\_nt}>f_{sc}$ 的单元凝固状态号为“1”，即此单元没有补缩能力，而定义 $f_{s\_ni}<f_{sc}$ 的单元凝固状态号为“0”，即存

在补缩能力,其中 f_{sc} 为临界固相率。

(3) 任选一个凝固状态编号为"0"且熔池编号为" -1"的单元进行孤立熔池判断。此单元与该单元相邻的"0"单元以及与这些"0"单元中任意一个相邻的"0"单元,必处于同一个孤立熔池内,给这些单元赋予熔池编号"1"。

(4) 重复步骤(1) ~ (3),依次赋予熔池编号"2…"直至全部熔池编号不为" -1"。

其次在凝固过程中计算整体收缩量,并认为金属液补缩仅考虑液相收缩和液相向固相转变时的体积收缩,不考虑热胀冷缩的影响。当把金属液浇入铸型以后,随着温度的下降,会产生液态收缩,这表现在液面的下降。液态收缩是从浇铸温度开始到固相线温度,因为在铸件凝固过程中,只要有液体就会存在液态收缩。可以使用下面的公式来计算液态收缩的体积变化:

$$\Delta V_{ni\_l} = \zeta_1 (T_{ni}^{t} - T_{ni}^{t+\Delta t}) V_{ni} \tag{3-23}$$

式中 ΔV_{ni_l}——单元液态收缩的体积变化。

体积收缩的计算公式如下:

$$\Delta V_{ni\_s} = \zeta_s (f_s^{t+\Delta t} - f_s^{t}) V_{ni} \tag{3-24}$$

则从时刻 t 到 $t+\Delta t$ 之间铸锭的总收缩量(液态收缩和体积收缩)为:

$$\Delta V_{ni} = \sum_{i=1}^{m} \zeta_1 \Delta T_{ni} V_{ni} + \sum_{i=1}^{m} \zeta_s \Delta f_{s\_ni} V_{ni} \tag{3-25}$$

最后,由于宏观缩孔的形成是连续的,因此在计算过程中必须随时判断铸件总的收缩量是否大于宏观网格体积,若大于,则从铸件最高部位的可流动单元中减去收缩量。因为单元是离散的,所以每次只能减去一个单元,反复减,直至总收缩量小于1个单元体积再进行下一个单元的计算。减去收缩量时,首先需要判断被减单元的固相率大小,只有当单元的固相率小于临界流动固相率时,该单元才可能流动并进行补缩。缩孔形成后,缩孔与铸件单元将由不同物质组成,这时将不断有新的边界层形成,传热特性及温度场都将发生改变,并将影响到以后的计算。因此必须重新设定边界条件。

3.5.2　凝固过程缩松预测模型

P. D. Lee[6,7] 在 Al – Si 合金微观缩松模型中介绍，铸件松孔根据孔的大小可以分为宏观孔隙和微观孔隙；根据孔的形成原因，可以分为缩孔和气孔。微观缩松是由于合金具有较宽的结晶温度范围或者凝固过程较为缓慢，当液固界面前沿的枝晶金属骨架基本形成后，枝晶间液体的凝固收缩需要其他金属液体通过枝晶间隙的流动进行补缩，随固相率增大，枝晶间补缩通道不畅导致缺陷形成。P. D. Lee 对已发表的缺陷模型进行分类，包括：解析法、判据方程、Darcy 定律计算模型、气体扩散模型、连续 – 随机模型。

(1) Walther 利用解析法给出了单个中心线孔洞形成模型：

$$\Delta p = \frac{\rho}{g}\,\frac{64\beta c^4 L^2}{r^4}\left(\frac{1}{2} + \frac{\beta f_r L}{3r}\right) \tag{3-26}$$

式中　ρ——液态金属密度；

g——重力加速度；

β——凝固时体积变化；

c——常数；

L——铸件长度；

r——液态中心圆柱半径；

f_r——摩擦系数。

(2) Piwonka 和 Flemings 把 Walther 的工作进行了扩展，应用到枝晶凝固中缩松形成的情况，得出模型为：

$$\Delta p = p_a - p_m = \frac{32\mu\beta c^2 L^2}{r^4}\left(\frac{\tau^2}{\pi R^2 n}\right)$$

$$p_m = p_g - \frac{2\gamma_{gl}}{r} \tag{3-27}$$

式中　p_a——环境压力；

p_m——金属在 L 处的压力；

μ——黏度；

n——液体通道数量；

R——圆柱半径。

(3)Niyama 判据。关于微观孔隙形成判据最早可以追溯到 1953 年。Pellini 把冒口大小判据进行扩展，推导出补缩距离判据，防止钢板枝晶间中心线收缩的形成。从此以后，出现很多判据，有些是基于统计的实验数据，有些是基于物理方程。对于前者，多数是线性或低阶多项式，后者包括物理学方程，系数通过实验给出。其中 Niyama 判据应用最广，其表达式为：

$$\frac{G}{\sqrt{R}} > \text{constant} \tag{3-28}$$

其中，constant 取决于所铸造的合金。

(4) Kubo 和 Pehke 公式。伴随能量和连续方程的 Darcy 定律为：

$$\bar{v} = \frac{K}{\mu}(\nabla p - \rho g) \tag{3-29}$$

式中 $\bar{v}$——平均速度；

K——渗透率；

μ——剪切黏度。

Kubo 和 Pehke 忽略了热对流的影响，运动方程中不包含能量方程，通过能量方程求解出温度和固相分数的变化，即

$$f_s = 1 - \left(\frac{T - T_1}{mC_0}\right)^{1/(k-1)} \tag{3-30}$$

式中 f_s——固相分数；

T——温度；

T_1——液相温度；

m——液相线斜率；

k——分配系数；

C_0——初始熔质浓度。

Kubo 和 Pehke 把由于收缩引起的体积减小同液体补缩和孔隙长大联系起来：

$$\left(\frac{\rho_s}{\rho_1} - 1\right)\frac{\partial f_1}{\partial t} - \frac{\partial f_1 v_i}{\partial x_i} + \frac{\partial f_p}{\partial t} = 0 \tag{3-31}$$

式中 f_1——液相分数；

f_p——孔隙；

v_i——i 方向上的速度。

通过公式 3-29 和公式 3-31，建立了压力和孔隙分数之间的关系。Kubo 和 Pehke 首先计算了液相分数的变化。Kubo 和 Pehke 的计算结果显示，孔隙生长出现在凝固最后 20% 区域内。

(5) 闻星火建立了压力条件下的缩松判据，提出结晶范围宽，缩松倾向大，其表达式为：

$$\frac{G\Delta p}{R} \leqslant \frac{\beta \eta f_1 \Delta T}{K} \tag{3-32}$$

(6) 梁作俭[8,9] 推导了离心压力下 γ - TiAl 金属间化合物的凝固收缩和补缩过程数学模型。其中缩孔形成模型采用等效液面下降法，在单个时间步长内，每个单元的体积收缩量为：

$$\Delta V_i = \beta_e \Delta f_{s,i} V_i + \beta_1 \Delta f_{1,i} V_i [\Delta T_i / (T_p - T_1)]$$

则一个孤立域内所有单元的总收缩体积为：

$$\Delta V_A = \sum_{i=1}^{n} \Delta V_i$$

铸件的总收缩体积为各个孤立单元总收缩体积的和：

$$\Delta V = \sum_{A=1}^{m} \Delta V_A$$

根据 Darcy 定律推导离心铸造过程缩松形成模型。离心铸造过程中涡轮铸件形成缩松的判据表达式为：

$$\frac{k\rho G^2 [\omega^2 (r_j^2 - r_i^2) + 2g(h_j - h_i)]}{2\beta \eta f_{sc}^2 (T_1 - T_s) R} \leqslant 1 \tag{3-33}$$

(7) 贾宝仟[10,11] 推导了铸件凝固过程数值模拟中判据公式：

$$G/\sqrt{\dot{T}} < A \sqrt{\Delta T}/\sqrt{D_L}$$

对于某一合金，液相线与固相线之间的温度范围越大，不等式右边的值越大，越容易形成缩孔。合金中溶质扩散系数 D_L 越小，越容易形成缩孔缩松缺陷。考虑了成分偏析对缩孔缩松形成的影响，有助于实现缩孔缩松的完全定量化预测。对广泛用于铸件缩孔缩松预测的判据 $G/\sqrt{\dot{T}} < K$ 经验公式进行了理论推导，得出判据的理论公式为：

$$\frac{G}{\sqrt{\dot{T}}}=\sqrt{\frac{\eta f_1\beta}{k}\frac{\Delta T}{\Delta p-m\Delta Tg/A}} \tag{3-34}$$

表3-1给出了一般缩孔缩松预测判据方法及产生条件。

表 3-1 缩孔缩松预测判据方法及产生条件

序号	方法	缩孔缩松产生条件
1	等温等固相率曲线法	$g_s=1, g_s=g_{sc}$
2	温度梯度法	$g_s=1$ 或 $g_s=g_{sc}$ 时的最大温度梯度不大于临界值
3	流导法	$K_d=\frac{\overline{K}}{\rho g_L\Delta L}\leqslant$ 临界值
4	固相率梯度法	$g_s=1$ 或 $g_s=g_{sc}$ 时的最大固相率梯度不大于临界值
5	$G\sqrt{T_f}, G/\sqrt{v_c}, G/\sqrt{R}$	$g_s=1$ 时 $G\sqrt{T_f}\leqslant$ 临界值 $g_s=1$ 时 $G/\sqrt{v_c}\leqslant$ 临界值 $g_s=1$ 时 $G/\sqrt{R}\leqslant$ 临界值
6	p 值 $(\sum G_{fs}/\sqrt{R_s})f_{sc}$	$g_s=g_{sc}$ 时，$(\sum G_{fs}/\sqrt{R_s})f_{sc}\leqslant$ 临界值
7	时间梯度参数法	$g_s=g_{sc}$ 时，$G_s/\tau_f^{0.6}<$ 临界值
8	压力梯度法	$G_p=\frac{u\mu g_L}{K}\leqslant$ 临界值
9	液体金属补缩距离法	液体金属有效补缩距离不大于需要补缩距离
10	临界固相率、收缩量法	自由表面及可能流动的上部单元

以上介绍的是缩孔缩松产生数学模型，下面将研究如何判断缩孔缩松产生位置。

3.5.3 孤立区搜索模型[12]

铸件的凝固过程中，往往同时存在多个不同的孤立区。铸件缩孔缩松的产生都是由于孤立区内的金属收缩得不到液态金属的补充形成的，因此找到了孤立区就找到了可能形成缩孔缩松的区域，同时，找到了孤立区就可以分别对每个孤立区内产生的凝固收缩进行计算。所以寻找孤立区就成为预测缩孔缩松的首要问题。目前流行的搜索孤立区的方法很多，这里选用的方法包括三个部分：广度搜索、关联搜索和排序。

(1)广度搜索:如图 3-3 所示,从铸件中任一单元开始搜索,首先判断该单元的固相率是不是小于临近固相率,若条件成立,再判断周围单元的固相率。如周围单元没有搜索过,则该单元为新单元,重新为其编号。如周围单元搜索过,则取周围单元最小的单元编号为本单元编号,同时将周围其余已编号单元都赋予这一最小编号。循环铸件每一单元,这样就完成了铸件的粗线条的孤立区确定。

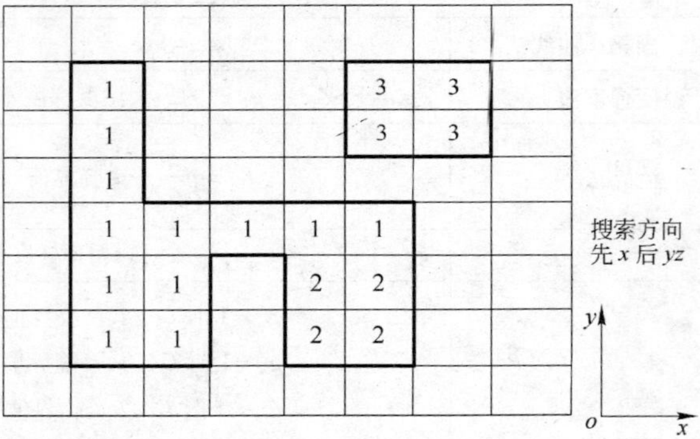

图 3-3　广度搜索示意图

(2)关联搜索:关联搜索就是在广度搜索后,具有相同编号的单元是相通的,凡是满足关联条件的单元,变成一个编号的新单元,在修改编号时,时刻取编号的最小值为新的编号,循环所有铸件单元,这样就完成了关联搜索,如图 3-4 所示。

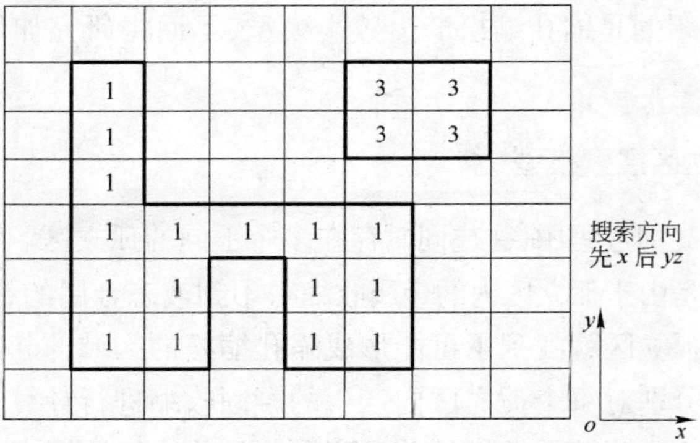

图 3-4　关联搜索示意图

(3)排序:采用倒排序和排序的方法将孤立区的编号进行重排,经排序后的编号有很好的顺序,如图3-5所示。

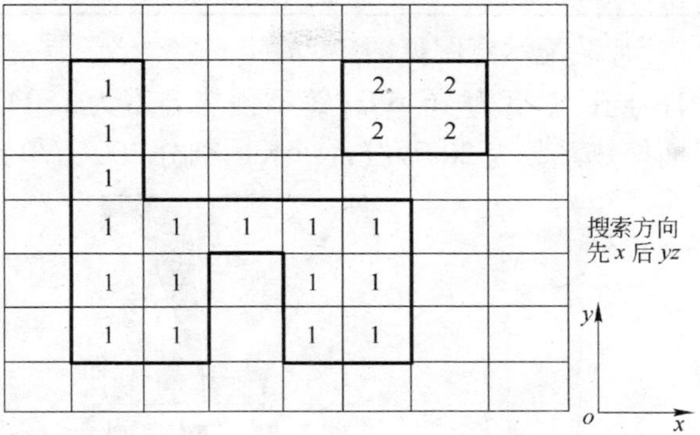

图3-5 排序示意图

3.6 钛合金凝固过程缩孔缩松的计算机模拟

由于单叶片精铸件具有十分复杂的空间扭转曲面结构,在实际的多叶片铸件浇铸工艺条件下,多叶片精铸件结合浇冒口系统后的整体浇铸结构更为复杂,并且各部分尺寸变化较大,给叶片及浇冒口系统设计带来了很大难度。因此,叶片铸造工艺设计的主要思想是要保证叶片在凝固过程中能够顺利实现对叶片补缩的情况下尽量减少缩松的产生。

叶片形状如图3-6所示,所用材质的化学成分见表3-2。利用Pro/E进行三维造型,保存为STL格式,然后导入ViewCast软件,由ViewCast自带的网格剖分模块进行剖分,网格为正六面体。热物参数参见文献[3]。

图3-6 单个叶片

表 3-2　叶片的合金成分(质量分数/%)

Al	Cr	Nb	B	Si	余
0.48 ~ 0.50	0.01 ~ 0.02	0.01 ~ 0.02	0.0015	≤0.0015	Ti

方案一:叶片装配示意图见图 3-7*b*。

初始条件:浇铸温度为 1640℃,铸型预热温度为 150℃,铸件与铸型之间的界面换热系数为 200W/(m^2 · K),剖分 200 万单元。

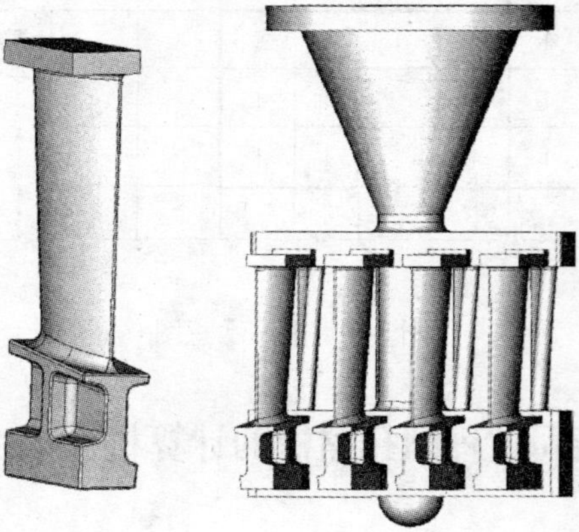

a　　　　*b*

图 3-7　叶片的三维图形

a—铸件;*b*—组装图

图 3-8 是方案一凝固过程中沿 *y* 方向剖面温度场模拟结果。由图可见,凝固初期,叶身温度仍然很高,其补缩通道仍然畅通,见图 3-8*a*。随着凝固的进行,到 4.5s 时,叶身大部分已经凝固(图 3-8*b*),但此时,叶身上端冒口及下端榫头温度仍然很高。凝固到 5.5s 时,叶身的温度已经完全降到凝固温度以下,即叶身已经完全凝固,见图 3-8*c*。可见,在这种工艺条件下,没有发挥出榫头处横浇道对榫头的补缩作用。

图 3-9 是方案一凝固过程中沿 *x* 方向剖面温度场模拟结果。由图可见,当凝固到 5.5s 时,直浇道温度很高,补缩通道仍然很畅通,此时由于叶身壁薄,冷却速度快,凝固很快降到固相线以下,因此,对叶身几乎不起任何补缩作用(图 3-9*b*)。随着凝固的进行,到 7.5s 时叶片基本完全凝固,而此时直浇道的补缩通道已断开,在直浇道上下两处存在热节,见图 3-9*c*。

图 3-10 为充型凝固后缩松位置和缩孔深度的模拟结果,图中的标

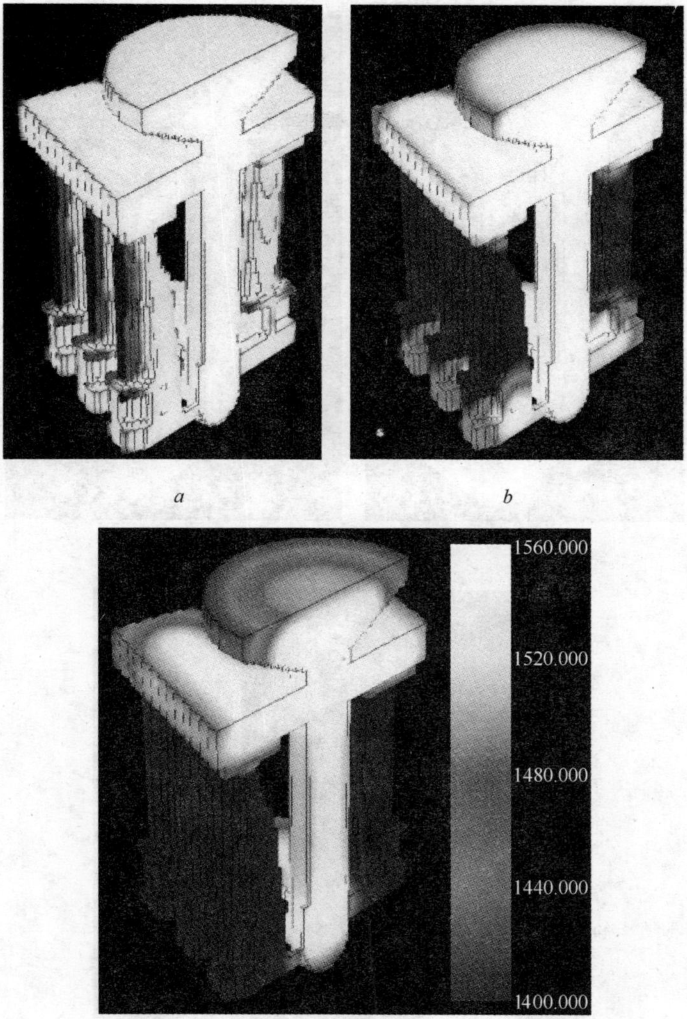

a b c

图 3-8 方案一叶片凝固过程中沿 y 方向剖面温度场模拟结果

a—2.5s；*b*—4.5s；*c*—5.5s

尺表示单元中的金属分数，白色表示 100% 是金属，蓝色表示完全缩空，金属分数为 0。由图可见，缩孔主要集中在浇冒口及直浇道底部，但在叶片中发现零散分布着的缩松，因此，缩松并未完全消除。

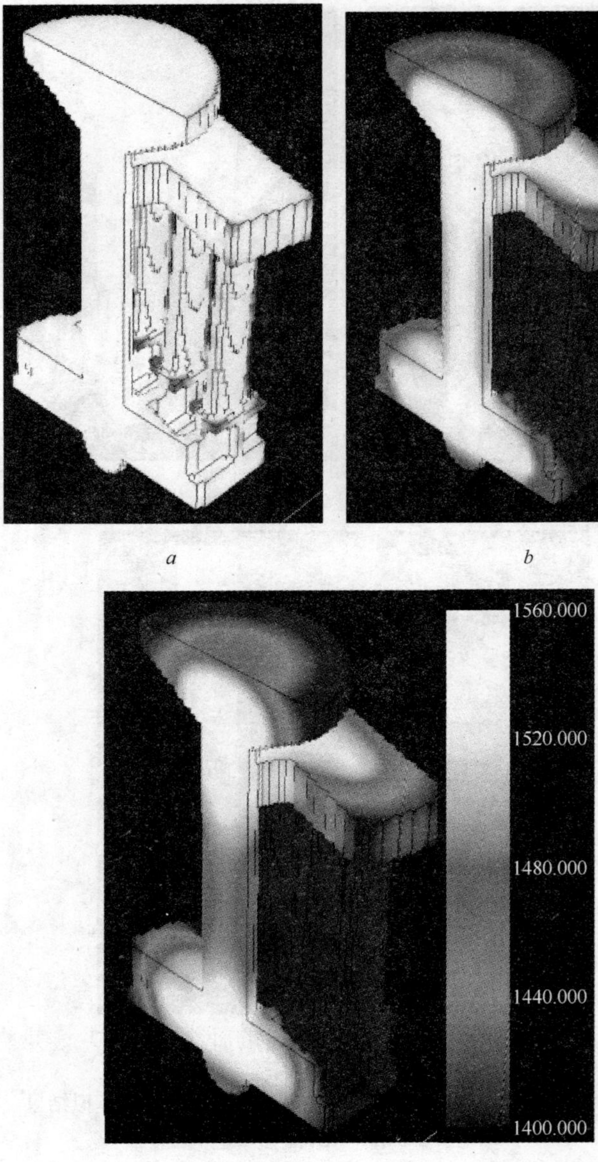

图 3-9　方案一叶片凝固过程中沿 x 方向剖面温度场模拟结果

a—2.5s；b—5.5s；c—7.5s

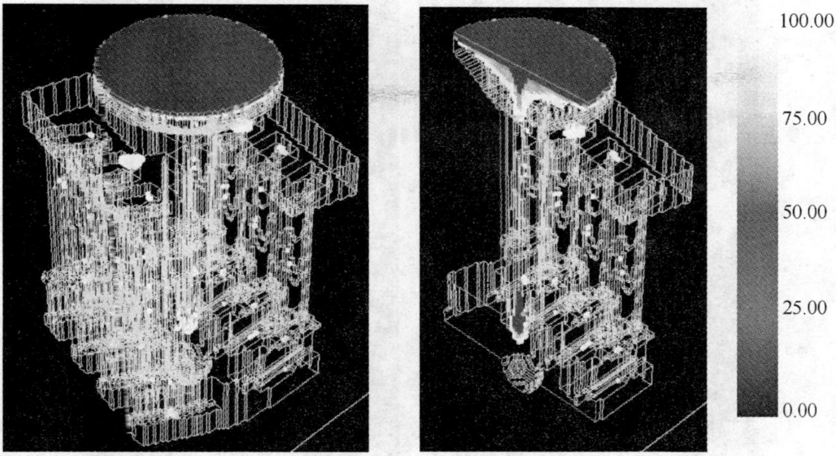

a *b*

图 3-10 充型凝固后产生的缩孔及缩松

从缩松形貌分析,缩松可分为宏观和显微两种。宏观缩松常伴随着缩孔缺陷,一般用肉眼可观察到,如图 3-10*b* 中在浇冒口及直浇道底部。因此,只要保证最后凝固部位的补缩通道畅通,叶片宏观缺陷是可防止的。但是对于肉眼看不到的缩孔即显微缩松,由于分布于铸件内部不同晶粒之间或二次枝晶间,因此,只有通过降低叶片的冷却速度才可防止。

方案二:增加榫头处、横浇道及浇口尺寸,其他工艺参数与方案一相同,凝固过程温度场和缩孔及缩松模拟结果见图 3-11 ~ 图 3-13。

图 3-11 是方案二沿 y 方向剖面温度场模拟结果。在凝固初始阶段,温度低于固相线以下的部分只存在于叶身外侧,靠近直浇道叶身一侧可以得到叶身上端冒口及榫头处横浇道的补缩作用,尤其是榫头与横浇道相交处温度依然很高,起到重力补缩作用(图 3-11*a*)。随着凝固的进行,到 4.5s 时,由于直浇道的热辐射作用叶身大部分温度依然很高,直浇道有较强的补缩作用(图 3-11*b*)。凝固到 5.5s 时,叶身上端及下端榫头温度仍然很高,见图 3-11*c*。可见,在这种工艺条件下,榫头处横浇道对榫头的补缩作用依然很强。

图 3-12 是方案二凝固过程中沿 x 方向剖面温度场模拟结果。当

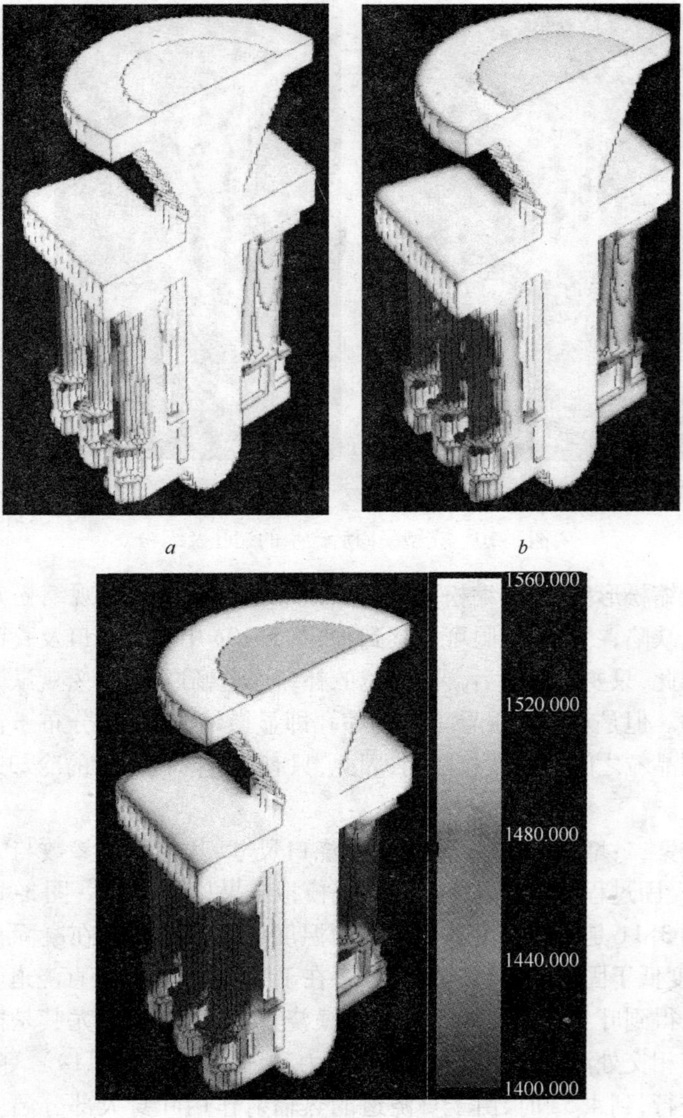

图 3-11　方案二叶片凝固过程中 y 向剖面温度场模拟结果

a—2.5s；b—4.5s；c—5.5s

直浇道温度很高时，补缩通道畅通（图 3-12a）。随着凝固的进行，到

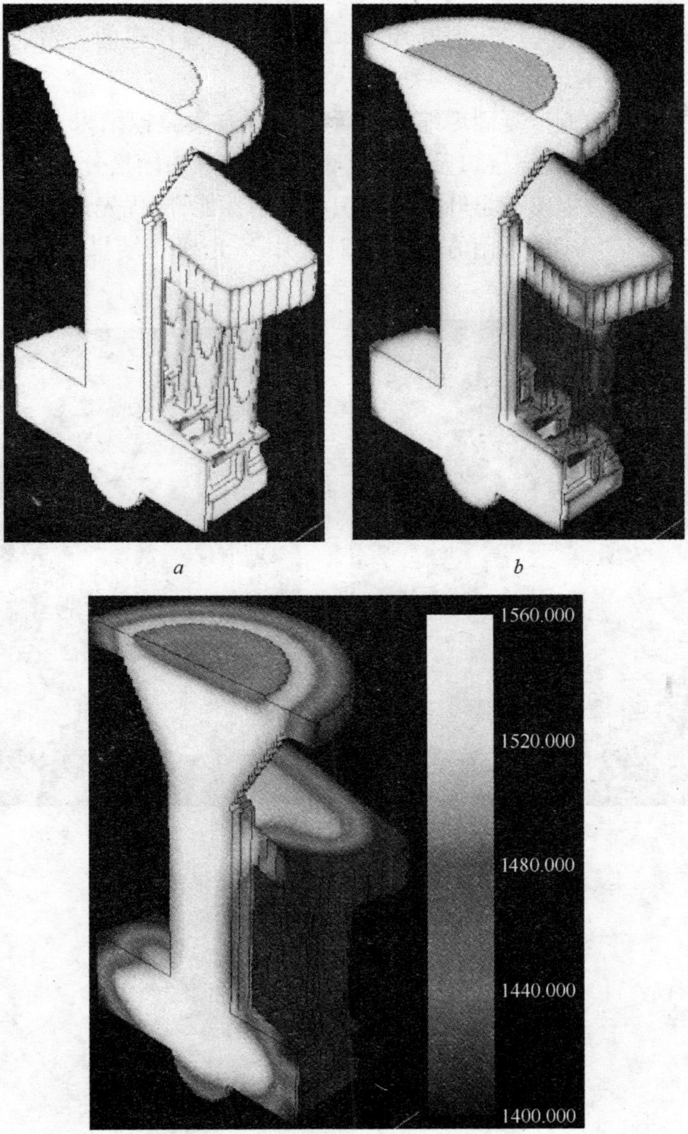

图 3-12　方案二叶片凝固过程中 x 向剖面温度场模拟结果

a—2.5s；*b*—5.5s；*c*—7.5s

5.5s 时，榫头与横浇道相交处温度依然很高，仍能起到一定的补缩作用,见图 3-12*b*。到 7.5s 时叶片基本完全凝固,直浇道的补缩通道仍然畅通。

图 3-13 为充型凝固后缩松位置的两种方案模拟结果,由图可见,方案二缩孔集中在浇冒口及直浇道底部,在叶片中缩松分布已经很少,因此,为了保证能够满足叶片的组织和使用性能,应优先选用第二种工艺方案。图 3-14 为采用方案二后对叶片 X 光探伤结果,可见内部缩松已很少见。

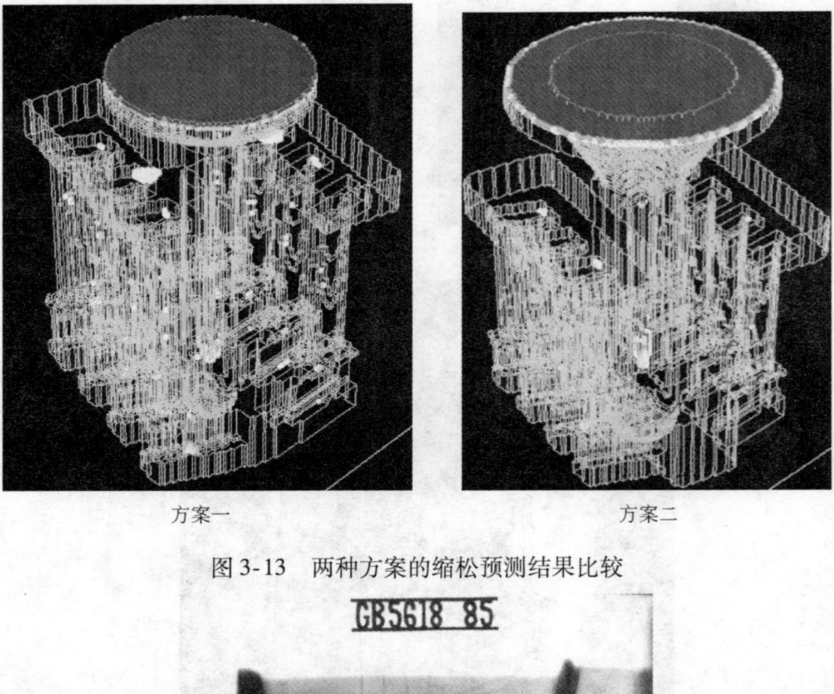

方案一　　　　方案二

图 3-13　两种方案的缩松预测结果比较

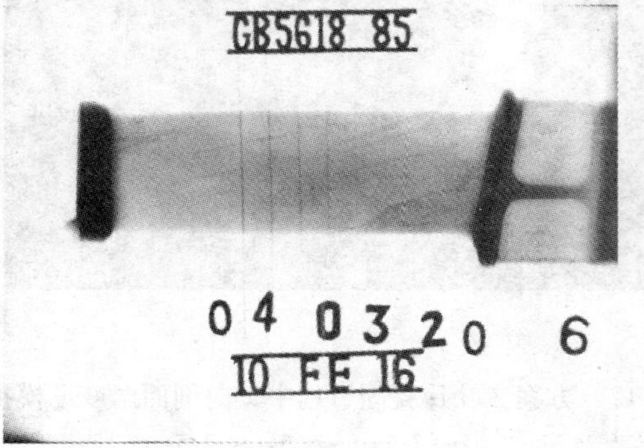

图 3-14　叶片 X 光探伤结果

3.7 本章小结

本章采用直接差分方法建立了合金凝固数值模型，确定了熔体凝固过程中初始条件以及边界条件；根据液态和固态收缩，建立了缩孔缩松形成模型；根据孤立区的判断，定量分析了缩孔缩松的形成位置和大小；以此为基础，对 TiAl 合金叶片铸造过程中温度场变化进行了模拟，并对缩松缺陷进行了预测。结果表明，由于叶片冷却速度较快，一般情况下缩松缺陷很难消除。增加浇铸系统尺寸，由于浇铸系统的热辐射作用，叶片冷却速度较小，因而，叶片缩松倾向明显减少。

参考文献

[1] 闵光国．球铁件凝固过程三维数值模拟软件包开发与应用的研究．武汉：华中理工大学博士学位论文，1994.

[2] 周建兴，刘瑞祥，陈立亮，林汉同．凝固过程数值模拟中的潜热处理方法．铸造．2001，50(7)：404～407.

[3] 刘东戎．TiAl 合金锭凝固组织形成的数值模拟．哈尔滨：哈尔滨工业大学博士学位论文，2006.

[4] Loulou. T, Artyukhin. E A, Bardon. J P. Estimation of Thermal Contract Resistance during the First Stages of Metal Solidification Process：Ⅱ－Experimental Setup and Results. International Journal of Heat and Mass Transfer, 1999，42(12)：2129～2142.

[5] 荆涛．凝固过程数值模拟．北京：电子工业出版社，2002：117～118.

[6] Lee. P D, Chirazi. A, See. D. Modeling Microporosity in Aluminum－Silicon Alloys：a Review. Journal of Light Metal, 2001, (1)：15～30.

[7] Atwood. R C, Lee. P D. Modeling of Microstructure and Porosity Formation during Solidification. Acta Materialia, 2003, 51：2988～2998.

[8] 梁作俭 γ－TiAl 增压涡轮近净成形铸造过程试验研究．稀有金属材料和工程，2002，31(5)：353～357.

[9] 梁作俭，许庆彦．Ti－Al 合金精密铸件微观缩松的预测．金属学报，2003，39(3)：278～282.

[10] 贾宝仟，熊守美，柳百成．铸件凝固过程孤立域动态划分及缩孔缩松数值

模拟. 铸造技术,1996,(5):15~17.

[11] 贾宝仟,柳百成. 铸件缩松缩孔判据的理论基础及应用. 铸造,1996,(4):13~15.

[12] 吴士平. TiAl基合金排气阀金属型离心铸造过程数值模拟. 哈尔滨:哈尔滨工业大学博士后研究工作报告, 2003.

4 钛合金宏观凝固组织计算机模拟

4.1 概论

对于钛合金的研究通常始于凝固。而凝固的最终结果是组织的形成。凝固组织直接决定铸件质量的好坏，力学性能的优劣。因此，要从本质上了解一种钛合金并更好的应用它就需要对其凝固过程中组织形成从理论上进行系统、详细的研究。这具有非常现实和重要的意义。

组织模拟是指在晶粒尺度上对铸件凝固过程进行模拟，借助该技术可以降低消耗，做少量实验既可预测铸件的凝固组织和推断其力学性能，又可获得主要工艺参数与铸件凝固组织的定量关系，为通过工艺控制和改善铸件凝固组织提供了可靠依据，然后在实际铸造前进行虚拟生产，并根据结果调节控制参数，从而缩短铸件试制周期，将铸造行业导入科学生产的轨道。

近年来，铸件凝固过程中宏观模拟的逐渐完善以及计算机硬件技术的飞速发展，使组织模拟成为可能，因而微观组织模拟逐渐成为当前铸件凝固过程模拟的研究热点。各国学者在总结对金属铸造业产生重大影响的先进技术时高度评价了“凝固模型的建立与模拟”工作。各国铸造业为提高国际竞争力向企业提出了“有模拟就有销售”的原则。这不仅是因为凝固模拟在优化铸造工艺、缩短试制周期方面的突出作用，也是由于客户对凝固模拟在保证铸件质量方面作用的认可。总而言之，微观组织模拟技术，架起了工艺设计与性能控制之间的桥梁，对于实现工艺—组织—性能一体化研究具有十分重要的意义[1-9]。

4.2　钛合金凝固过程组织模拟

钛合金凝固过程是一个十分复杂的过程，既有宏观现象，如液体充型和充型后的传热、传质、液体流动等，又有微观过程，如晶粒的形核和生长。实际上，凝固过程是一个混合着相变热力学、凝固动力学以及各种传输现象的复杂过程。因为金属的凝固过程大都是在高温下进行，不易直接测量和观察，所以对凝固过程的研究变得较为困难。由于金属的凝固过程是决定其后续产品质量的关键环节，因此，实现对凝固过程的控制是人们长期追求的目标。随着计算机技术的飞速发展而出现的计算机数值模拟则开创了钛合金凝固过程研究的新局面。众多研究者们从早期的单纯考虑传热到综合考虑凝固过程的能量、动量以及质量守恒的相互作用，建立了统一的数学模型，对凝固的传热、传质、液相流动以及宏观偏析进行了数值模拟分析。可以看到，凝固过程数值模拟是以能量、质量、动量守恒为基本控制方程，这是对凝固系统做宏观尺度上的描述，称之为凝固过程宏观模拟。若从微观尺度上去考察铸件凝固，则它首先是一个形核与生长的过程，相应的，我们把对晶粒的形核和生长、凝固组织的形态和晶粒度等数值模拟称为凝固过程微观模拟。应该指出，宏观模拟和微观模拟之间并不是完全独立的，许多微观组织参数与宏观温度场都有直接联系。所以进行微观模拟时，常常需要和宏观模拟结合起来。本节详细介绍采用宏微观相结合的元胞自动机方法模拟铸件凝固过程中的组织形成。

4.2.1　宏观计算与微观计算相耦合

从图 4-1 中可以看出，铸造过程数值模拟主要由充型过程数值模拟、宏观传输数值模拟（温度场、成分场以及流场）、微观组织数值模拟、应力场数值模拟以及缺陷和性能分析组成[10]。各部分不是孤立的，而是相互联系的。充型过程为宏观传输提供初始温度分布，并提供液体的初始流动速度。温度的变化会影响微观组织的演变，而微观组织在生长过程中释放的潜热反过来又会改变温度的分布；温度的变化同时还会影响应力的分布以及缺陷的产生，而铸件的性能又主要取决于铸件的组织,同时受应力分布和缺陷的影响。单独使用宏观模型,无法预测微观组织的形成,而以形核和生长为主要内容的微观模型也无法脱离宏观的温度场或热流场去单独描述微观组织的形成规律。因此在进行微观组织数值模拟时,应该考虑充型过程以及宏观传输的影响,即耦合这两者,从而使模拟计算与实际情况更相符。

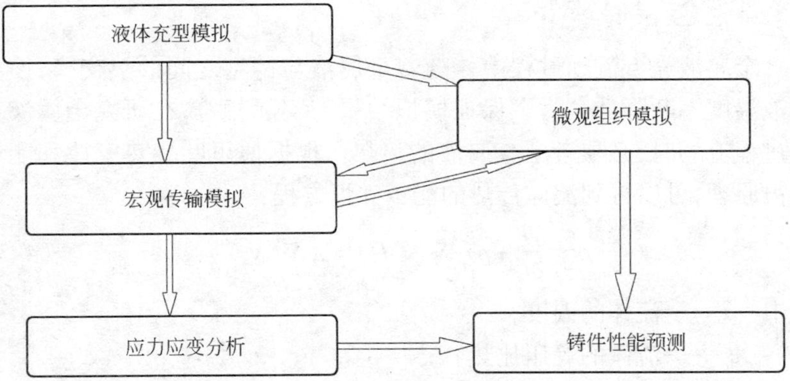

图 4-1 铸造过程数值模拟

4.2.2 宏观计算模型

4.2.2.1 液体充型流动的数学模型

连续性方程是质量守恒定律对于流体的基本描述,表达式如下:

$$\frac{\partial \rho}{\partial t} + \nabla(\rho \overline{U}) = 0 \tag{4-1}$$

式中 ρ——流体密度;

$\overline{U}$——流体的流速,其 x 和 y 方向的分量分别为 u 和 v;

∇——矢量微分算子。

对于不可压缩流体,其密度与时间及位置无关,无论是在稳态下还是在非稳态条件下,连续性方程均可简化为:

$$\nabla(\rho \overline{U}) = 0 \tag{4-2}$$

动量守恒方程(Navier - Stokes)为:

$$\rho \frac{\partial u}{\partial t} + \rho \nabla(u \overline{U}) = -\frac{\partial p}{\partial x} + \nabla(\mu \nabla u) \tag{4-3}$$

$$\rho \frac{\partial v}{\partial t} + \rho \nabla(v \overline{U}) = -\frac{\partial p}{\partial y} + \nabla(\mu \nabla v) + \rho g \tag{4-4}$$

式中 g——重力加速度；

μ——动力黏度；

p——压力。

金属液充型流动过程中伴随着金属液与铸型之间的热交换，使金属液温度不断降低。为了保证模拟结果与实际相符，在研究金属液充型过程流场时，必须考虑金属液的传热。根据傅里叶导热定律和能量守恒原理，可以得到流体传热的能量守恒方程：

$$\rho c_p \frac{\partial T}{\partial t} + \rho c_p \nabla(T \overline{U}) = \lambda \nabla(\nabla T) \tag{4-5}$$

式中 T——流体的温度；

c_p——流体的等压比热容；

λ——流体的导热系数。

对于不可压缩流体，体积函数方程为[11]：

$$\frac{\partial F}{\partial t} + \nabla(F \overline{U}) = 0 \tag{4-6}$$

式中 F——宏观单元中流体所占分数。

4.2.2.2 宏观传输数学模型

描述钛合金凝固过程自然对流的数学模型（动量方程）如下：

$$\rho \frac{\partial u}{\partial t} + \rho \nabla(u \overline{U}) = -\frac{\partial p}{\partial x} + \nabla(\mu \nabla u) - \frac{\mu}{K}u \tag{4-7}$$

$$\rho \frac{\partial v}{\partial t} + \rho \nabla(v \overline{U}) = -\frac{\partial p}{\partial y} + \nabla(\mu \nabla v) - \rho g$$

$$[\beta_T(T - T_{ref}) + \beta_C(C_l - C_{ref})] - \frac{\mu}{K}v \tag{4-8}$$

式中 β_T——温度膨胀系数；

β_C——溶质膨胀系数；

T_{ref}，C_{ref}——分别为参考温度和参考成分，通常取液相线温度和初始成分；

K——糊状区渗透率。

等式 4-8 中右边倒数第二项为浮力项，其处理方法采用 Bousinesq 假定。除浮力项外所有项中的密度认为恒定，浮力项中密度随温度和成分呈线性变化。其主要思想为：流体的自然对流运动是由于地心引力产生的，所以在偏微分方程中除了地心引力这一项中的密度视为变量外，其余各项中的密度可近似作常量处理。通过式 4-7 和式 4-8 可以看到，凝固过程中只考虑自然对流的影响，即只考虑温度梯度和成分梯度引起的对流。温度梯度引起的对流被称为热对流；成分梯度引起的对流被称为溶质对流。凝固过程中我们需要同时考虑两种对流的作用。对于不同的钛合金系，两种对流可能会相互增强，也可能会相互减弱，这取决于钛合金组元的相对密度。

如果动量方程中需要考虑外力的作用，例如离心力，则方程的表达式为：

$$\rho \frac{\partial u}{\partial t} + \rho \nabla (u \overline{U}) = -\frac{\partial p}{\partial x} + \nabla (\mu \nabla u) - \frac{\mu}{K} u + \rho a_x \tag{4-9}$$

$$\rho \frac{\partial v}{\partial t} + \rho \nabla (v \overline{U}) = -\frac{\partial p}{\partial y} + \nabla (\mu \nabla v) - \rho g [\beta_{\mathrm{T}} (T - T_{\mathrm{ref}}) + \beta_{\mathrm{C}} (C_{\mathrm{l}} - C_{\mathrm{ref}})] - \frac{\mu}{K} v + \rho a_y \tag{4-10}$$

式中 a_x, a_y——离心加速度，可按下式计算：

$$a_x = \omega^2 x + 2\omega v \tag{4-11}$$

$$a_y = \omega^2 y - 2\omega u \tag{4-12}$$

式中 ω——离心转速。

能量方程为：

$$\rho c_p \frac{\partial T}{\partial t} + \rho c_p \nabla (T \overline{U}) = \lambda \nabla (\nabla T) + \dot{Q} \tag{4-13}$$

$$\dot{Q} = L \frac{\partial f_{\mathrm{s}}}{\partial t} \tag{4-14}$$

式中 $\dot{Q}$——内热源；

L——体积结晶潜热；

f_s——固相分数。

糊状区的渗透率的表达式为：

$$K = K_o \frac{f_l^3}{(1-f_l)^2} \tag{4-15}$$

式中　f_l——液相分数；

K_o——与两相区枝晶尺寸有关的参数。

当液相分数等于1时，模拟对象为液相，流体流动速度即为动量方程中的速度。当液相分数等于零时，模拟对象为固相，流体流动速度为零。当液相分数介于0和1之间时，模拟对象为糊状区，此时流体流动速度为液相分数的函数。

4.2.3　初始条件和边界条件的确定

边界条件的确定是复杂的。通常金属/铸型界面处换热经历了三个发展阶段。具体边界条件的设定参照3.4节相关内容。

铸件在凝固过程中传热经历三个阶段，如图3-1所示。首先，当金属液浇入铸型后，液态金属与铸型之间良好接触，此时导热为主要的传热模式，此时为第一阶段（图3-1Ⅰ）；随着凝固的进行，在金属/铸型附近由于温度梯度大，凝固速率快，很快就有固相析出，这就降低了液体在铸型表面的浸润性，使传热速率有所降低，此时为第二阶段（图3-1Ⅱ、Ⅲ）；当与铸型接触的金属液全部凝固形成凝壳后且有足够的强度，在凝固收缩的作用下，金属/铸型界面处形成气隙，此时辐射换热变为主要的换热模式，此时为第三阶段（图3-1Ⅳ、Ⅴ）。有一点需要指出，hi_e 从最大值 hi_{max} 变到 $hi_{min} + hi_r$ 需要经历一段时间。如果假设气隙是瞬时形成，则计算结果会产生误差。

4.2.4　微观动力学模型

4.2.4.1　形核模型

晶粒的形核模型采用Rappaz等人建立的连续形核模型，晶核数量遵循高斯正态分布规律[13]：

$$n(\Delta T) = \int_0^{\Delta T} \frac{dn}{d(\Delta T)} d(\Delta T') \tag{4-16}$$

$$\frac{\mathrm{d}n}{\mathrm{d}(\Delta T)}=\frac{n_{\max}}{\sqrt{2\pi}\Delta T_{\sigma}}\exp\left[-\frac{(\Delta T-\Delta T_{\max})^2}{2\Delta T_{\sigma}^2}\right] \tag{4-17}$$

$$n(\Delta T)=\frac{n_{\max}}{2}\left[erf\left(\frac{\Delta T-\Delta T_{\max}}{\sqrt{2}\Delta T_{\sigma}}\right)+erf\left(\frac{\Delta T_{\max}}{\sqrt{2}\Delta T_{\sigma}}\right)\right] \tag{4-18}$$

式中 n——形核密度；

$n_{\max}$——最大形核密度；

$\Delta T_{\sigma}, \Delta T_{\max}$——分别为过冷度方差值和正态分布曲线中心的过冷度；

$erf()$——误差函数。

等式 4-16 可以简化为双曲余弦函数[14]：

$$\frac{\partial n}{\partial(\Delta T)}=\frac{n_{\max}}{2.5\Delta T_{\sigma}}\cosh^{-2}\left[\frac{\Delta T-\Delta T_{\max}}{1.25\Delta T_{\sigma}}\right] \tag{4-19}$$

$$n(\Delta T)=\frac{n_{\max}}{2}\left[\tanh\left(\frac{\Delta T-\Delta T_{\max}}{1.25\Delta T_{\sigma}}\right)+\tanh\left(\frac{\Delta T_{\max}}{1.25\Delta T_{\sigma}}\right)\right] \tag{4-20}$$

形核公式中的参数需要通过实验确定。

4.2.4.2 枝晶尖端生长动力学模型

建立枝晶尖端生长动力学模型是进行晶粒生长模拟的关键。通常认为，凝固过程中枝晶尖端过冷度 ΔT 由 4 部分组成：

$$\Delta T=\Delta T_{\mathrm{c}}+\Delta T_{\mathrm{r}}+\Delta T_{\mathrm{t}}+\Delta T_{\mathrm{k}} \tag{4-21}$$

式中 ΔT_{c}——成分过冷度；

ΔT_{r}——曲率过冷度；

ΔT_{t}——热过冷度；

ΔT_{k}——动力学过冷度。

在枝晶生长过程中，由于枝晶尖端液相溶质的富集，成分过冷发生变化，导致枝晶尖端生长速率也随之改变。过冷度主要取决于枝晶尖端的溶质过冷程度。与成分过冷相比，其他三项过冷相对较小，常被忽略不计。本文采用 Kurz _ Giovanola _ Trivedi (KGT)模型的简化式计算枝晶尖端生长速度[15]：

$$v_{\mathrm{tip}}(\Delta T_{\mathrm{c}})=a_2(\Delta T_{\mathrm{c}})^2 \tag{4-22}$$

式中 a_2——生长系数。

$$a_2 = \frac{D_1}{8m(k_o - 1)C_o\Gamma} \tag{4-23}$$

式中　Γ——吉布斯－汤姆森系数；

C_o——初始钛合金成分。

在某一时间段内枝晶生长长度为：

$$r_{vi}(t) = \int_0^t v_{tip}[\Delta T_c(t^*)]dt^* \tag{4-24}$$

4.2.5　凝固过程中缩孔的形成

铸件在凝固过程中，由于钛合金的体积收缩，往往在最后凝固的部位出现孔洞，成为缩孔。实际生产中，根据缩孔的形状和发生部位，又把缩孔分为两种，如图 3-2 所示。由于金属液面下降而形成的管筒形缩孔，亦称为一次缩孔；在一次缩孔下会产生二次缩孔或三次缩孔。其形成机理与计算公式参照 3.5.1 节。

其具体计算步骤如下：计算整体凝固收缩量；判断孤立熔池；确定每个孤立熔池中的最高可流动液面；以 CA 元胞网格为基础，控制液面移动，将不存在液态的 CA 元胞状态设为空；对于一个 FDM 网格，当有 100% 的元胞处于空状态时，此 FDM 网格被设为空网格，赋予保温材料的热物性；而对于一个 FDM 网格，若有一定数量的元胞处于空状态而其他的元胞为液态或固态时，则此网格的热物性值就根据下式进行计算：

$$M_{property} = f_{empty} \times M_{insulting-powder} + f_{alloy} \times M_{alloy} \tag{4-25}$$

式中　$M_{insulting-powder}$，M_{alloy}——分别代表保温材料和模拟钛合金的相关热物性，如导热系数、比热容、密度；

f_{empty}——空元胞所占的百分数；

f_{alloy}——钛合金所占的百分数。

4.3　钛合金凝固过程中晶粒组织形成的 CA 模拟方法

采用 CA 法勾勒枝晶轮廓，即晶粒形貌，对凝固晶粒组织演变进行动态模拟[13]。

(1)宏观场与微观组织模拟相联系。将模拟对象剖分成大小两套网格,大网格可按二维或三维剖分,通常为正方形且称为宏观单元或 FDM 网格,用于宏观范畴温度场计算,宏观单元信息包括:材料属性(铸件或铸型或缩孔)、温度、固相分数、液体流速、压力、成分、流体所占网格的体积分数等;宏观单元中以二维形式又剖分了许多小网格,称为微观网格或 CA 元胞,用于微观范畴组织模拟,元胞信息包括:在计算域中所处位置、相邻四胞元的编号、温度、固相分数、状态(液态、生长和固态)、生长速度、结晶取向(用不同颜色表示取向的不同)、属性(钛合金或缩孔)、形核标记。网格划分完毕后,进行宏观范畴温度场计算,得到单元温度,通过四点插值可将单元温度映射到元胞中。之所以用四点插值,有两点原因:单元和元胞都采用四边形,特别适合用四点插值;四点插值较线性插值和三角形插值具有精度高、平滑等优点。宏观计算中无论是只考虑热量传递还是求解连续性方程,最后都会归结到以温度的改变来控制组织的形成,即模拟过程中计算形核时所需的过冷为液相线温度与单元温度的差值,而用 KGT 模型计算生长时,并不需要直接求解枝晶尖端溶质扩散方程,在已知枝晶尖端温度的基础上,就可以计算出生长速度。

(2)CA 法模拟。CA 元胞的划分和邻近元胞的定义:在一个宏观网格内又细分了 $n \times n$ 个正方形网格。形核元胞的结晶取向指数为1 ~ 48 中的任意一个整数,不同晶体学取向的元胞用不同颜色表示。每个元胞的最邻近元胞是上、下、左、右四个元胞,即在已凝固元胞捕捉过程中,只考虑近邻元胞的捕捉。

形核模拟:当温度低于形核所需温度时,通过式 4-26 和式 4-27,可以分别计算出模壁表面和熔体中形核概率 p_s 与 p_v。这时每个有可能成为核心的元胞要选取一个随机数 $r(0 \leqslant r < 1)$,如果在模壁上或在熔体中某些元胞满足 $r \leqslant p_s$ 或 $r \leqslant p_v$,这些元胞将要在模壁表面或熔体中成核。成为核心的元胞将随机赋予一结晶取向,且由液态转变为固态[17]。

$$p_s = \left[\int_{\Delta T}^{\Delta T + \delta(\Delta T)} \frac{\mathrm{d}n_s}{\mathrm{d}(\Delta T)} \mathrm{d}(\Delta T) \right] \times S \qquad (4\text{-}26)$$

$$p_{\mathrm{v}} = \left[\int_{\Delta T}^{\Delta T+\delta(\Delta T)} \frac{\mathrm{d}n_{\mathrm{v}}}{\mathrm{d}(\Delta T)} \mathrm{d}(\Delta T)\right] \times V \tag{4-27}$$

式中 V,S——分别代表熔体体积和模基表面积。

生长模拟：一个“固态”元胞，将捕获其周围温度小于液相线温度的液态元胞，并将其状态从“液态”变为“生长”。为此“生长”元胞取一随机数 $r(0\leqslant r<1)$，如果它小于该固态元胞向近邻元胞方向的“捕获”概率，则这个元胞将被捕获，同时转化为固态。所以在计算时，一方面要考虑“固态”元胞捕获近邻元胞的概率；另一方面计算此元胞向近邻元胞的生长速率。

捕获概率：一个元胞在某一时间步长内变为固态，随后这个元胞将向它的近邻生长。它的某一方向的生长长度 $r_{\mathrm{vi}}(t)$ 由等式 4-24 计算，则在这个方向上的捕获概率 p_{d} 由下式给出[17]：

$$p_{\mathrm{d}} = \frac{r_{\mathrm{vi}}(t)}{\Delta x_{\mathrm{cell}}[\cos\theta + |\sin\theta|]} \tag{4-28}$$

式中 θ——结晶取向。

θ 的计算方法为$[-45° + \mathrm{RND}(1) \times 90°]$，RND(1)为 0 ~ 1 之间的随机数。可以看到 θ 的取值范围在 −45° ~ 45°之间，即与垂直于型壁的热流之间最大的夹角为 45°。

时间步长的确定：

$$\delta t = 0.8\min\left[\frac{\Delta x_{\mathrm{cell}}}{v_{\mathrm{tip\_max}}}\right] \tag{4-29}$$

式中 $v_{\mathrm{tip\_max}}$——每一时间步长上所有固态元胞生长速率的最大值。

通过式 4-29 可以看出，在每一个时间步长内枝晶尖端生长距离不能超过一个网格间距。

4.3.1 程序流程图

宏微观模拟相结合时通常所采用的两种算法是：强耦合法和弱耦合法[18]。强耦合法就是借助于插值技术给微观 CA 元胞赋值，从而控制形核和生长，形核和生长产生固相分数的改变又被反馈回温度场计算。弱耦合法的原理则是凝固过程中，凝固路径唯一，即采用夏尔公式或杠杆定律来计算温度场。得到的宏观温度场值插值到微观网格，用来模拟组织形成。而形核和生长产生固相分数的改变不被反馈回温度场计算。计算流程如图4-2和图4-3所示。

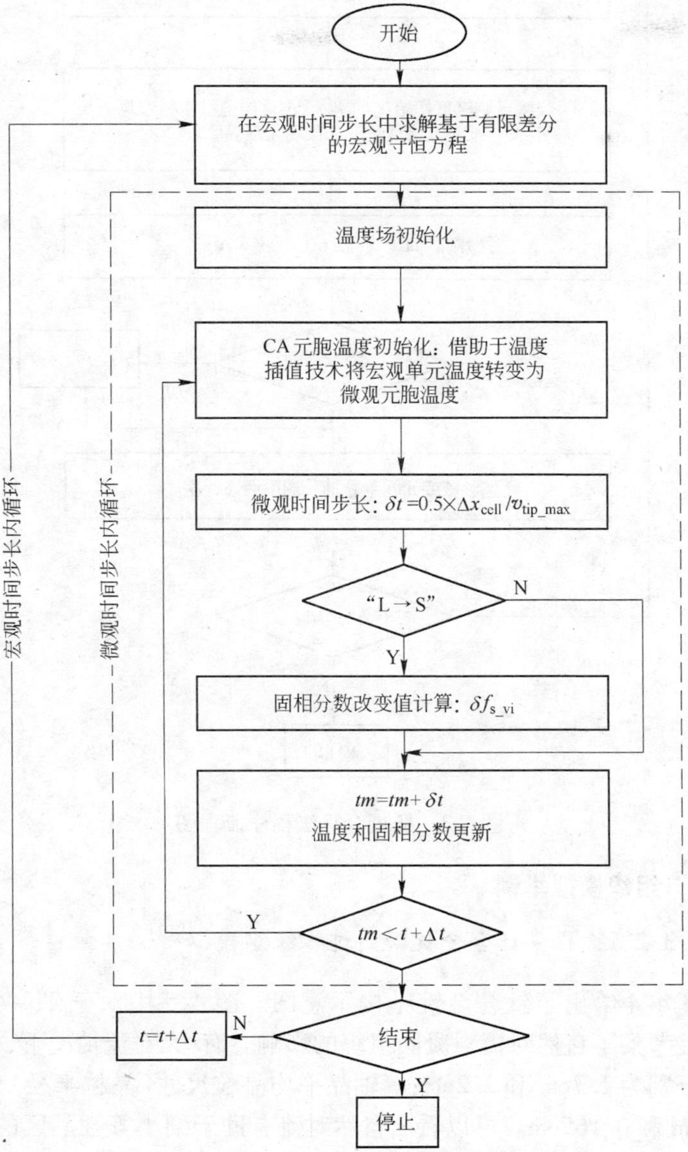

图4-2　强耦合算法程序流程图

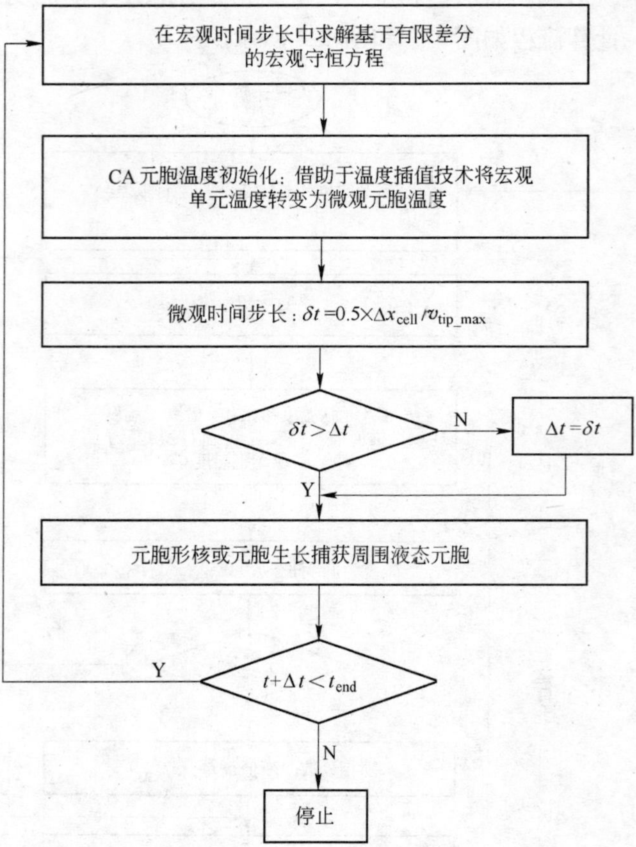

图4-3　弱耦合算法程序流程图

4.3.2　组织模拟举例

4.3.2.1　Ti－Al合金锭凝固过程组织模拟[19]

图4-4给出了钛合金锭结构示意图。图4-5中对于Ti－45% Al合金锭考察了自然对流对凝固组织的影响。有/无对流情况下，柱状晶长度分别为1.7cm和2.2cm；等轴晶平均晶粒尺寸(晶粒半径)分别为0.16cm和0.165cm。可以看出自然对流有助于细小等轴晶区的形成。这是由于等轴晶的形核、生长由熔体中的温度分布决定。也就是说，尽管实际中，由对流所引起熔断或枝晶臂的迁移或激冷层晶粒的迁移可

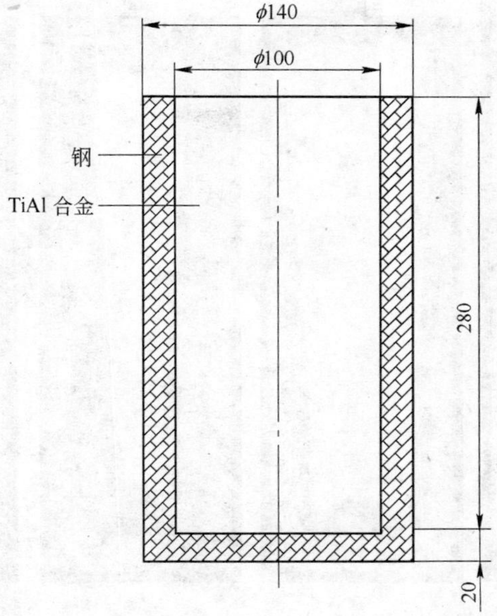

图 4-4 铸锭和铸型结构示意图(单位 mm)

能会对 CET 产生影响,但本书认为,温度分布的均匀化,即温度梯度的迅速减小才是决定 CET 转变的关键因素。而自然对流的作用就是加速过热散失、过冷区的形成。对比图 4-5*a* 和图 4-5*b*,我们还可以发现,对于前者,凝固组织中宏观缩孔的尺寸要小于后者。这是因为在流场作用下,凝固过程中形成糊状区的尺寸要相对大一些。所以总的收缩量就由宏观缩孔与微观缩松两部分组成,因此一次缩孔的尺寸就被减小了。从图 4-5 中还会发现,等轴晶的生长被限制在柱状晶前方某一尺寸的过冷区内,此区域逐渐扩大并向内移动。显然,这种趋势不同于 Al – Si 或 Al – Cu 等低熔点、高导热系数钛合金的凝固方式,对于它们而言,一旦熔体中不存在过热,等轴晶就会在柱状晶前端迅速形核生长,随后铸锭整体以糊状方式完成凝固。而对于 TiAl 合金而言,由于其导热系数低且凝固结晶区间窄,即使熔体中存在较强的对流,层状凝固方式也不会变为糊状凝固方式。

图 4-6 给出了在有/无对流这两种情况下,熔体中的温度分布。通过对比图 4-6*a* 和图 4-6*b*,可以看到,由于考虑了自然对流,凝固过程

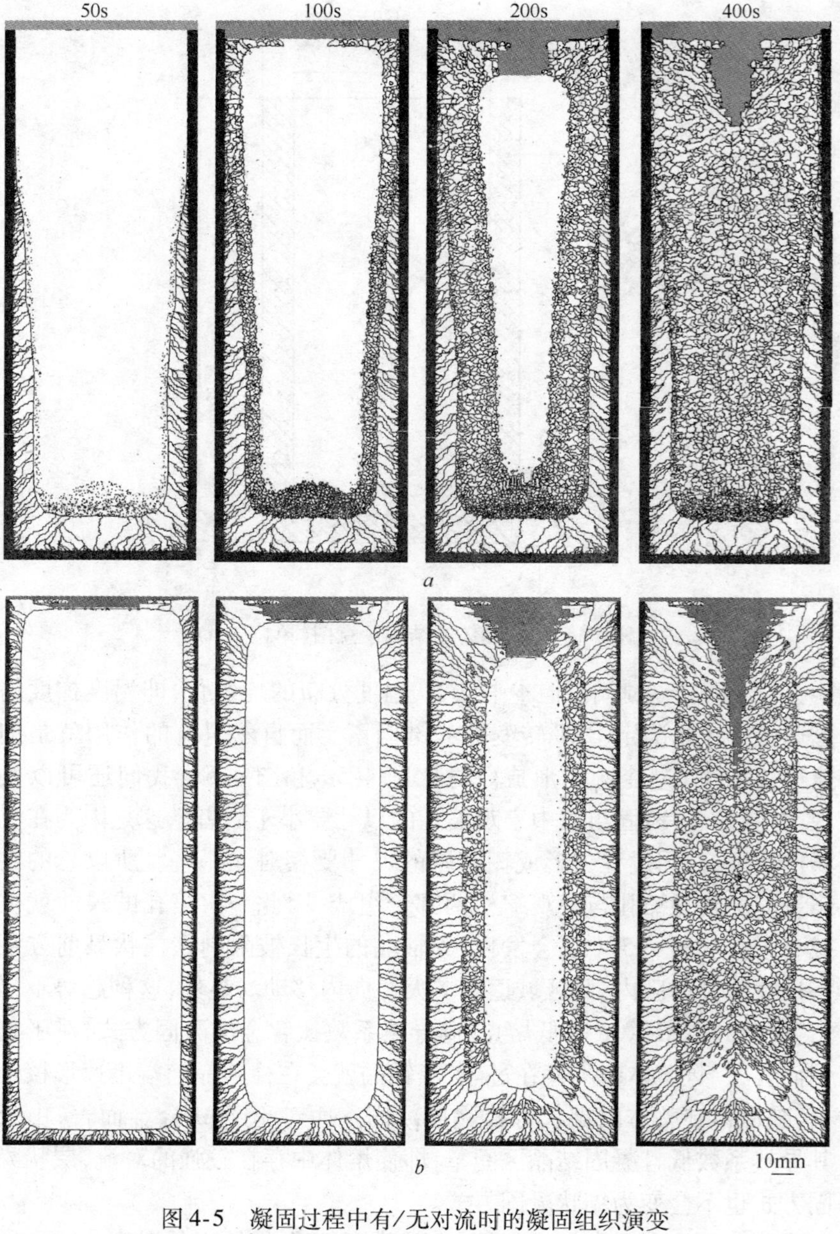

图 4-5　凝固过程中有/无对流时的凝固组织演变

a—有对流；b—无对流

中，糊状区尺寸迅速扩大并使温度分布逐渐趋向于均匀。因此，对流有助于过热的散失、过冷区的形成，从而促进柱状晶向等轴晶转变。而且凝固过程中在对流的作用下，等温线会发生弯曲，同时柱状晶生长又受某一位置等温线移动速度的限制。所以，垂直于左右型壁生长的柱状晶不同位置处生长长度不同，并且在铸锭底部容易形成较发达的柱状晶区（底部对流最为强烈）。如图4-6*a*所示，当凝固到50s时，等温线弯曲的程度变小。这说明随着凝固的进行，铸锭中热传导将逐渐取代对流换热，成为主要的传热方式。

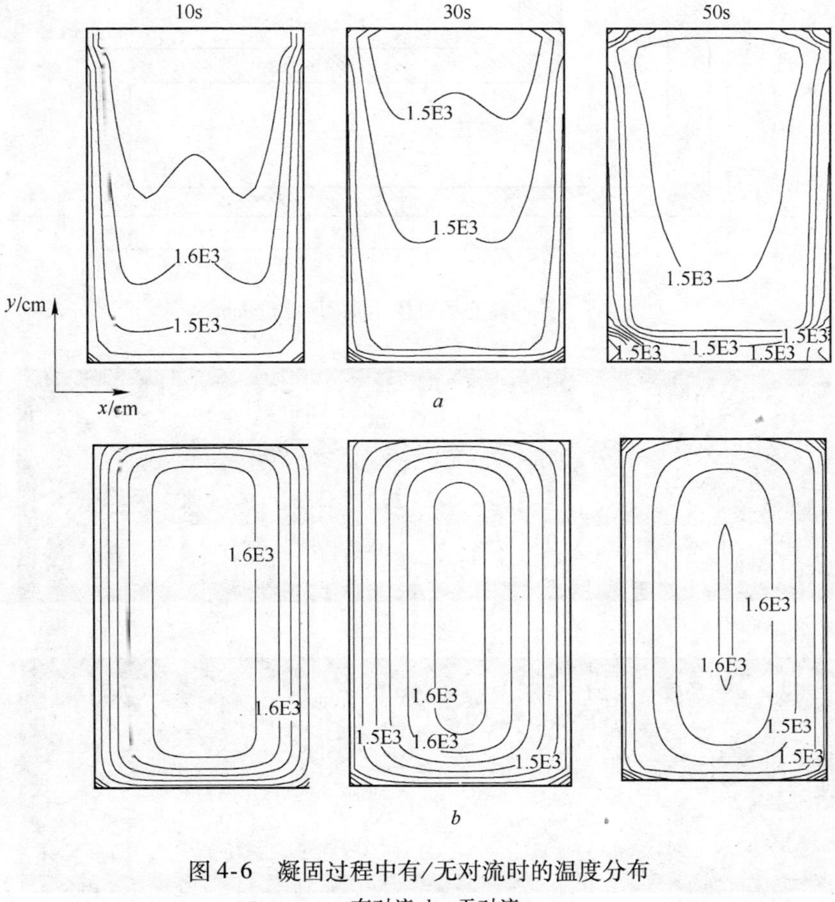

图4-6　凝固过程中有/无对流时的温度分布

a—有对流；*b*—无对流

4.3.2.2　Ti-6Al-4V 合金离心场下凝固组织模拟[20]

图 4-7 给出了铸件结构示意图。图 4-8 给出了 Ti-6Al-4V 合

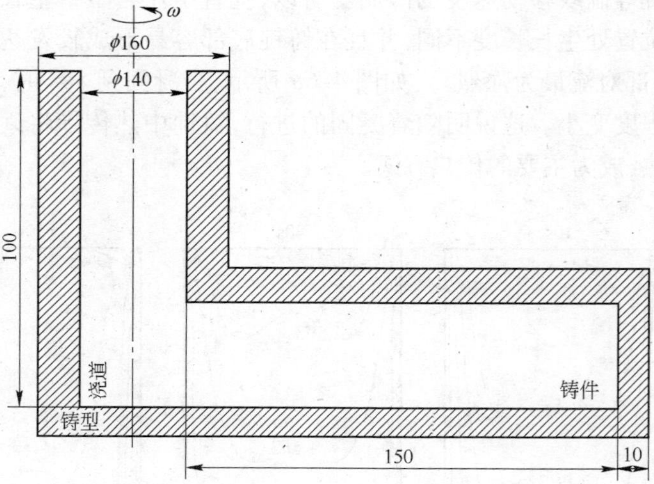

图 4-7　铸件离心场凝固示意图(单位 mm)

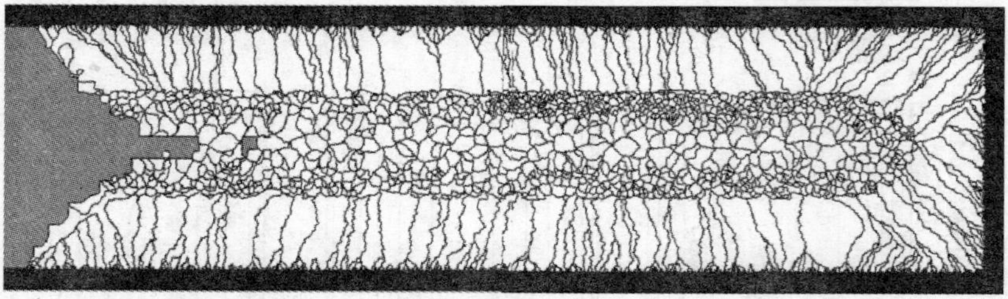

a

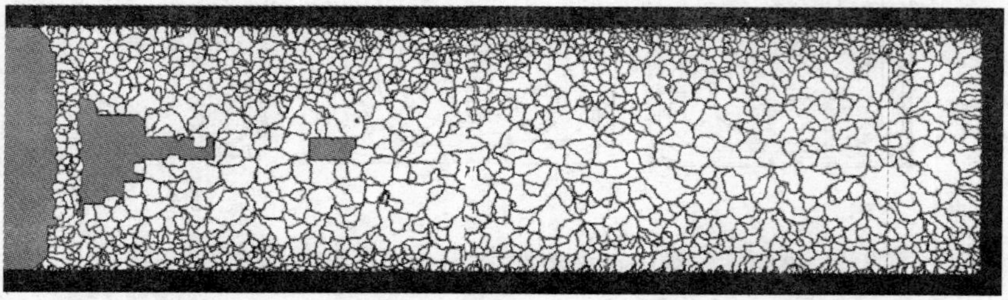

b

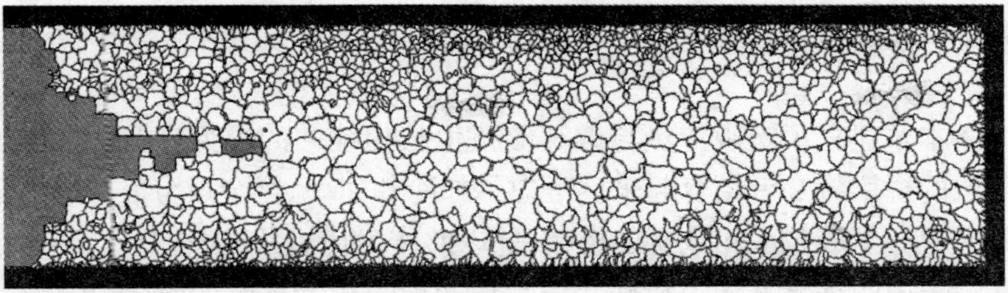

c

图4-8 Ti-6Al-4V合金不同转速下凝固组织的模拟结果

a—0r/min；*b*—160r/min；*c*—260r/min

金不同转速下（0r/min、160r/min和260r/min）的凝固组织。可以看到，随着转速的增加，等轴晶区的面积不断扩大。这是因为转速提高，离心力随之增大，熔体中产生强烈的对流，这有利于温度的均匀化，扩大了糊状区尺寸，如图4-9所示，因此促进等轴晶的形核生长。

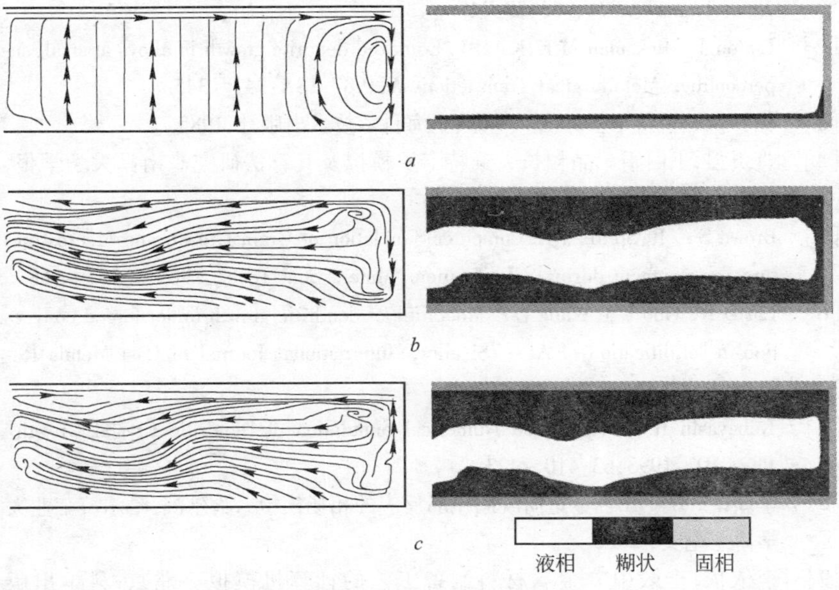

图4-9 给出了凝固过程中不同转速下流线和糊状区尺寸的变化

a—0r/min；*b*—160r/min；*c*—260r/min

4.4　本章小结

本章建立了宏观传热与微观形核生长相统一的模型，并通过固相分数的桥梁将二者结合起来。考虑了如冷却速率、合金成分、二次枝晶臂间距对生成包晶相数量的影响，并以此作为初始条件，进行宏微观计算。采用的耦合方法为强耦合法。在处理固相分数改变时，考虑了包晶反应动力学。在大尺寸铸锭模拟时，需要考虑自然对流对组织形成的影响。建立了宏观三传与微观形核生长相统一的模型，采用弱耦合方法，将宏微观计算结合起来。模拟了有/无自然对流两种情况下铸锭凝固过程中组织演化过程，并对离心场下铸件组织的演化过程进行了模拟。

参 考 文 献

[1] Oldfield. W. A Quantitative Approach to Casting Solidification: Freezing of Cast Iron. Trans. ASM,1966,59:945.

[2] Lipton J,Glicksman M E,Kurz W. Equiaxed dendrite growth in alloys at small supercooling. Metallurgical Transactions A,1987,18A:341 ~ 345.

[3] 徐钟济．蒙特卡罗方法．上海:上海科学技术出版社,1985.

[4] 肖贡强,王丽娟．晶粒长大蒙特卡罗模拟及其算法研究．南昌大学学报,2004,24:22.

[5] Brown S G R,Spittle J A. Computer Simulation of Grain Growth and Macrostructure Development during Solidification. Mater. Sci. Tech. ,1989,5:362 ~ 368.

[6] Liu D R, Guo E J,Wang L P. Modelling of dendritic growth under forced convection in solidification of Al – 7Si alloy. International Journal of Cast Metals Research,2007,20:254 ~ 264.

[7] Kobayashi R. Modeling and Numerical Simulation of Dendritic Crystal Growth. Phys. D. ,1993,63:410 ~ 423.

[8] 李新中．Ti – Al 合金定向凝固包晶反应的相场模拟．哈尔滨:哈尔滨工业大学博士论文, 2006.

[9] 李依依,李殿中．金属材料制备工艺的计算机模拟．北京:科学出版社, 2006.

[10] 张光跃．铝合金凝固微观组织模拟的相场方法研究．北京:清华大学博士

论文,2002.
[11] 张凯锋等. 材料热加工数值模拟. 哈尔滨:哈尔滨工业大学出版社,2001.
[12] Loulou T, Artyukhin E A, Bardon J P. Estimation of Thermal Contract Resistance During the First Stages of Metal Solidification Process: Ⅱ—Experimental Setup and Results. International Journal of Heat and Mass Transfer, 1999, 42: 2129 ~ 2142.
[13] Rappaz M, Gandin C A. Probabilistic Modeling of Microstructure Formation in Solidification Processes. Acta Mater., 1993, 41: 345 ~ 360.
[14] 李殿中. 镍基合金 718 凝固过程组织模拟. 哈尔滨:哈尔滨工业大学博士论文, 1998.
[15] Kurz W, Giovanola B, Trivedi R. Theory of Microstructural Development during Rapid Solidification. Acta Metall. Mater., 1986, 34: 823 ~ 830.
[16] 田学雷, 刘志勇, 李成栋. 铸钢件凝固模拟中的熔池划分技术, 铸造技术 2002, 23: 294 ~ 296.
[17] Rappaz M, Gandin C A, Jacot A, et al. Modeling of Microstructure Formation. Modeling of Casting, Welding and Advanced Solidification Processes Ⅶ, 1995: 501 ~ 516.
[18] Gandin C A, Rappaz M, Tintillier R. 3 - Dimensional Simulation of the Grain Formation in Investment Castings. Metall. Mater. Trans. 1994, 25A: 629 ~ 635.
[19] 刘东戎. Ti - Al 合金锭凝固组织形成的数值模拟. 哈尔滨:哈尔滨工业大学博士论文, 2006.
[20] Wu S P, Liu D R, Guo J J, Su Y Q, Fu H Z. Numerical Simulation of Microstructure Evolution of Ti - 6Al - 4V Alloy in Vertical Centrifugal Casting. Materials Science and Engineering A, 2006, 426: 240 ~ 249.

5 钛合金凝固过程单相微观组织模拟

5.1 概论

计算机模拟技术的发展为理论验证提供了可能,其中 Cellular Automation(CA)方法是近年来发展最快的一种组织模拟技术。这种方法规则简单,不受网格尺寸限制,计算速度相对较快。具体算法分为两种,一种是由 Gandin 和 Rappaz[1] 提出的基于晶粒形核和过冷生长机制的模拟方法,结合了连续性形核、枝晶生长动力学和晶体生长择优取向;另一种是由 Nastac 等[2] 提出的基于晶粒形核和溶质扩散的模拟方法。由于这种模型考虑了溶质扩散对界面生长速度的影响,对于受溶质扩散影响的合金,物理意义明确,但是,在利用这种方法进行组织模拟过程中,往往没有考虑固液界面溶质守恒,因此,在用溶质流或当量浓度计算溶质场时,出现固相分数的不收敛,为此,本章提出了基于溶质扩散控制模型的 CA 方法的修改模型,并利用这种模型模拟了 TiAl 合金组织演化,与实验结果和理论分析结果进行了对比,以验证模型的准确性。在此基础上,提出了柱状晶/等轴晶模型。

TiAl 合金由于铸造晶粒室温塑性较差,并具有明显的各向异性,很难通过变形等其他热加工方法来细化组织,而 TiAl 合金铸造组织对性能有重要影响[3~6]。近年来,研究者通过一些方法如合金化或微合金化等方法来改善铸造 TiAl 合金组织,其中, TiAl 合金组织模拟成为研究凝固微观组织的一个重要手段。在过去几十年里,TiAl 凝固微观组织模拟吸引了研究者越来越多的关注[7]。由于 TiAl 合金本身的凝固特点,例如,TiAl 合金从液态冷却时,经历了 $L+\beta\rightarrow\alpha$ 包晶转变以及冷却过程中发生一系列固态相变等,使得凝固组织经历了非常复杂的变化,实验最终获得的组织往往包含后续相变的信息,因而很难再现凝固过程中组织演化规律。本章对钛合金单相凝固(定向凝固、常规凝固)微观组织进行了计算机模拟。

5.2 定向凝固理论基础

在实际定向凝固过程中,生长一段距离后才能建立稳态边界层;该距离相当于初始过渡区的长度,并且随生长速率的增大而减小。在这个过渡过程中,界面前沿液相的浓度从 C_0 增大到 C_0/k_0。假定界面存在局部平衡,根据相图可知,最初凝固的固相成分为 kC_0,当达到 C_0 且对应的界面温度为 T_s 时,即开始稳态生长。对于稳态生长条件,当界面移动速度等于给定抽拉速度时,界面的温度与成分在不考虑对流效应情况下是固定不变的。界面温度与成分的精确量值受控于(1)凝固条件,如 v 和 G;(2)相图;(3)固-液界面形态。

对定向凝固而言,由于温度梯度为正,所以界面温度主要受控于溶质扩散[8]。图 5-1 为一个高为 H、宽为 W 的 Bridgman 定向凝固体系,从

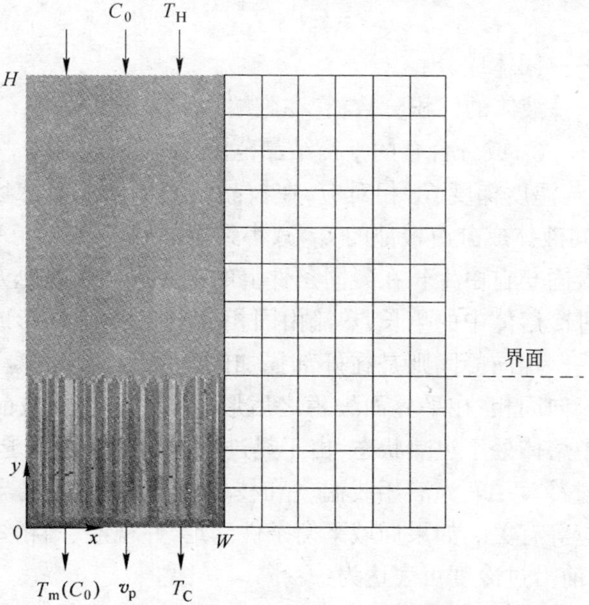

图 5-1 Bridgman 定向凝固体系示意图及其离散网络

上往下以速度 v_p 进行垂直抽拉,从正面看,该体系最上端类似存在物质的连续"注入",而最下端类似存在物质的连续"流出"。在温度场控制方程中,定向凝固条件常采用"冷却温度近似法",体系温度场可表示为:

$$T(y) = T_m(C_0) + G(y - v_p t) \tag{5-1}$$

$$G = (T_H - T_C)/H$$

式中　G——温度梯度;

T_H, T_C——分别为体系最顶端和最低端的温度。

当合金的定向凝固超出平界面稳定的临界条件 $G_L/v \geqslant \Delta T_0/D_L$ 时,将会出现胞状或胞-枝状的界面形态。刚超过临界条件时,胞枝组织具有几个重要特征:(1)胞的长度很小,约与胞晶间距同一量级;(2)胞晶端部区域较宽,尖端半径较大;(3)在界面前沿既有明显的溶质富集,还存在溶质的侧向扩散。当生长条件 $v > G_L D_L/(k_p \Delta T_0)$ 时,将会出现胞-枝组织,它的形态特征是端部变得更加尖锐,接近于抛物线的形状,与枝晶端部的形状相似。胞-枝组织显微偏析的轮廓可近似用 Reighley 或 Scheli 方程表征[9]:

$$C_s = k_p C_0 / f_L^{1-k_p} \tag{5-2}$$

式中　C_s——固体成分;

f_L——液体的体积分数,它在胞端为 1,在胞底为零;

ΔT_0——C_0 成分合金的平衡结晶范围,$\Delta T_0 = m_L C_0 (k_0 - 1)/k_0$。

这样,与温度梯度 G_L 相对应,在枝晶间液体中还有浓度梯度 G_L/m_L。枝晶间液体成分由根部的 C_E 减小到端部的 C_t。

定向凝固与自由生长在凝固条件上的主要区别是热流方向。自由生长是在过冷熔体中的生长,热流由固相流向液相,通常形成具有发达分枝的枝晶。定向凝固则是在外部强加的正温梯度下的凝固过程,热流由液相流向固相,在平界面失稳之后形成平行晶胞或枝晶阵列。在定向凝固中熔体处于过热状态,由于热过冷 ΔT_t 项可以不予考虑,总的界面前沿过冷度 ΔT 为液相线温度和枝端温度之差,它仅与枝端成分和曲率效应等有关。如果局域平衡条件满足,并视液、固相线为近似直线,则枝端前沿过冷度可表达为:

$$\Delta T = T_L^{eq} - T_i = m_L (C_0 - C_t) + \Gamma k + \frac{v}{\mu} \tag{5-3}$$

式中 C_0——合金的初始成分；

T_i——实际温度；

T_L^{eq}——初始成分 C_0 时的平衡液相线温度；

m_L——液相线斜率；

k——界面曲率；

C_t——枝端前沿液相溶质浓度；

Γ——Gibbs - Thomson 自由能；

μ——界面动力学系数，也是取向的函数。

理论分析表明[10]，如果沿胞/枝晶生长的成分或温度由于各向同性的表面能效应而发生变化，则稳态生长是不可能的。而如果考虑了表面能的各向异性则可有唯一的解。在此种情况下，对立方枝晶，表面能随取向 θ 的变化可有：

$$\gamma = \gamma_0[1 + \varepsilon\cos 4\theta] \tag{5-4}$$

式中 ε——各向异性参数，它会影响生长中的界面曲率过冷。

对定向凝固，因附加了热场，所以为驱动扩散所需的枝端过冷，除曲率效应外，仅决定于枝端成分。该热场正如平界面一样，主要决定了枝晶端部的位置，以使枝端的温度对应于相图中的枝端成分，这可由枝端处通量平衡方程得出：

$$v = -\left(\frac{D}{C_1^*(1 - k_0)}\right)G_C \tag{5-5}$$

式中 C_1^*——枝端处液相溶质浓度；

k_0——溶质分配系数；

G_C——固/液界面附近溶质浓度梯度；

D——溶质扩散系数。

根据式 5-5 可知，如果已知固/液界面附近溶质浓度梯度及枝端处液相溶质浓度，则 v 便可计算得到。对于 C_1^*，假设枝端处液相过冷度为零，根据式 5-3，C_1^* 便可求出。

对于一个合金的枝端选择可以用下面一个通式表示[11]：

$$v\left(\frac{k_0\Delta T_0}{D}\right)\left(\frac{C_1^*}{C_0}\right)\xi_C - G = \frac{\Gamma}{\sigma^* R^2} \tag{5-6}$$

式中　σ^*——枝端选择参数，为常数；

ξ_C——溶质 Peclet 数的函数，对小的过冷度均为 1，而对大的 Peclet 数趋于零；

R——枝晶尖端半径；

G——外加凝固系统中的温度梯度。

由于 m_L 和 G_C 有相同符号，式 5-6 中左侧第一项源于溶质场，代表在低速即 $\xi_C=1$ 情况下枝端处经修正了的成分过冷，恒为正值，同时，在低速下潜热影响可被忽略，于是减小稳定性的驱动力由两个梯度的差给出，不稳定的影响由方程 5-6 右侧的毛细项予以平衡。由于定向凝固过程的温度梯度 G 为正，如果在固体和液体中的热导和热扩散相同，$G=G_L$，则枝端前沿液体的温度梯度和成分过冷准则即可恢复应用。应注意的是，对低速枝端过冷度，热梯度的影响可以忽略，然而在高生长速度下，对枝端选择推测，热梯度的影响是很重要的。对低速枝晶生长，如果 $C_1^* \approx C_0$ 且 $\xi_C=1$，则 $vR^2=$ 常数，且与 ΔT 无关，从而提供了 $v-R$ 间一个独立的关系。若与稳态扩散解结合起来，就可以单值确定 $\Delta T-v-R$ 关系。

Langer 和 Muller－Krumbhaar 通过对枝晶尖端进行严格的线性稳定性分析[12]，提出了临界稳定性原理（或 LM－K 理论），指出在稳态生长中枝晶尖端处于尖端分叉不稳定性和侧向分枝不稳定性之间的一种临界状态：

$$\sigma = \frac{l_D d_0}{R^2} \tag{5-7}$$

式中　d_0——毛细长度，对于合金，$d_0=\Gamma/\Delta T_0$；

l_D——溶质扩散长度，$l_D=D/v$。

当 $\sigma>\sigma^*$ 时，将会产生侧向分枝不稳定性而使 R 增大，导致 σ 减小；当 $\sigma<\sigma^*$ 时，将会发生尖端分叉不稳定性而使 R 减小，导致 σ 增大。σ^* 即为临界稳定参数，为生长过程中选择枝晶端部半径的依据。

5.3　微观组织的计算模型

5.3.1　热和溶质扩散模型

凝固过程的组织演变模型主要包括热和溶质的扩散以及液相金属的形核与长大。对于定向凝固而言，由于温度梯度为正，界面温度主要受控于溶质扩散,因此,温度算法采用“冷却温度近似法”。

在本模型中首先假设材料的密度不随凝固进行而改变;在凝固过程中的液体金属流动可以忽略不计;材料的其他热物性参数也是一个常数,不随相变而变化。在整个模拟区间只有固相和液相两相,凝固过程中枝晶前沿的固液界面是由固相和液相按一定的分数构成的。

溶质守恒方程:

$$\frac{\partial C_i}{\partial t}=D_i\left(\frac{\partial^2 C_i}{\partial x^2}+\frac{\partial^2 C_i}{\partial y^2}\right) \tag{5-8}$$

式中 C——溶质浓度;

i——代表液相或固相;

D_i——溶质扩散系数。

由文献[13]可以知道,在界面区域内,界面前沿溶质浓度最高,但其厚度层非常薄,因而对于整个界面区域内的液相溶质浓度来讲有:

$$\overline{C}=f_s C_s^* + f_l C_l^* \tag{5-9}$$

式中 $\overline{C}$——平均溶质浓度;

C_s^*,C_l^*——分别为固相侧的溶质浓度和液相侧的溶质浓度。

$$C_s^* = k_p C_l^* \tag{5-10}$$

式中,C_l^* 可以根据方程式 5-20 求得,由此可求得固相侧的溶质浓度和液相侧的溶质浓度。

在求解溶质浓度场时,本书采用了溶质流的方法计算任意一个单元的溶质变化。当求解溶质浓度时,如果单元 A 为固相,而它的一个最近邻单元 B 为固相时,则单元 A 扩散到单元 B 的溶质流为:

$$\mathrm{d}c=\frac{\mathrm{d}t D_s[C_s(\mathrm{B})-C_s(\mathrm{A})]}{\mathrm{d}x} \tag{5-11}$$

如果单元 A 为固相,而 B 为液相单元,则 $\mathrm{d}c=0$。

如果单元 A 为固相,而 B 为界面单元,则:

$$\mathrm{d}c=\frac{\mathrm{d}t D_s[C_s(\mathrm{B})-C_s(\mathrm{A})]}{\mathrm{d}x[0.5+0.5f_s(\mathrm{B})]} \tag{5-12}$$

如果 A 为液相单元,而它的一个最近邻单元 B 为固相,则单元 A 扩散到单元 B 的溶质量为 $\mathrm{d}c=0$。

如果 A 为液相单元，而 B 也为液相单元，则：

$$dc = \frac{dtD_l[C_l(B) - C_l(A)]}{dx} \tag{5-13}$$

如果 A 为液相单元，而 B 为界面单元，则：

$$dc = \frac{dtD_l[C_l(B) - C_l(A)]}{dx[1 - 0.5f_s(B)]} \tag{5-14}$$

式中 dc——相邻两个单元的溶质流；

dx——有限差分单元长度；

dt——时间。

如果 A 为界面单元且 B 也为界面单元，则 A 和 B 之间的溶质流可分为它们之间的固相溶质流和液相溶质流，它们分别为：

$$\begin{aligned} dc_l &= \frac{dtD_l[C^*(B) - C^*(A)]}{0.5[f_s(B) + f_s(A)]dx} \\ dc_s &= \frac{dtD_s k_p[C^*(B) - C^*(A)]}{0.5[f_l(B) + f_l(A)]dx} \end{aligned} \tag{5-15}$$

对于二维冯·纽曼近邻关系，被计算单元浓度为：

$$\overline{C}_{i,j}^{n+1} = \overline{C}_{i,j}^{n} + \sum_{m=1}^{4} dc_m \tag{5-16}$$

式中 $\overline{C}_{i,j}^{n+1}$——第 $n+1$ 步时 i,j 单元的平均溶质成分；

$\overline{C}_{i,j}^{n}$——第 n 步时 i,j 单元的平均溶质成分；

m——表示与被计算单元相邻的四个单元。

由上述方程 5-11 到方程 5-16 便可以求出各个位置在每一时刻的溶质浓度。

在界面迁移的过程中，固液界面两侧溶质守恒方程为：

$$(C_l^* - C_s^*)\boldsymbol{v} = D\nabla C \cdot \boldsymbol{n} \tag{5-17}$$

式中 $\boldsymbol{v}$——界面的法向速度；

$\boldsymbol{n}$——界面处的法向方向；

C_l^*——界面液相中的溶质浓度。

将方程 5-17 离散化可以得到界面推移速率在 x 和 y 方向上的分量：

$$v_x^* = \frac{1}{C_1^*(1-k_p)}\left[-D_L \frac{\partial C_1}{\partial x}\bigg|_{\text{interface}} + D_S \frac{\partial C_s}{\partial x}\bigg|_{\text{interface}}\right]$$
$$v_y^* = \frac{1}{C_1^*(1-k_p)}\left[-D_L \frac{\partial C_1}{\partial y}\bigg|_{\text{interface}} + D_S \frac{\partial C_s}{\partial y}\bigg|_{\text{interface}}\right] \tag{5-18}$$

其中：

$$\frac{\partial C_1}{\partial x}\bigg|_{\text{interface}} = -\left[\frac{-3C_1^*(i,j)+4C_1(i+1,j)-C_1(i+2,j)}{2\mathrm{d}x}\right]F[f_1(i+1,j),$$
$$f_1(i+2,j)]+\left[\frac{3C_1^*(i,j)-4C_1(i-1,j)+C_1(i-2,j)}{2\mathrm{d}x}\right]F[f_1(i-1,j),f_1(i-2,j)]$$
$$\frac{\partial C_s}{\partial x}\bigg|_{\text{interface}} = -\left[\frac{-3k_0C_1^*(i,j)+4C_s(i+1,j)-C_s(i+2,j)}{2\mathrm{d}x}\right]$$
$$F[f_s(i+1,j),f_s(i+2,j)]+\left[\frac{3k_0C_1^*(i,j)-4C_s(i-1,j)+C_s(i-2,j)}{2\mathrm{d}x}\right]$$
$$F[f_s(i-1,j),f_s(i-2,j)] \tag{5-19}$$

式中　k_0——平衡分配系数。

对于 $F(f_1,f_2)$ 仅当 f_1 和 f_2 全部为 0 时，其值为 0，否则其值为 1。同理对 y 方向的偏导也可用这种方法求得。根据相图可以得到在该温度和界面曲率条件下的界面溶质浓度：

$$C_1^* = C_0 + \left[\frac{T-T_{eq}+\Gamma\bar{k}f(\theta,\varphi)}{m_1}\right] \tag{5-20}$$

式中　m_1——液相线斜率；

T_{eq}——平衡状态下的熔点；

$\bar{k}$——界面平均曲率；

C_0——初始浓度；

$f(\theta,\varphi)$——曲率的各向异性函数。

在模拟的过程中，固液界面曲率非常难以获得，这是由于固液界面的形状本身具有不确定性。为了能够近似地描述固液界面曲率，本书中固液界面曲率模型采用平均值的办法来求得，其表达式如下[2]：

$$\bar{k} = \frac{1}{a}\left[1-2\frac{f_s+\sum_{k=1}^{N}f_s(k)}{N+1}\right] \tag{5-21}$$

式中　a——单元尺寸,m;

N——近邻单元数;

$f_s(k)$——第 k 个单元的固相分数。

曲率各向异性函数如下[2]:

$$f(\theta,\varphi)=1+\delta\cos[4(\varphi-\theta)] \tag{5-22}$$

式中　θ——液体金属凝固时的本质生长角度;

φ——界面生长时的法向角度;

δ——系数,这里 δ 值取 0.04。

为了能够反映出凝固过程中的随机扰动,在模拟中添加了扰动项。在本模型中扰动是通过固相分数起作用的,因而在固相分数项添加扰动:

$$\delta f_s=[1+\eta(1-2\varepsilon)](v_x+v_y-v_xv_y\frac{\Delta t}{a})\frac{\Delta t}{a} \tag{5-23}$$

式中　η——扰动振幅,它反映扰动对结果的作用,为一个常数;

δf_s——每一时间步长的固相分数增量;

v_x,v_y——分别为沿 x 和 y 方向上界面推进的速度;

Δt——时间步长,s;

ε——一个随机小数。

$$f_s^{n+1}=f_s^n+\delta f_s \tag{5-24}$$

式中　f_s^{n+1}——第 $n+1$ 步时的固相分数;

f_s^n——第 n 步时的固相分数。

同时固相分数增量也要满足溶质守恒,$\overline{C}=f_s^{n+1}C_s+(1-f_s^{n+1})C_l$,$\overline{C}$ 通过式 5-16 求得,则:

$$|f_s^{n+1}-f_s^n|<0.2 \tag{5-25}$$

由于固相分数在每一个时间步长内的变化量不能超过 0.2,根据式 5-24 和式 5-25 便可确定第 $n+1$ 步时的固相分数。

时间步长必须满足温度场和浓度场计算收敛,同时保证在一个时间步长内,固液界面前进的距离不能大于一个元胞的尺寸。在本书中时间步长的选用为自动设定:

$$\delta t=\mathrm{Min}[\frac{1}{5}(\frac{a^2}{D_s},\frac{a^2}{D_l},\frac{a}{v_{max}})] \tag{5-26}$$

式中,Min 设定为取最小值的函数;$v_{\max}$ 为所有界面元胞中最大的速度;系数 1/5 反映了每次界面移动的距离最多为元胞长度的 1/5。

5.3.2 液态金属形核与长大模型

在微观组织演变模型中采用了元胞自动机方法模拟液相金属的形核与长大。首先假设在整个模拟区间只有固相、液相和界面三种状态存在,其中液相的相状态值为 0,固相的相状态值为任意一个大于 0 的整数,界面的相状态值与其完全凝固后的状态值相等,但其固相分数为一个大于 0 小于 1 的小数。当液体金属冷却到液相线以下时,一部分过冷液体金属首先形核,形核采用的模型类似于 Nastac 的形核模型[2]:

$$
\begin{aligned}
\frac{\partial N_{\mathrm{e}}(t)}{\partial t} &= \sum_{i=0,j=0}^{i=N,j=N} -2\mu_{N_{\mathrm{e}}}(\Delta T)\,\frac{\partial T_{i,j}}{\partial t}a^2 \\
\frac{\partial N_{\mathrm{c}}(t)}{\partial t} &= \sum_{i=0,j=0}^{i=N,j=N} -2\mu_{N_{\mathrm{c}}}(\Delta T)\,\frac{\partial T_{i,j}}{\partial t}a \\
\mathrm{d}N &= \mathrm{d}N_{\mathrm{e}} + \mathrm{d}N_{\mathrm{c}}
\end{aligned}
\qquad (5\text{-}27)
$$

式中 $\mu_{N_{\mathrm{e}}}$——液体金属内部形核系数;

$\mu_{N_{\mathrm{c}}}$——液体金属在模壁上的形核系数;

a——元胞边长;

$N_{\mathrm{e}}(t)$——液体金属内部的形核率;

$N_{\mathrm{c}}(t)$——液体金属在模壁上的形核率。

$$
\mathrm{d}p_{\mathrm{e}} = \frac{\mathrm{d}N_{\mathrm{e}}}{\mathrm{d}N},\ \mathrm{d}p_{\mathrm{c}} = \frac{\mathrm{d}N_{\mathrm{c}}}{\mathrm{d}N} \qquad (5\text{-}28)
$$

式中 $\mathrm{d}p_{\mathrm{e}}$,$\mathrm{d}p_{\mathrm{c}}$——分别为在液体内部和模壁上的临界形核几率。

当液相金属的温度低于液相线时,这部分液相中就有一定数量的液体金属冷却形核,形核后变为界面相,其状态值为一大于 0 的整数。随后这个界面相就会随着温度的降低而进一步长大。一旦界面相固相分数大于 0.99 时,我们就会认为这个界面元胞已经完全凝固成固相。

当界面元胞完全转变为固相时,这个固相元胞就会捕捉相邻的液相元胞使其成为界面元胞。在这里捕捉只在其最近的液相元胞中产生,所捕捉的液相元胞温度必须小于液体金属的液相线温度,即:

$$
T < T_1 \qquad (5\text{-}29)
$$

$$T_1 = T_{eq} + (C_1^* - C_0) m_1 \tag{5-30}$$

捕捉后,被捕捉的液相元胞的状态值将与这个固相元胞的状态值相等。

在元胞自动机方法中,晶核的长大过程实际上就是固相单元捕获周围液相单元的过程。其计算的流程图见图5-2。

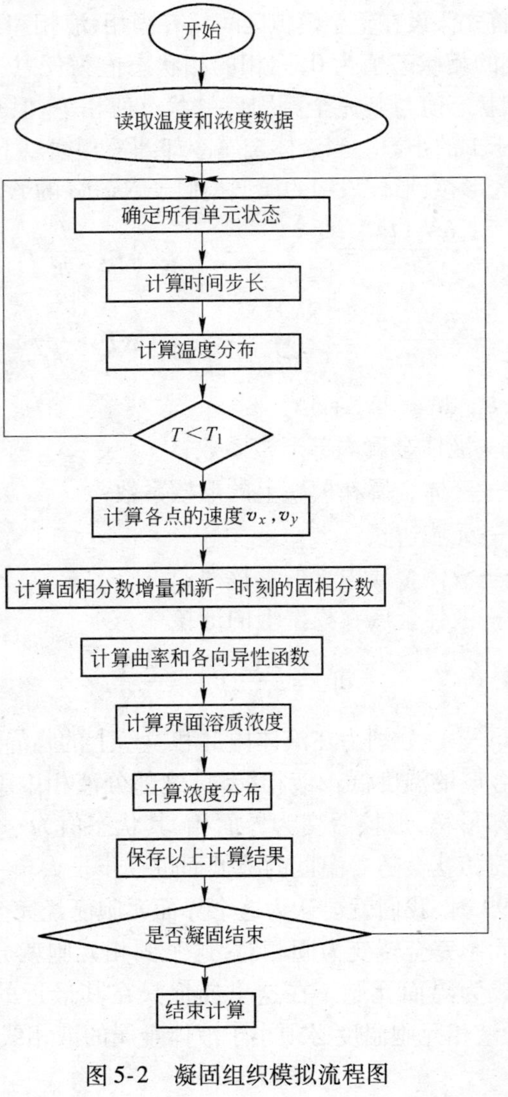

图5-2　凝固组织模拟流程图

5.4 TiAl 合金单相凝固过程特点

Ti －40% ~50% Al(原子数分数,下同)存在 L + β→α 包晶反应,其中,无序相 L、β 和 α 可视为亚规则溶液(Sub Regular Solution)。根据相平衡原理,每个组元在共存两相中的化学势相等,苏彦庆等[14]采用共切线构造法计算了不同温度下两相平衡时的成分,获得了其直线相图的热力学参数,如表 5-1 所示,表中 C^* 为与初生相 β 的熔点温度 T_m^β 和包晶相 α 的熔点温度 T_m^α 对应的溶质成分,即液固相线相交成分。C_α^*、C_β^* 和 C_p^* 为 C_α、C_β 和 C_p 与 C^* 的相对成分,即它们的成分差。

表 5-1 Ti－40% ~50%Al 合金简化相图热力学参数[14]

C^* (原子数分数)/%	C_β (原子数分数)/%	C_β^* (原子数分数)/%	C_α (原子数分数)/%	C_α^* (原子数分数)/%	C_p (原子数分数)/%	C_p^* (原子数分数)/%
36.8846	44.8	7.9154	47.3	10.4154	49.4	12.5154
k_β	k_α	m_l^β /K·%$^{-1}$	m_s^β /K·%$^{-1}$	m_l^α /K·%$^{-1}$	m_s^α /K·%$^{-1}$	T_p/K
0.6325	0.8322	－8.9	－14.0722	－4.84	－5.8159	1763

Ti －40% ~50% Al 合金在包晶平台附近的部分相图如图 5-3 所示,由图可见,TiAl 合金从液态冷却时,经历了 L + β→α 包晶反应,因而在定向凝固过程中组成相和微观组织之间竞争与选择呈现多样性。由于 β 和 α 相在相图上热力学参数存在很大差别,如果要从这些纷繁复杂的组织演变过程中找出一定规律,必须要对 β 和 α 相单相定向凝固时凝固特点有所认识,其具体演变规律在第 3 章进行讨论,这里仅对 TiAl 合金在平面及枝晶生长下凝固特点进行模拟,以验证模型的可靠性。

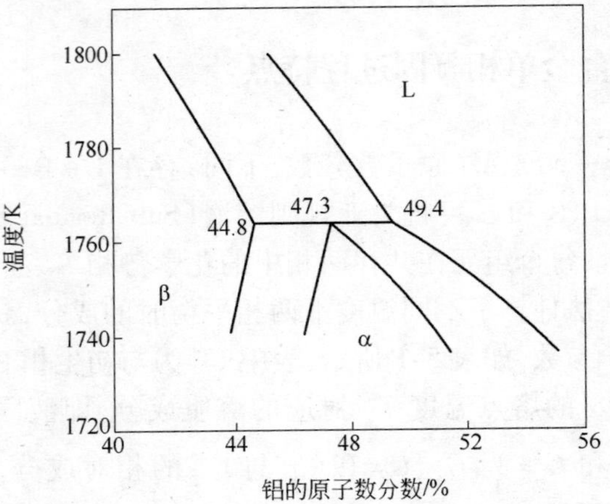

图 5-3　Ti -40% ~50% Al 合金的部分相图[15]

5.4.1　TiAl 合金平界面凝固特点

对于单相平面凝固的 TiAl 合金，Tiller[16] 给出在固相无扩散、液相中无对流只有扩散的前提下，初始过渡区内初生相的液相溶质分布，并在不失精度的情况下做出近似假设，获得低速平界面凝固界面处的液相溶质分布：

$$C_i^{\mathrm{l}}(z) = \frac{C_0}{k_0}\left[1 - (1 - k_0)\exp\left(-\frac{k_0 v_{\mathrm{p}}}{D_{\mathrm{l}}}z\right)\right] \tag{5-31}$$

式中　C_0——初始成分；

k_0——平衡溶质分配系数；

v_{p}——定向凝固抽拉速度；

z——凝固距离。

界面处的固相成分为：

$$C_i^{\mathrm{s}}(z) = k_0 C_i^{\mathrm{l}}(z) \tag{5-32}$$

溶质在界面处聚积，并在界面前沿液相中按指数分布衰减，可表示为：

$$C_{\mathrm{l}}(y) = C_0 + (C_i^{\mathrm{l}} - C_0)\exp\left(-\frac{y v_{\mathrm{p}}}{D_{\mathrm{l}}}\right) \tag{5-33}$$

式中　y——远离液固界面的距离。

凝固相 β 和 α 分别作为单相生长时，从初始过渡区到稳态，各自固液界面处液相、固相成分和界面前沿液相的溶质分布曲线示意图如图 5-4 所示。由图可见，单相生长的初生相和包晶相界面溶质成分均

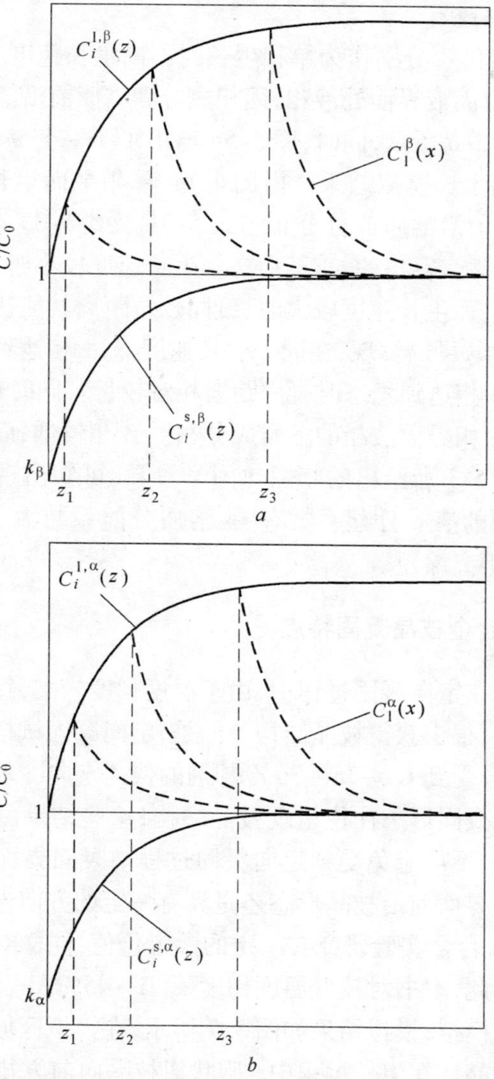

图 5-4 作为单相以低速平界面生长，界面及界面前沿液相的溶质分布示意图

a—包晶相；*b*—初生相

是逐步富集的(即界面温度的逐步降低),直至稳态。因此,对于单相定向凝固的 TiAl 合金,依照表 5-1 所给出的相图热力学参数,分别对 β 相和 α 相作为单相以平界面生长时从初始到稳态阶段的界面溶质成分分布进行了分析。

凝固相 β 和 α 分别作为单相生长时不同生长速度下,从初始过渡区到稳态,各自固液界面处液相、固相成分和界面前沿液相的溶质分布如图 5-5 和图 5-6 所示,同时,图 5-5*a* 给出了 Ti – 45% Al 合金凝固相为 β 相平界面生长模拟结果。由图可知,单相平面生长时,初生相和包晶相界面及前沿溶质成分分布与式 5-31 及式 5-33 相符合,即界面溶质成分均是逐步富集的,直至稳态。生长速度较小时,凝固较长距离才能达到稳态;而生长速度较大时,凝固较短距离就能达到稳态。比较图 5-5 与图 5-6,可以发现,在同一生长速度下,α 相达到稳态时凝固距离相对较短;β 相达到稳态时凝固距离相对较长。同时也发现,在凝固达到稳态时,α 相界面液相的溶质成分相对 β 相较低,而固相成分相对较高。对照表 5-1 所给出的相图热力学参数,可知出现这种差别与 β 相和 α 相不同的溶质分配系数有关,溶质分配系数大,界面液相成分低,相应扩散距离缩短。

5.4.2 TiAl 合金枝晶凝固特点

TiAl 合金在定向凝固过程中,由于温度梯度较高,特别是因为 TiAl 合金的特殊性,很少获得枝晶结构。但是,定向凝固试样在随后淬火过程中,由于试样受到 Ga – In – Sn 冷却剂的快速定向冷却,在固液界面、特别是液相中凝固形态往往呈现枝晶结构,这些结果由于是在定向凝固后期发生的,不可避免受到定向凝固过程中凝固界面前沿温度梯度的影响,因而,界面前沿枝晶形态还是具有一定的方向性。界面前沿凝固组织对 TiAl 合金实验研究有一定的参考价值,同样对模拟结果也可作为参考。为此,本书对较低温度梯度下 Ti – 45% Al 合金典型枝晶生长过程进行了模拟,模拟结果如图 5-7 所示,在模拟区域底端晶核首先形成胞状树枝晶。在生长过程中,胞状树枝晶向前方排出溶质而形成溶质扩散区,由于生长速度相对较慢,溶质扩散平稳,扩散距离较长(图 5-7*a*)。随着界面生长速度加快,溶质扩散距离减小,进而影响到

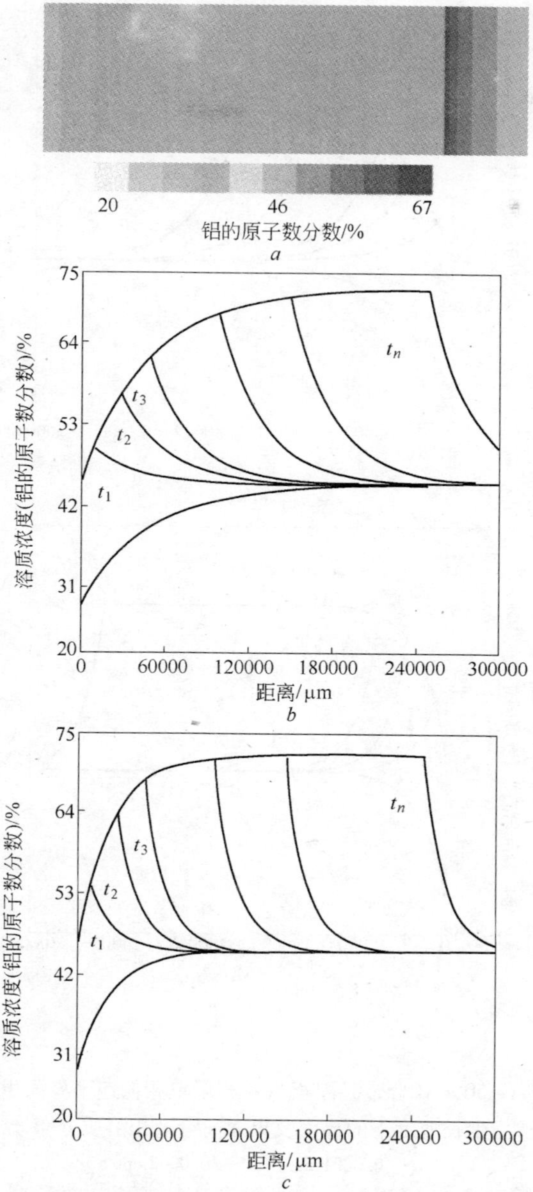

图 5-5 Ti-45% Al 合金凝固相为 β 相在不同生长速度下的界面和界面前沿液相溶质分布

a—平面生长；*b*—0.0001mm/s；*c*—0.0002mm/s

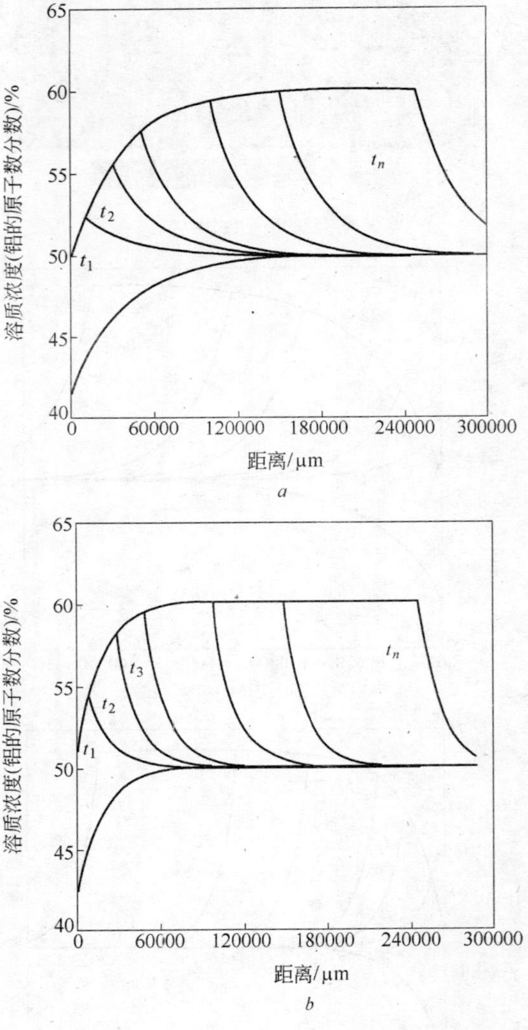

图 5-6　Ti－50% Al 合金凝固相为 α 相以单相低速平界面生长时不同生长速度下的界面及界面前沿液相溶质分布

a— 0.0001 mm/s; *b*— 0.0002mm/s

固/液界面前沿液相成分,使之出现波动(图 5-7*b*),此后,枝晶形貌变化不大(图 5-7*c*)。

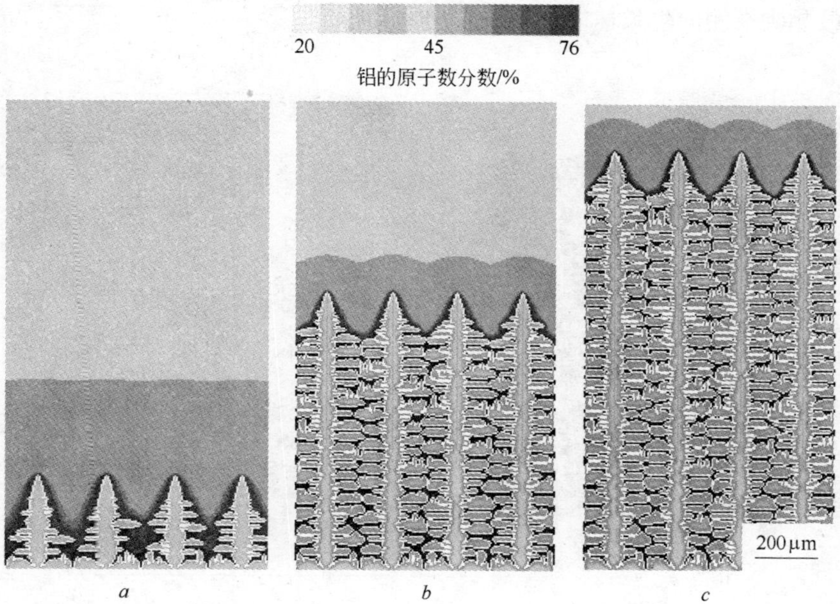

图 5-7 Ti-45% Al 合金在晶核数量为 4、温度梯度为 1K/mm、抽拉速度为 1mm/s 下显微组织随时间的演化过程

a—0.23s；*b*—0.89s；*c*—1.334s

对枝晶凝固特点进行研究可通过对凝固阶段枝晶尖端曲率、生长速度以及尖端附近溶质分布进行跟踪，图 5-8 各图均是对图 5-7*a* 所示位置枝晶的跟踪。如图 5-8*a* 所示，距枝晶尖端 45μm 处作两条直线，其中一条通过枝晶主轴心部，即沿图 5-8*a* 中的 y 方向；另一条垂直于枝晶主轴，即沿图 5-8*a* 中的 x 方向。

图 5-8*b* 为凝固过程中枝晶尖端同一个生长单元曲率变化情况，可以看出，当枝晶尖端固相分数很小，即液相单元刚刚被捕获成界面单元时，枝晶尖端曲率最小；而当界面单元固相分数接近于 1，也就是凝固即将完毕时，枝晶尖端曲率最大，这说明半径由大变小，枝晶尖端在不断移动。图 5-8*c* 为枝晶尖端从凝固开始到结束时的曲率分布。对照图 5-8*b*，可以看出，凝固初始阶段曲率波动较大，说明凝固初期，晶核形成后，由于界面溶质成分过冷小，枝晶尖端生长较快，尖端半径小，但是随着界面溶质成分的增加以及成分过冷的作用，曲率波动逐渐减小，

枝晶尖端侧向生长速度增加，相应半径增大。

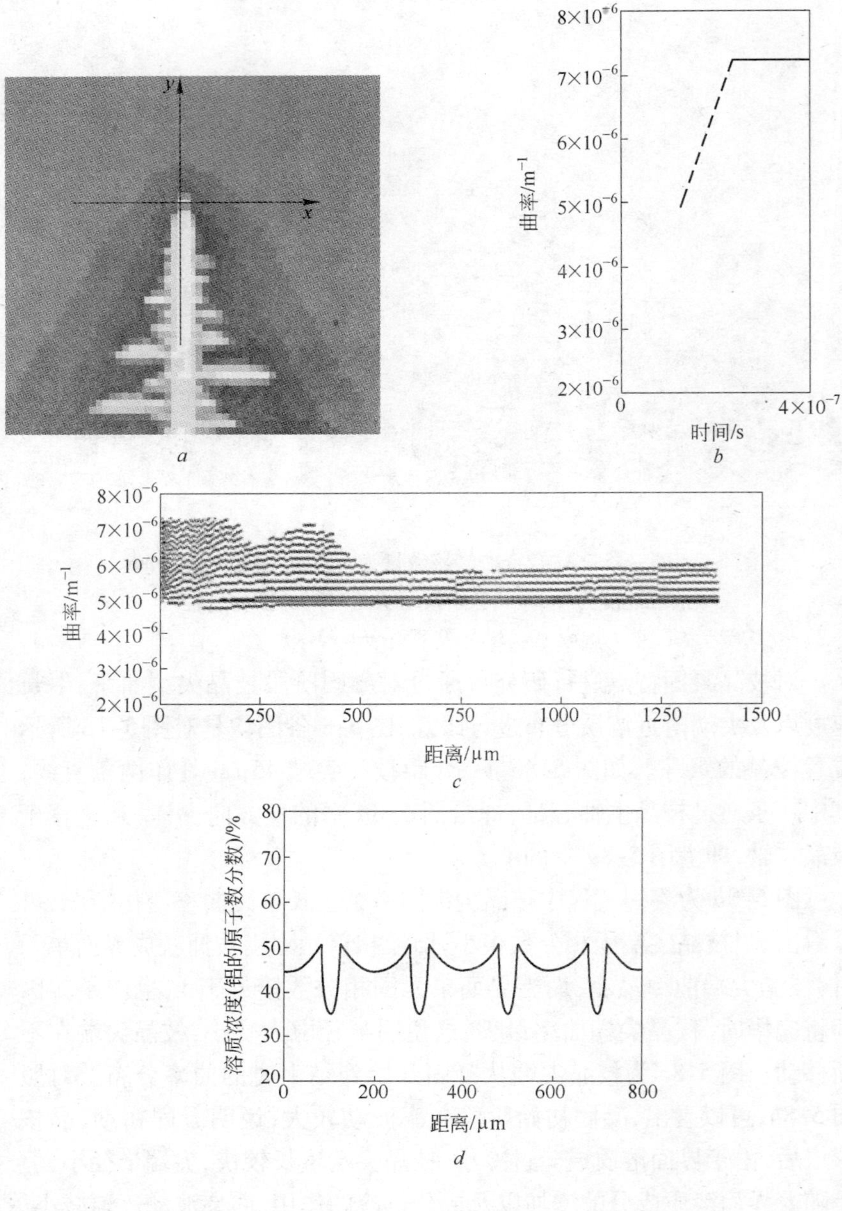

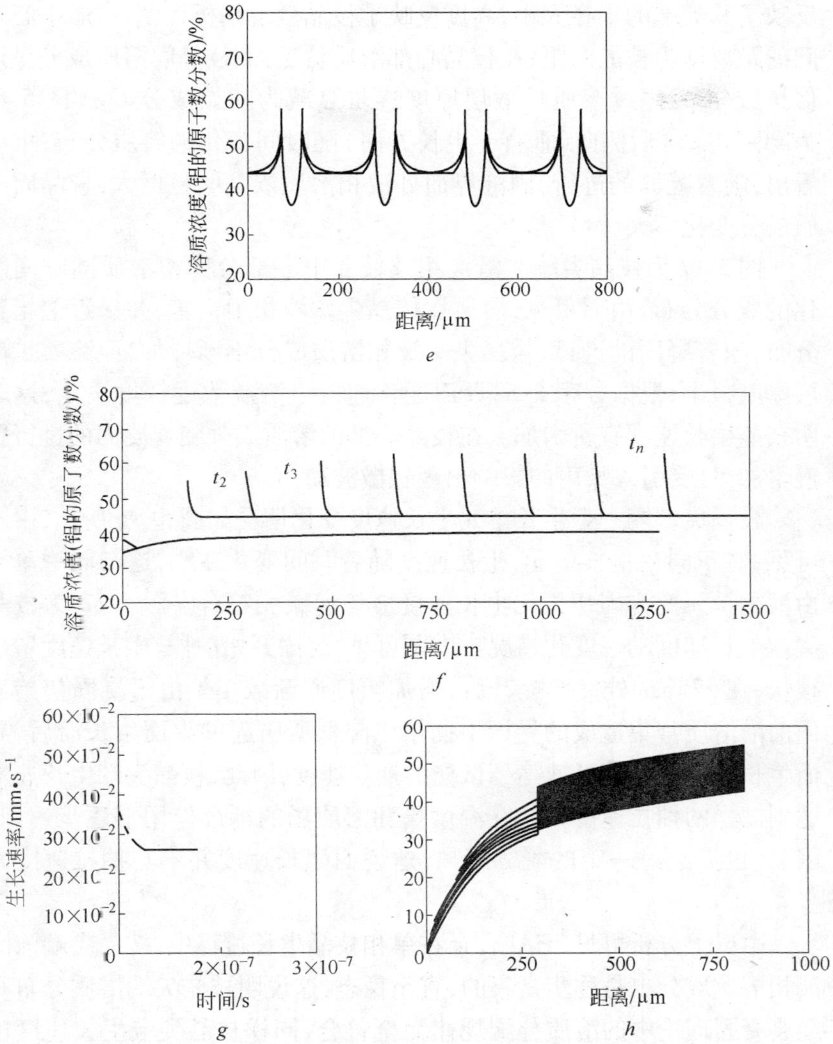

图 5-8 枝晶尖端在不同情况下的曲率、溶质成分、生长速度分布图

a—枝晶尖端;*b*—生长元胞曲率变化;*c*—枝晶尖端曲率变化;*d*—凝固 0.15s 时沿 *x* 方向溶质分布;*e*—凝固 0.25s 后沿 *x* 方向溶质变化;*f*—溶质沿 *y* 方向变化;*g*—生长元胞生长速率;*h*—生长速率变化

图 5-8*d* 给出了凝固 0.15s 时的侧向（即垂直于生长方向）溶质分布曲线,可以看出,溶质沿每个枝晶尖端呈近似 U 形分布,U 形的跨度

反映了其尖端的半径大小，高度反映了枝晶微观偏析程度，U 形中心之间的距离即为枝晶间距；在枝晶心部溶质贫乏，而枝晶间溶质成分呈近似指数分布，经过溶质扩散层厚度逐步衰减为初始成分 C_0。图 5-8*e* 为凝固 0.25s 后侧向（垂直于生长方向）随时间变化的溶质分布，可以看出，随着凝固的进行，固液界面处液相溶质浓度明显增大，枝晶间溶质成分变化不大。

图 5-8*f* 为枝晶尖端前沿液相及枝晶中心部分固相溶质随时间变化的成分分布，由图可见，溶质在枝晶尖端液相中富集，并呈近似指数分布，随着凝固的进行，枝晶尖端液相溶质成分不断增加，而溶质扩散层厚度减小，根据方程 5-5，界面迁移速度由溶质浓度梯度决定，这表明枝晶生长速度有所增加。在枝晶心部的溶质成分随着凝固的进行缓慢增加，且受引入噪声的影响出现轻微波动。

枝晶尖端同一个生长单元生长速度变化情况如图 5-8*g* 所示，由图可见，对于同一生长单元，生长速度随着时间变化减小，这与同一单元由液相单元变为固相单元生长速度应该递减相符合。图 5-8*h* 为枝晶尖端生长速度动态变化情况。由图可见，凝固开始阶段，生长速度增加很快，在 275μm 处突然提升后，增加幅度逐渐减小。由于凝固初始界面前沿溶质富集造成的界面平衡熔点降低所引起的界面生长滞后，界面生长速度不可能迅速达到试样的抽拉速度，因此，枝晶尖端生长速度达到试样的抽拉速度只能在温度场和溶质场的耦合作用下逐步达到，因而，也需经过一定的凝固距离，这说明生长速度并不与抽拉速度同步。

由以上分析可见，TiAl 合金在单相枝晶生长过程中，枝晶尖端前沿液相溶质成分也是逐步富集的，直至稳态，这说明枝晶尖端溶质分布和经典凝固理论中的溶质分配规律完全符合，同样枝晶尖端生长速度也并非与抽拉速度同步。

定向凝固过程中，由于凝固界面和液相深处淬火后冷却速率不同，因而瞬时形成的晶核数量也不同，由此形成不同的枝晶形貌，因此，模拟不同晶核数量下的凝固组织演化，对于研究枝晶生长特性也具有一定的意义。图 5-9 显示了 Ti－45% Al 合金在温度梯度 1K/mm、抽拉速度 1mm/s、不同晶核数量下的显微组织演化。由图可见，2 个晶核时，初生晶核间距为 400μm;8 个晶核时,初生晶核间距为 100μm;16 个晶核时,初生晶核间距为 50μm。通过模拟我们发现,二次枝晶越发达,其根部颈缩越严重。图 5-9*a* 中,二次枝晶并非均匀分布,早期凝固的二次枝晶明显变得粗大。三次枝晶在二次枝晶上生长,生长方向与凝固方向平行,但均被二次枝晶所阻碍。图 5-9*b* 中,一次枝晶间距与初生晶核间距相同,而二次枝晶很小,说明二次枝晶的生长与生长空间有关,较小空间很难使二次枝晶发生粗化。将晶核数量增加到 16,如图 5-9*c* 所示,可以看出胞晶间的竞争生长。由于受到生长空间的限制,仅一些胞晶长出二次枝晶,出现了胞/枝混合结构,这一结果已在文献[17]中观察到。

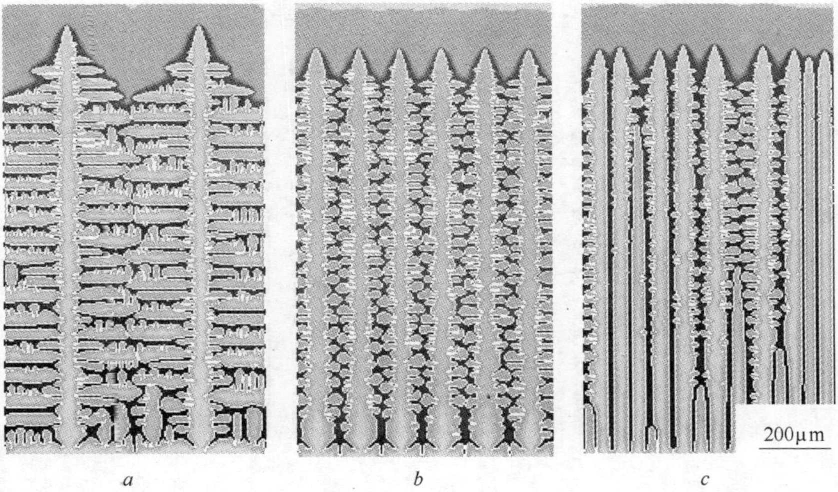

图 5-9 Ti-45% Al 合金在温度梯度 1K/mm、抽拉速度 1.0mm/s、不同晶核数量下的显微组织演化

a—2;*b*—8;*c*—16

在其他条件与图 5-9 基本相同时,将抽拉速度减小到 0.5mm/s,模拟结果如图 5-10 所示。由图可见,凝固组织演化情况与图 5-9 类似,但也有所不同,模拟显示,不论晶核数量多少,二次枝晶间距均明显增大,特别在晶核数量较少时,三次枝晶也较发达。根据文献[18],二次枝晶间距与冷却速度有下列关系:

$$\lambda_2 = \beta(Gv_p)^{-1/3} \tag{5-34}$$

式中　λ_2——二次枝晶间距；

β——与合金有关的系数。

由式5-34可见，$\dot{T} = Gv_p$，冷却速度减小，二次枝晶间距增大，模拟结果与理论推导相符合。此外，定向凝固固液界面前沿液相深处淬火时瞬时形成的晶核数量少，加之淬火时温度梯度小，在较快速度冷却下，枝晶较为发达。从图5-10a中模拟情况看，虽然模拟条件不尽相同，但模拟结果符合枝晶演化规律，说明本模型正确。

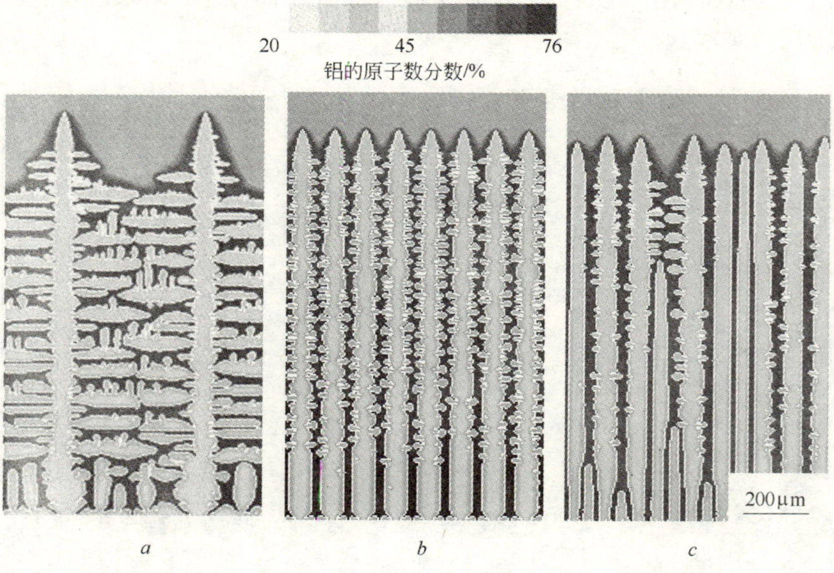

图5-10　Ti-45% Al合金在温度梯度1K/mm、抽拉速度0.5mm/s、不同晶核数量下的显微组织演化

a—2；b—8；c—16

5.5　TiAl合金单相定向凝固组织演化过程模拟

在单相定向凝固条件下，初始平界面失稳及随后微观结构的演化是基本而又重要的问题。借助M-S界面稳定性理论和相选择理论模型，我们知道，在固定的温度梯度下，随着抽拉速度的增大，凝固系统对

平界面失稳偏离加大，界面形态要经历：平界面→胞晶→枝晶转变，而且还可以计算出各种转变的临界速度。然而，要详细研究定向凝固条件下界面形态和微观结构演化的全过程，仅靠理论推导很少能够得到解析解，而且得到的模型基本上是基于一维的，这种一维的模型很难完全反映实际情况，而实验方法受实验条件的限制，所得到的结果要单独反映某个因素的影响是比较困难的。本节采用元胞自动机模型模拟了 TiAl 合金单相定向凝固组织演化过程。

5.5.1 模拟初始条件

本章 CA 模型的建立基于如下几个假设：(1)将整个凝固区视为同一介质，凝固枝晶间充满液相，即无孔隙；(2)液/固相不移动；(3)生长柱状晶固/液界面上溶质分配在局部热力学平衡条件下进行。

为了模拟凝固相为 β 相时 TiAl 合金定向凝固过程，将二维的计算区域剖分为 160×300 个均匀正方形网格，网格尺寸均为 5μm，热梯度(在垂直方向变化)及抽拉速率在一定范围内改变，模拟区域的左、右边及下端为浓度无扩散边界；上端浓度为固定值 C_0。凝固过程中，假定熔体内部无形核发生，定向凝固底端植入晶核，最终显微组织通过侧向分枝及竞争生长获得，其优先结晶生长方向为〈100〉。合金物性参数如表 5-2 所示。

表 5-2 Ti-45%Al 合金热力学参数[19]

物性参数	参数	值
液相线温度	T_{eq}/K	1830
液相线斜率	m_l/K · %$^{-1}$	-8.9
溶质分配系数	κ_0	0.6325
液相溶质扩散系数	D_l/m^2 · s^{-1}	3.0×10^{-9}
固相溶质扩散系数	D_s/m^2 · s^{-1}	3.0×10^{-12}
Gibbs-Thomson 系数	Γ/Km	1.5×10^{-7}
密度	ρ/kg · m^{-3}	3800
凝固潜热	L_h/J · m^{-3}	1580×10^6

根据 TiAl 合金定向凝固显微组织形成规律，选用温度梯度在 5~100K/mm范围，抽拉速度范围从平面凝固开始一直到形成胞/

枝晶为止。

5.5.2　晶核数量对凝固过程组织演化的影响

TiAl 合金定向凝固过程中，形核参数对最终显微组织形成起着很重要的作用，因此，首先对形核数量对凝固过程组织演化的影响进行了模拟，选用晶核数量为 2、4、6、8、16。通过模拟，可观察到凝固过程中常见的几种现象：(1)稳态生长；(2)枝晶分枝；(3)竞争生长。

Ti－45% Al 合金在温度梯度 5K/mm、抽拉速度 0.2mm/s、不同晶核数量下组织演化过程如图 5-11 所示。由图可见，2 个晶核时的初生晶核间距为 400μm；4 个晶核时的初生晶核间距为 200μm；16 个晶核时的初生晶核间距为 50μm。通过模拟可见，晶核数量较少时，出现胞/枝晶混合结构，一次臂间距可增加到 114μm(图 5-11*a*)；晶核数量增加到 4，枝晶直接从底端植入的晶核中形成，最终枝晶间距保持不变；晶核数量增加到 16，可以看出，经过竞争生长后，一次枝晶间距减小到 100μm。

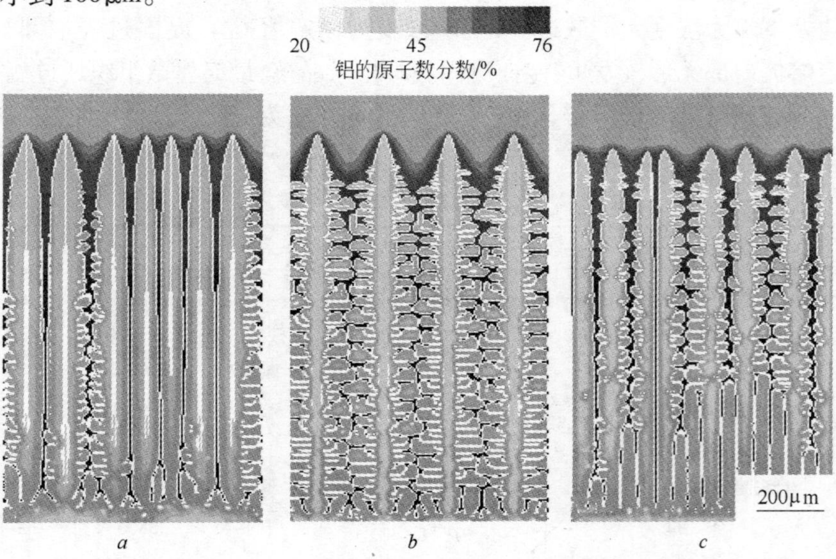

图 5-11　Ti－45% Al 合金在温度梯度 5K/mm、抽拉速度 0.2mm/s 下晶核数量对显微组织演变过程的影响

a—2；*b*—4；*c*—16

由上述模拟可见,晶核数量在较少或较多情况下均有通过枝晶分枝或竞争生长调整间距的趋势,以下是其详细的演化过程。由图 5-12 可见,在晶核数量为 2 的情况下,在凝固初期,三次枝晶直接由二次枝晶演化发展而来,而三次枝晶生长方向与凝固方向平行。一些三次枝晶生长较快,逐渐赶上一次枝晶。在凝固 4.94s 后,一次枝晶间距达到 114μm。此后枝晶间距保持不变。在晶核数量为 16 情况下,如图 5-13 所示,凝固开始时,凝固形态为胞晶结构。随着凝固进行,一些胞晶生长较快,其胞晶尖端半径不断增大,向胞晶侧向排出溶质,形成较大的成分过冷而阻碍其他胞晶的生长。同时随着胞晶侧面空间不断增大,逐渐出现凸起而形成二次枝晶,在凝固 6.01s 时一次枝晶间距减小到 114μm,比后其间距保持不变。

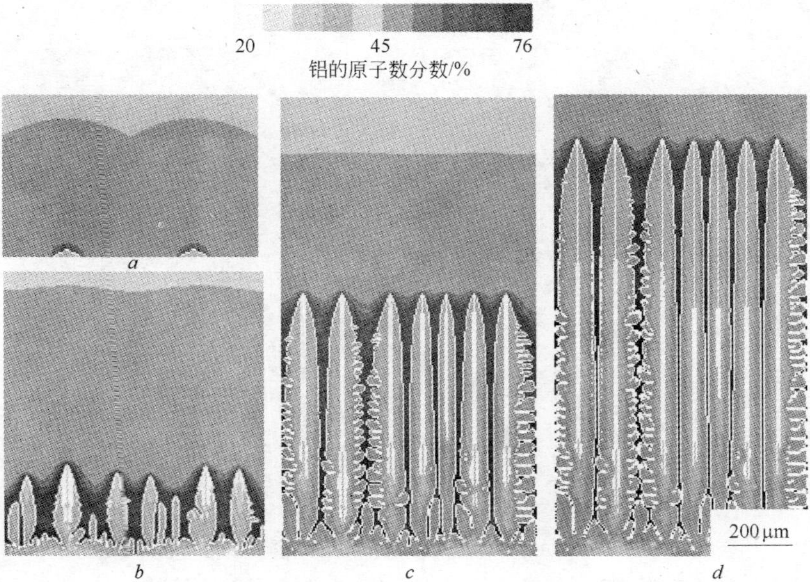

图 5-12 Ti - 45% Al 合金在晶核数量为 2、温度梯度为 5K/mm、抽拉速度为 0.2mm/s 下显微组织随时间的演变情况

a—1.75s;*b*—3.12s;*c*—4.94s;*d*—7.31s

由以上模拟可见,在抽拉速度为 0.2mm/s 情况下,虽然凝固初始晶核间距不同,但是在随后的凝固过程中,通过枝晶分枝或竞争生长而

使一次枝晶间距得到调节。在其他条件与图 5-11 相同时，将抽拉速度提高到 0. 5mm/s，显微组织如何演化？为此，本书仅显示了晶核数量较少或较多情况下组织演化，晶核数量为 4 的情况与图 5-11*b* 相同。由图 5-14 可见，初始晶核间距为 400μm 时，在凝固 2. 01s 后，一次枝晶间距达到 133μm，图中相邻面无分枝的两个枝晶可看作枝晶尖端分叉，按一个枝晶考虑。如图 5-14*a* 所示，凝固初期，由晶核直接形成两个枝晶，二次枝晶沿模拟区域底端形成，并生长出与一次枝晶平行的三次分枝。三次分枝也是逐次生长，如图 5-14*b* 圈中所示，凝固开始时明显落后于与其相邻的两个三次枝晶。随着凝固的进行，生长速度逐渐增大，凝固结束时，与其他一次枝晶平齐（图 5-14*c*、*d*）。

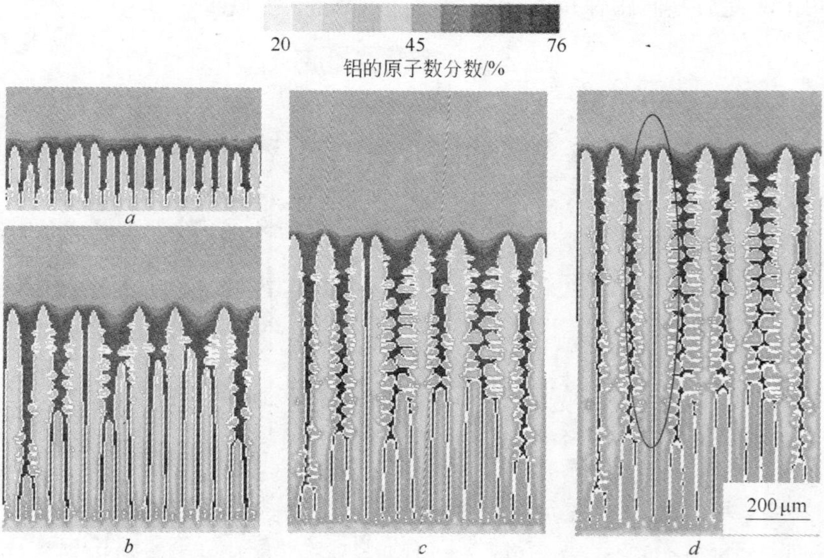

图 5-13　Ti－45% Al 合金在晶核数量为 16、温度梯度为 5K/mm、抽拉速度为 0. 2mm/s 下显微组织随时间的演变情况
a—2. 06s；*b*—4. 05s；*c*—6. 01s；*d*—7. 31s

图 5-15 中，凝固初期，初始晶核间距为 50μm 时，伴随着胞晶间的竞争生长。随着一些胞晶被淘汰，在剩余胞晶上生长出二次分枝，在凝固时间不长时凝固即出现稳定生长。对照图 5-14 与图 5-15 也发现，晶核数量较少时，溶质扩散在其枝晶尖端前沿液相中造成的成分波动

明显较晶核数量较多时大，二次枝晶也明显较发达，这说明二次枝晶的形成与较大初生间距有关：初始晶核间距越大，凝固初期溶质扩散在其枝晶尖端前沿液相中形成的成分波动幅度越大，二次枝晶越发达。

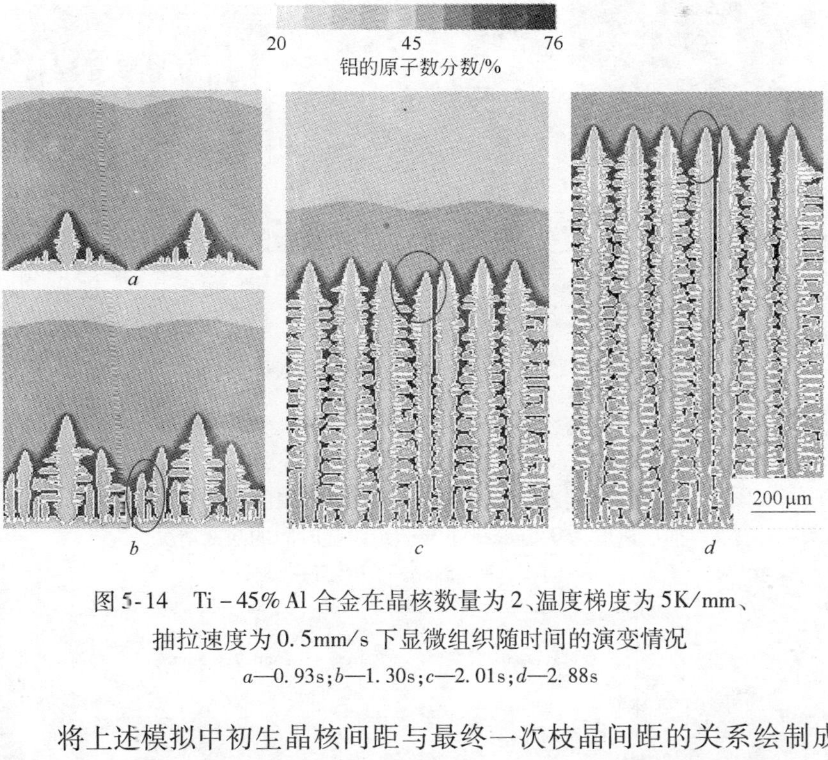

图 5-14 Ti -45% Al 合金在晶核数量为 2、温度梯度为 5K/mm、抽拉速度为 0.5mm/s 下显微组织随时间的演变情况

a—0.93s；*b*—1.30s；*c*—2.01s；*d*—2.88s

将上述模拟中初生晶核间距与最终一次枝晶间距的关系绘制成图，如图 5-16 所示，抽拉速度较低或较高时，一次枝晶间距随晶核间距变化趋势相同：晶核间距较大时，一次枝晶间距通过分枝而使其减小；晶核间距较小时，一次枝晶间距通过竞争生长而使其增大；晶核间距范围在 150 ~300μm 时，一次枝晶间距与植入晶核间距相比，未发生明显变化。

5.5.3 温度梯度对定向凝固过程组织演化的影响

为了模拟温度梯度对凝固过程组织演化的影响，选用温度梯度范围为 5 ~ 100K/mm，抽拉速度范围为 0.1 ~ 1mm/s，合金成分为 45% Al，植入 4 个晶核。

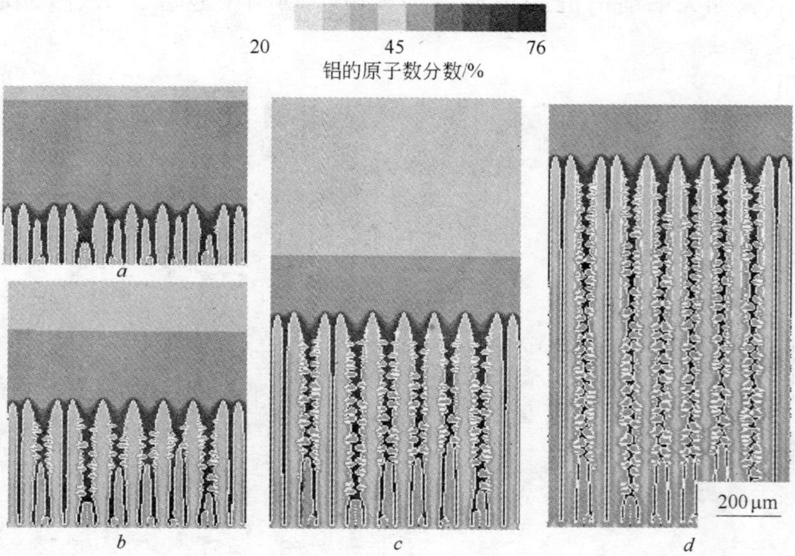

图 5-15　Ti - 45% Al 合金在晶核数量为 16、温度梯度为 5K/mm、抽拉速度为 0.5mm/s 下显微组织随时间的演变情况

a—1.03s；*b*—1.53s；*c*—2.04s；*d*—2.86s

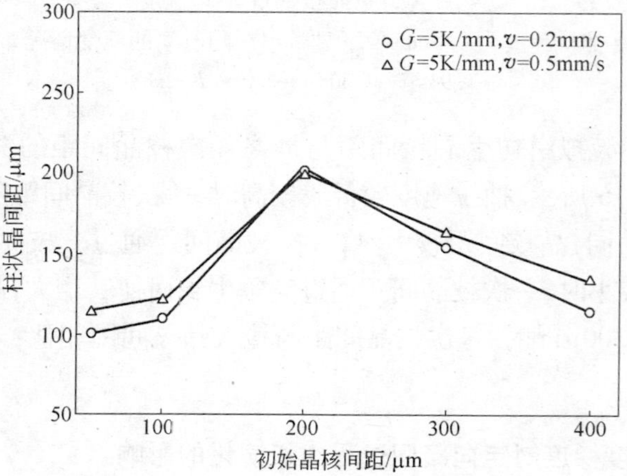

图 5-16　晶核间距对稳态初生晶核间距的影响

抽拉速度为 0.1mm/s、不同温度梯度下组织演变过程如图 5-17 所示，温度梯度较低(5K/mm)时，凝固形态为枝晶结构。随着凝固进行，枝晶尖端半径变得较大，而在二次枝晶根部出现较高成分的溶质，一次枝晶与二次枝晶交接处明显存在颈缩(图 5-17*a*)；温度梯度增大到 10K/mm 时，由于冷却速度增大，从底端晶核中直接分枝数量增多，分枝趋势减小，凝固形态为胞/枝晶混合结构(图 5-17*b*)；温度梯度增大到 20K/mm 时，凝固形态为胞晶结构，一次臂间距减小(图 5-17*c*)；温度梯度增加到 40K/mm 时，凝固初始阶段，除可见由模拟区域底端 4 个晶核形核生长的痕迹外，以平界面生长，但随着固液界面干扰的增大，如溶质波动、随机扰动等，界面先出现凸起，然后逐渐演化为胞晶，胞晶间距进一步减小，同时也可看见，由于胞晶间溶质成分聚集较少，胞晶之间开始融合(5-17*d*)；温度梯度进一步增加，由于冷却速度增大，在出现一段平界面生长后，溶质累积量增多，界面波动明显增加，形成细小胞晶(图 5-17*e*)；温度梯度增加到 100K/mm 时，虽然存在干扰，但由于胞晶太细，可看成以近平面方式凝固(5-17*f*)。

抽拉速度为 0.25mm/s 时温度梯度对组织演变过程的影响如图 5-18所示。温度梯度较低时，除二次枝晶臂较为发达外，凝固一段距离后，由二次枝晶臂上生成的三次枝晶臂逐渐赶上，一次臂间距减小(图 5-18*a*)；温度梯度增大到 10K/mm 时，由于冷却速度增大，直接从底端二次枝晶臂上形成的三次分枝数量增多，一次枝晶间距明显减小，同时也观察到一些枝晶相邻面上无二次分枝或者很少二次分枝的情况，可认为是由于两枝晶相邻太近，又不能被淘汰，当生长时尖端向其间排出较多溶质，从而阻止了侧面分枝，这与文献[20]中观察到的现象相符合(图 5-9*b*)；温度梯度在 15 ~ 30K/mm 范围时，凝固形态为胞/枝晶混合结构，一次胞/枝晶间距减小到 67μm 以下(图 5-18*c*、*d*)；温度梯度增加到 50K/mm 后，凝固界面形态为胞晶结构，并且胞晶之间开始融合(图 5-18*e*、*f*)。图 5-18 中凝固到距模拟区域底端 465μm 处时，对垂直于生长方向的横向界面溶质成分分布线进行了绘制，其结果如图 5-19所示。由图可见，温度梯度较小时，横向界面溶质分布为 U 形，枝晶凝固区域及未凝固的残留液相区域浓度相对平均，凝固相对缓慢。随着温度梯度增大，胞/枝晶间液相区域逐渐减小，而液相溶质成分逐

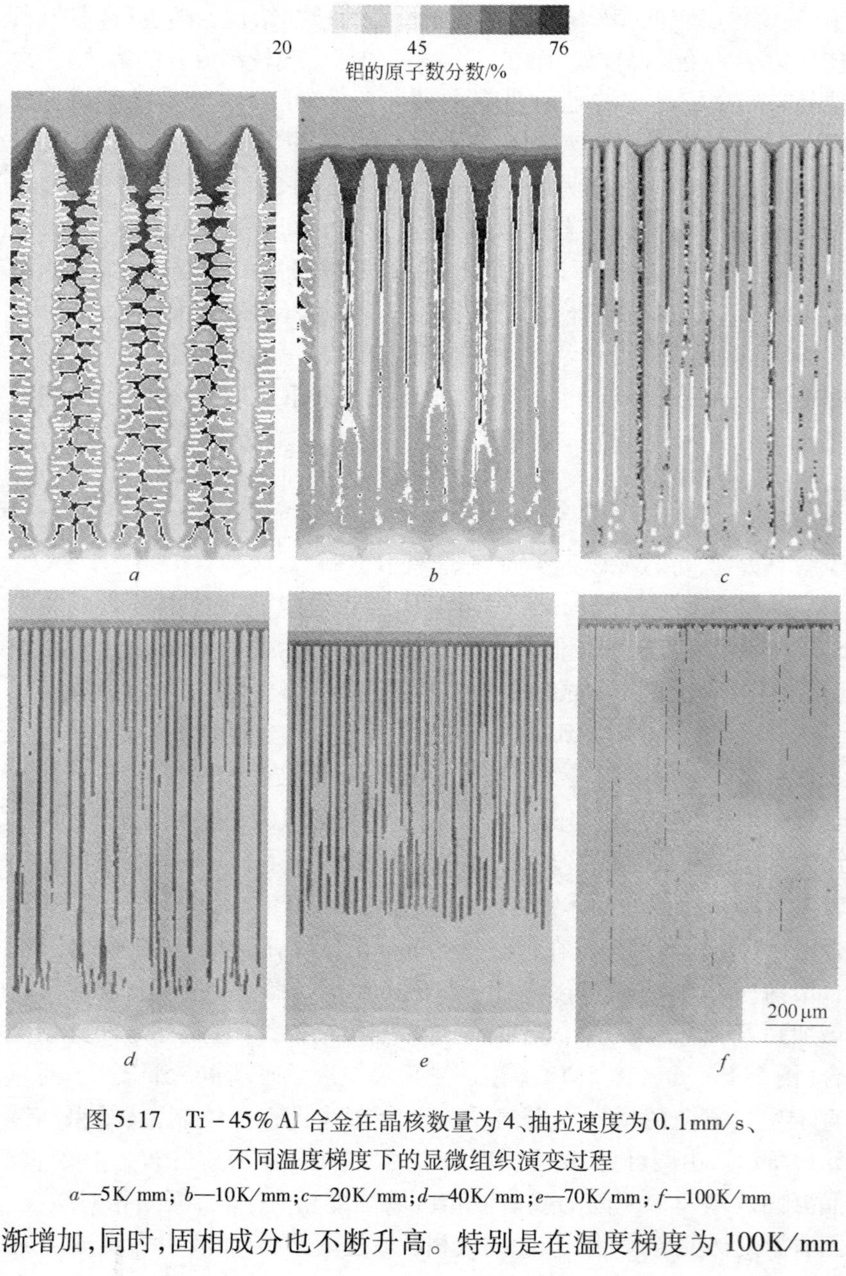

图 5-17　Ti – 45% Al 合金在晶核数量为 4、抽拉速度为 0.1mm/s、不同温度梯度下的显微组织演变过程

a—5K/mm；*b*—10K/mm；*c*—20K/mm；*d*—40K/mm；*e*—70K/mm；*f*—100K/mm

渐增加，同时，固相成分也不断升高。特别是在温度梯度为 100K/mm

时，由于实际冷却速度很大，胞晶间距减小，此时固相成分已接近平衡溶质成分，一些区域实际上已不存在液相。

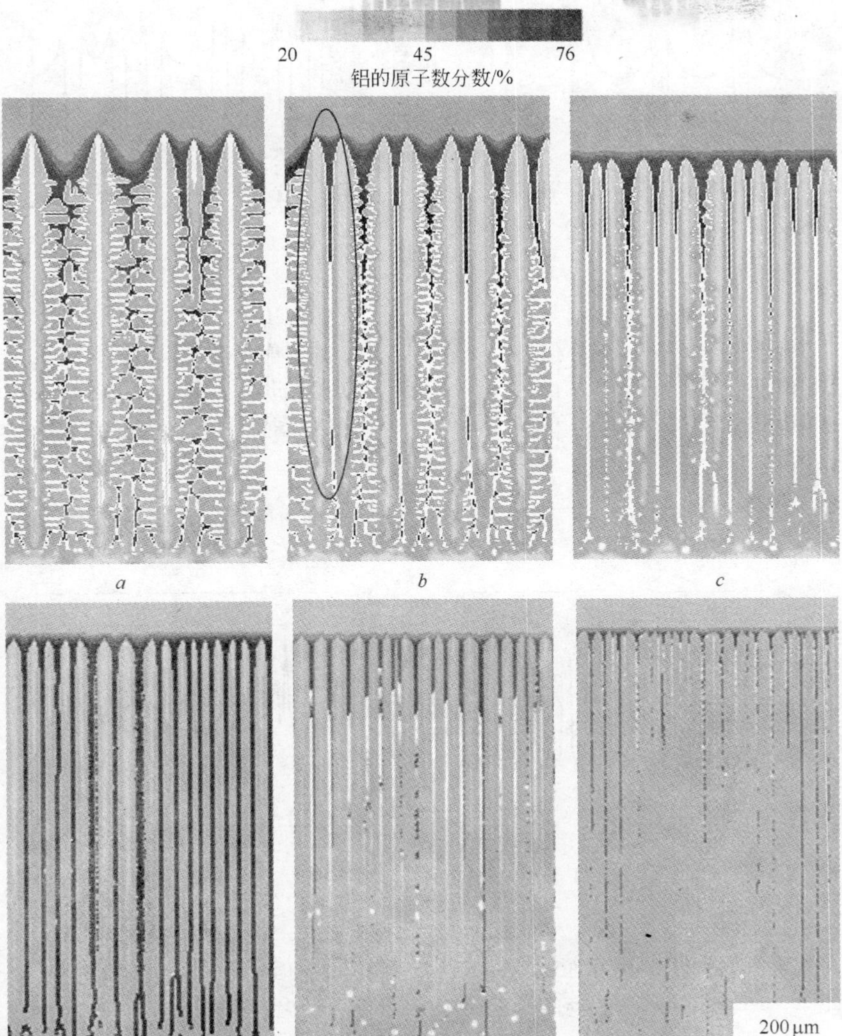

图 5-18　Ti－45% Al 合金在晶核数量为 4、抽拉速度为 0.25mm/s、不同温度梯度下的显微组织演变过程

a—5K/mm；*b*—10K/mm；*c*—15K/mm；*d*—30K/mm；*e*—50K/mm；*f*—100K/mm

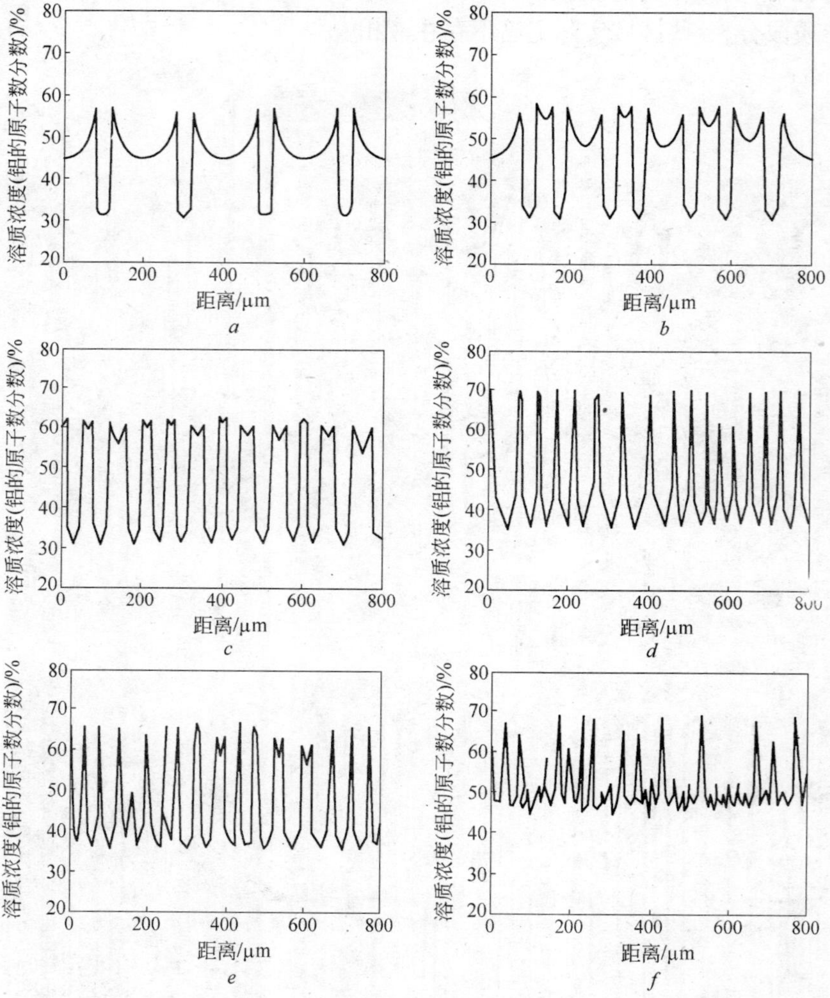

图 5-19　图 5-18 中距模拟区域底端 465μm 处的横向溶质成分分布图

a—1K/mm；*b*—5K/mm；*c*—10K/mm；*d*—15K/mm；*e*—50K/mm；*f*—100K/mm

抽拉速度为 0.5mm/s、不同温度梯度下组织演变如图 5-20 所示，与图 5-18 中结果相比，温度梯度在 5～10K/mm 范围内时开始凝固，由于抽拉速度的增大，导致初始凝固界面失稳加剧，二次分枝数量增加，枝晶较为发达，随着凝固的进行，在一些二次枝晶上长出三次枝晶，且

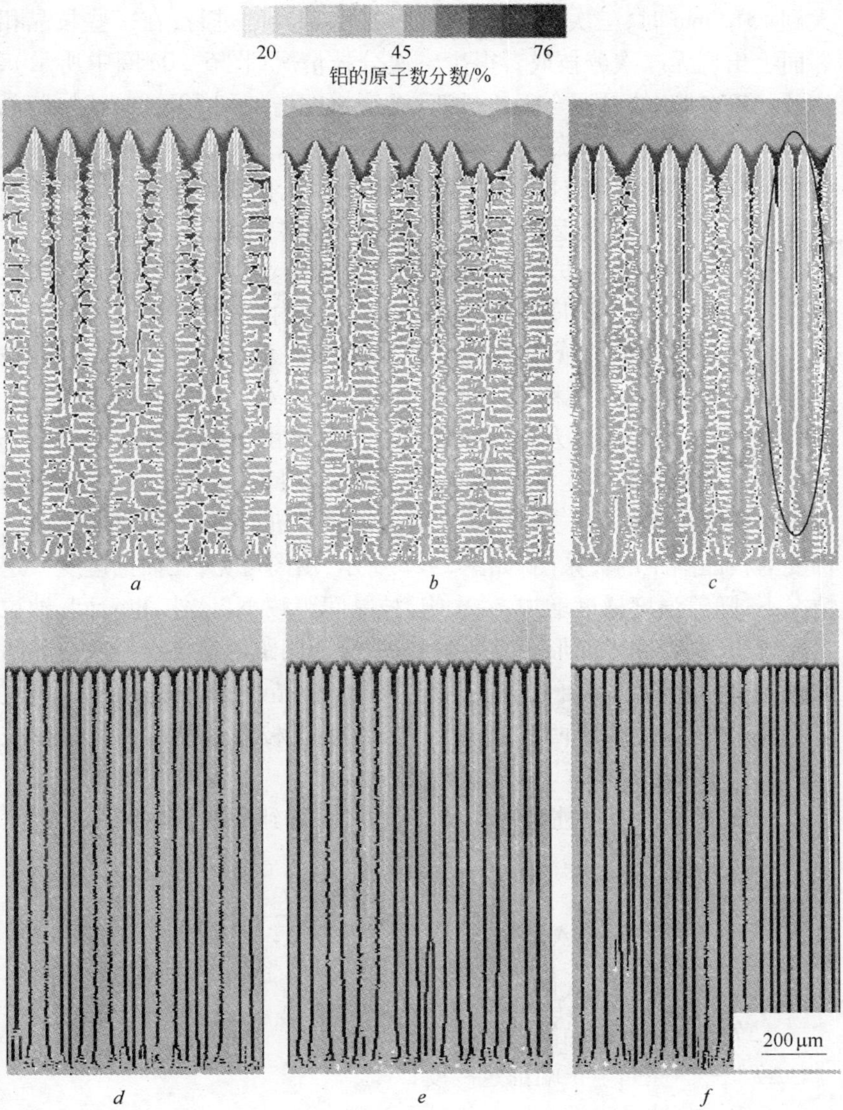

图 5-20 Ti－45% Al 合金在晶核数量为 4、抽拉速度为 0.5mm/s、不同温度梯度下的显微组织演变过程

a—5K/mm；*b*—10K/mm；*c*—15K/mm；*d*—30K/mm；*e*—50K/mm；*f*—100K/mm

未被其他二次枝晶所阻碍，一次臂间距减小（图 5-20*a*、*b*）；温度梯度增

大到15K/mm时，三次分枝形成于底端，随着凝固进行，在一些枝晶相邻面上出现无二次分枝或者很少二次分枝情况（图5-20*c*圈中所示），这预示着向胞/枝晶混合生长过渡；温度梯度增加到30K/mm时，胞晶侧向大部分出现锯齿状萌芽，说明凝固已进入胞/枝晶混合生长阶段（图5-20*d*）；而当温度梯度增加到50K/mm后，由于胞晶侧向锯齿状萌芽数量很少，可认为凝固界面形态为胞晶结构（图5-20*e*、*f*）。

当抽拉速度进一步增至1.0mm/s时，如图5-21所示，由于冷却速度进一步增大，温度梯度在5～15K/mm范围内，三次枝晶形成位置明显较图5-20*a*～*c*向下偏移。温度梯度为30K/mm以上时，出现胞/枝晶混合结构，而且一次枝晶间距很小（图5-21*d*～*f*），这说明温度梯度较大时，虽然凝固界面为胞/枝晶混合生长，但由于固液界面前沿成分过冷区小，胞/枝晶在区域底端形成（图5-21*d*圈中所示）后，很难通过竞争生长而使其他胞/枝晶淘汰。对上述模拟进行总结，可以得出温度梯度与枝晶间距的关系图，如图5-22所示，由图可见，在抽拉速度一定情况下，随着温度梯度增加，一次胞/枝晶间距减小，另外，也看到，抽拉速度较小时，凝固界面形态主要为胞晶，胞晶间距明显小于一次枝晶间距；抽拉速度较大时，凝固界面形态主要为枝晶，一次枝晶间距明显大于胞晶；抽拉速度介于两者之间时，主要为胞/枝混合结构，一次胞/枝晶间距介于两者之间。

Kurz等人[9]假设柱晶端为旋转抛物面，得到一次初生间距与温度梯度的关系：

$$\lambda_1 = \sqrt{\frac{3(\Delta T - \Delta T^*)}{G}} R^{1/2} \tag{5-35}$$

式中　λ_1——柱晶一次间距；

ΔT——合金结晶温度间隔；

ΔT^*——柱晶生长端部过冷度；

R——柱晶尖端半径。

由式5-35可见，随着温度梯度增大，一次臂间距减小，模拟结果与其相吻合。胞/枝转变实际上是柱状晶生长侧向分枝产生和消失的过程，在抽拉速度较低时，胞/枝转变是由于界面本身的不稳定性使得二次分枝得以产生，这包括枝晶生长前沿的溶质扩散以及其他因素对界

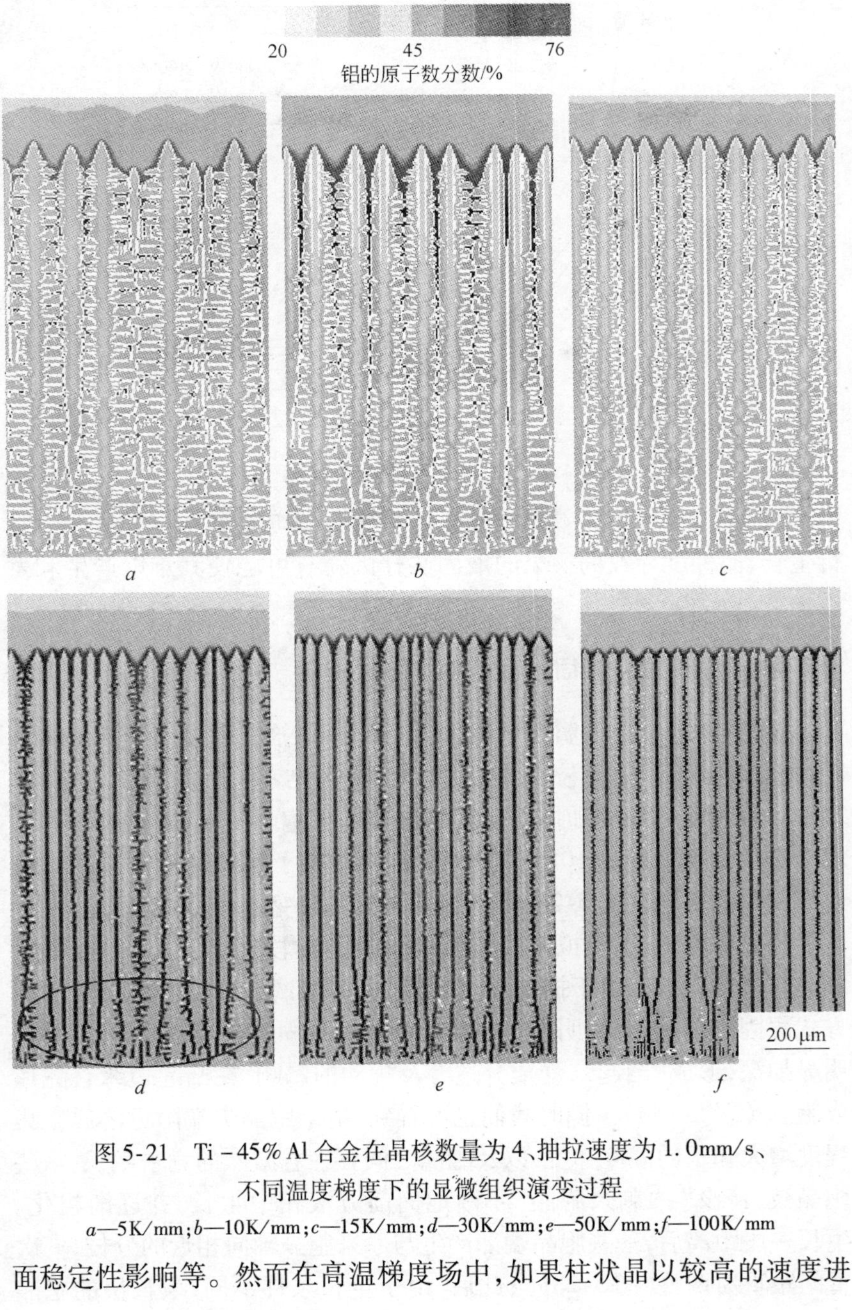

图 5-21　Ti－45% Al 合金在晶核数量为 4、抽拉速度为 1.0mm/s、不同温度梯度下的显微组织演变过程

a—5K/mm；*b*—10K/mm；*c*—15K/mm；*d*—30K/mm；*e*—50K/mm；*f*—100K/mm

面稳定性影响等。然而在高温梯度场中，如果柱状晶以较高的速度进

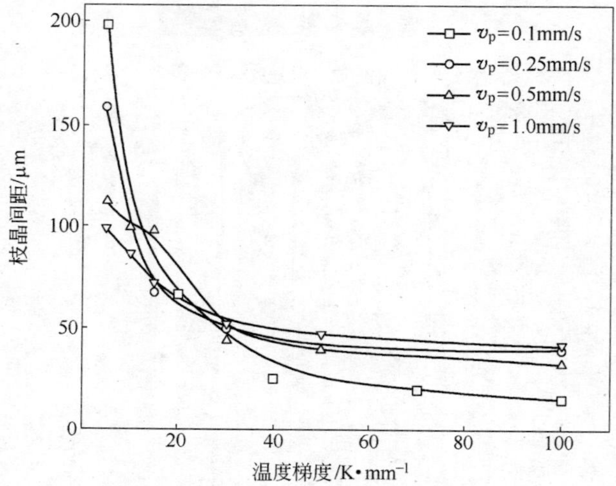

图 5-22　温度梯度 G_L 对枝晶间距的影响

行生长，高梯度导致的狭窄的液固共存区就有可能使其难以产生和发展。

5.5.4　抽拉速度对凝固过程组织演化的影响

由上述模拟可见，温度梯度小于 10K/mm、抽拉速度大于 0.1mm/s 时，凝固组织形态为枝晶或者胞/枝混合结构；而温度梯度高于 30K/mm时，凝固组织随抽拉速度变化经历了胞晶→枝晶转变。为此，本节选用温度梯度为 10K/mm、20K/mm，模拟了抽拉速度对凝固过程组织演化的影响。图 5-23 首先给出了胞晶演变过程，由图可见，在显示的计算框架内，在模拟区域底端，开始凝固阶段是以分属于 4 个晶核的晶粒进行生长。由于抽拉速度较慢，整个固液界面可看作以近平面方式凝固，但各晶粒间明显存在晶界。随着凝固的进行，晶粒之间沟槽明显加深，形成“凸起”，受成分过冷及扰动的影响，在凸起边缘首先形成胞晶（图 5-23*a*）。同时我们也可看到，由于胞晶尖端附近溶质富集程度增大和正的温度梯度，以及胞晶之间存在着激烈的竞争生长，一些胞晶被“淹没”，“剩余胞晶”不断地向前方液相中生长，并逐渐粗化。生长一段距离后，一些胞晶端部产生与原来胞晶轴向相近的分枝，一次臂间距重新调整（图 5-23*b*）；此后，由于生长条件不同，生长快的胞晶生长中排出的溶质一部分排向生长慢的胞晶顶端，使之生长受阻，并重新被"淹没"掉(图 5-23c)；当一次臂间距确定后，随着生长条件逐步稳定，凝固过程中胞晶间距逐渐变得均匀(图 5-23d)。

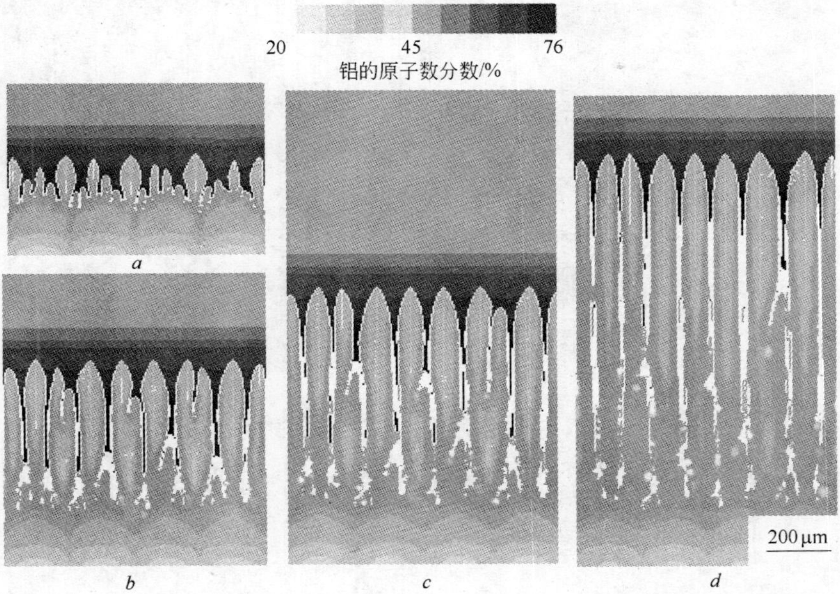

图 5-23 Ti－45% Al 合金在晶核数量为 4、温度梯度为 10K/mm、抽拉速度为 0.02mm/s 下显微组织随时间的演变情况

a—20.96s；b—39.21s；c—50.98s；d—73.95s

凝固组织随抽拉速度的变化如图 5-24 所示。抽拉速度为 0.001mm/s 时，凝固开始阶段，凝固界面首先从所置入晶核开始生长，形成凸起，但由于抽拉速度很小，由晶核形成的扰动随时间而减弱，固液界面逐渐变为平面。随着凝固进行，由于固液界面前沿液相中溶质浓度逐渐增加，成分过冷作用加大，扰动增大，在固液界面上出现凹坑和凸起（图 5-24a)，可以推断，凝固过程中，凸起不断向沟槽排出溶质而使其成分过冷增大，进而使沟槽加深，发生平/胞转变；抽拉速度增加到 0.002mm/s 时，由于由 4 个晶核形成的晶粒的晶界处溶质富集所引发成分波动，在固液界面出现不均衡的成分过冷，引起固液界面波动，

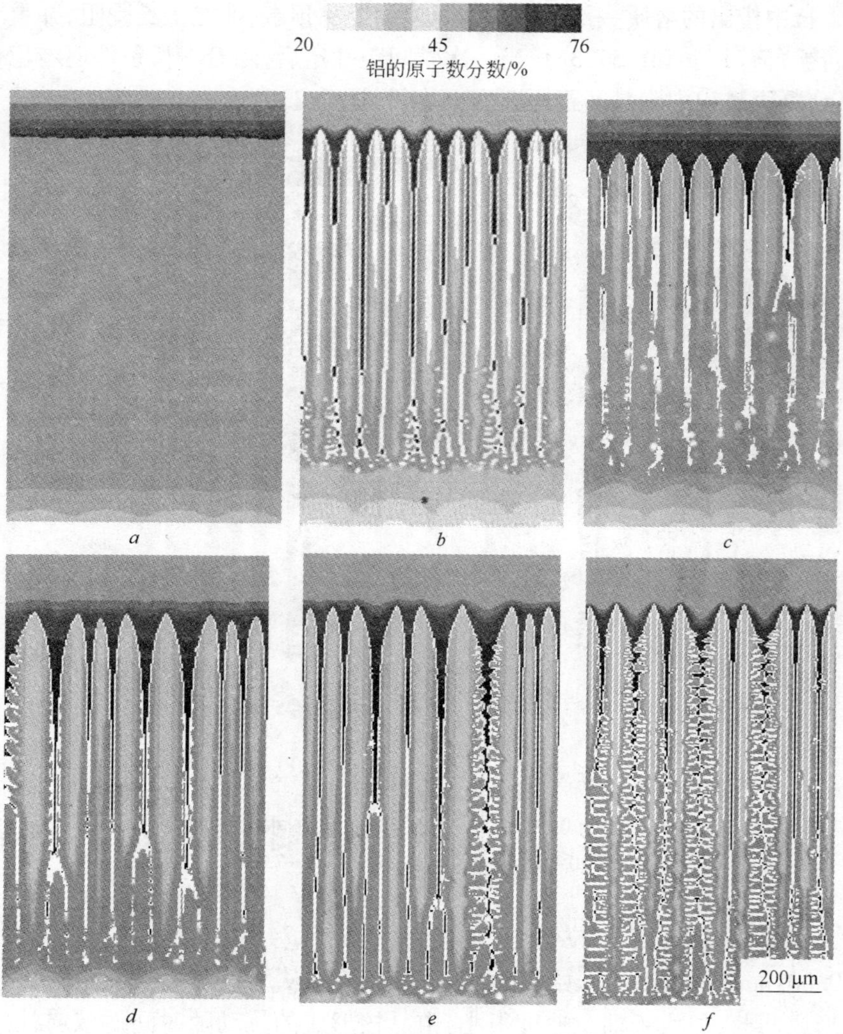

图 5-24　Ti－45% Al 合金在晶核数量为 4、温度梯度为 10K/mm、不同抽拉速度下的显微组织演变过程

a— 0. 001mm/s；*b*—0. 002mm/s；*c*—0. 02 mm/s；*d*—0. 10mm/s；*e*—0. 15mm/s；*f*—0. 3mm/s

进而形成胞晶。由于抽拉速度较小，胞晶生长速度慢，很难出现对其他胞晶的“淹没”，一次臂间距较小（图 5-24*b*）；抽拉速度增加到 0. 02mm/s 时，可以看到，由于最早生长的胞晶“淹没”了其他胞晶，胞

晶数量减少(图 5-24*c*)；继续增加抽拉速度，凝固初期出现胞晶竞争生长。随着凝固进行，在一些胞晶侧面出现二次分枝，形成胞/枝混合生长，出现分枝的胞晶端部半径明显较大，而无分枝胞晶端部半径明显较小，一次臂间距变得不均匀(图 5-24*d*、*e*)；将抽拉速度增加到0.3mm/s，出现规则的枝晶结构，一次臂间距变得比较均匀(图 5-24*f*)。

从以上模拟可以看出，随着抽拉速度增加，固液界面形貌经历了从平界面→胞晶→枝晶转变。在从平界面→胞晶转变阶段，由于受到凝固初始阶段成分过冷及近平界面形貌的影响，胞晶出现了竞争生长，结果那些生长较快的胞晶，往往容易保留下来。在胞晶→枝晶转变阶段，由于形成胞/枝混合生长，胞晶/枝晶臂间距变得不均匀。在枝晶生长阶段，由于枝晶较为规则，枝晶臂间距较为均匀。

温度梯度较小时，固液界面形貌变化较大。如果温度梯度增大，固液界面形貌随抽拉速度如何变化呢？为此，模拟了温度梯度为20K/mm的情况。由图 5-25 可见，抽拉速度为 0.0015mm/s 时，从开始凝固阶段，由晶核形成的凸起逐渐减小，随着凝固进行，固相成分逐渐均匀，在凝固1120μm 时，固相成分接近合金原始成分(图 5-25*a*)，这与 Tiller 等所述关于平面生长时特性相似，即界面溶质成分是逐步富集的，直至稳态；当抽拉速度增加到 0.005mm/s 时，凝固初期出现轻微凸起，但很快变为平界面，在凝固 1100μm 时，固液界面扰动增大，形成胞晶（图 5-25*b*)；抽拉速度增加到 0.02mm/s 时，凝固初期由晶核形成的凸起导致随后固液界面扰动幅度逐渐增加，形成细小胞晶。但由于胞晶之间距离较近，其间液相成分不高，一些胞晶逐渐合并，亚晶界消失(图 5-25*c*)；抽拉速度增加到 0.04mm/s 以上时，凝固初期，胞晶间即出现融合，以后随着固液界面溶质成分增加，融合程度减少(图 5-25*d*、*e*)；抽拉速度增加到 0.2mm/s 后，由于胞/枝晶及其分枝直接从所植入晶核中形成，三次分枝未被阻碍，胞/枝晶间距减小（图5-25*f*)。

从上述模拟可见，温度梯度较高时，由于胞晶间距较小，在胞/枝混合生长阶段形成的一次臂间距较为均匀。将温度梯度增加到100K/mm，同样也出现这一情况。由图 5-26 可以看出，温度梯度很高时，由于液固共存区很窄，凝固开始阶段由晶核形成的凸起逐渐消失，界面干扰小(图 5-26*a*)；抽拉速度增大到 0.1mm/s，随着凝固进行，由于固液界面成分累积，开始出现细胞晶（图 5-26*b*）；继续增加抽拉速度，固液界面干扰增加，细胞晶逐渐向粗胞转变。整体上，虽然局部出现胞晶半径大小不一致，但由于一次臂间距较小，均匀度相对还是比较高的。这说明在定向凝固过程中，大的温度梯度有助于改善一次臂间距的均匀度。

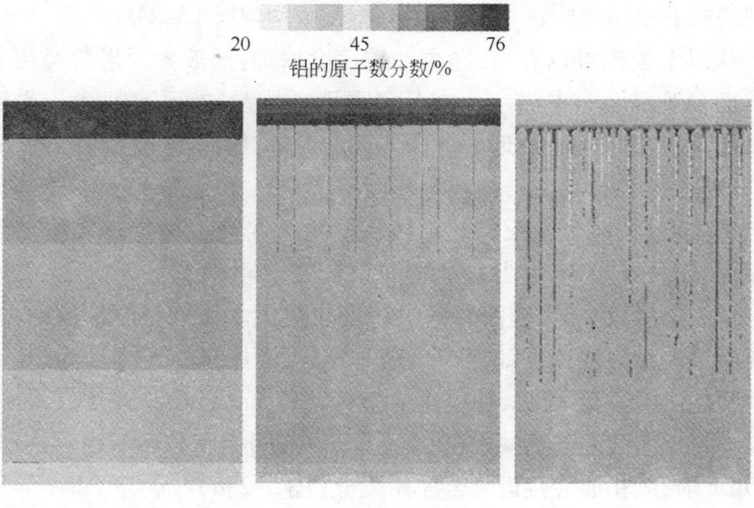

图 5-25　Ti－45% Al 合金在晶核数量为 4、温度梯度为 20K/mm、不同抽拉速度下的显微组织演变过程

0. 0015m/s；*b*— 0. 005mm/s；*c*—0. 02 mm/s；*d*—0. 04mm/s； *e*— 0. 2mm/s；*f*—0. 5mm/s

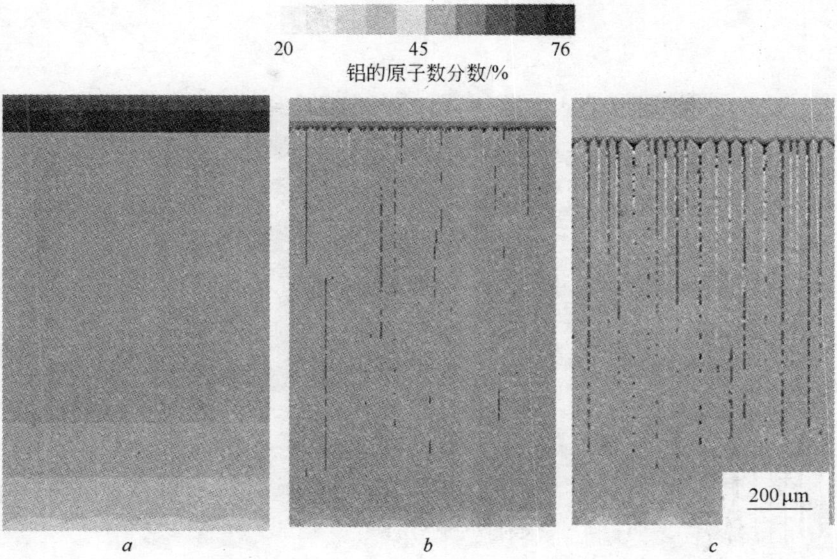

图 5-26 Ti－45% Al 合金在晶核数量为 4、温度梯度为 100K/mm、不同抽拉速度下的显微组织演变过程

a—0.01mm/s；*b*—0.1mm/s；*c*—0.2mm/s

在温度梯度较小(如 10K/mm)时，由于晶核数量较少，在胞/枝混合生长阶段，一次臂间距往往不均匀，如何改善其不均匀度？为此，将晶核数量提高到 16，模拟了抽拉速度为 0.15mm/s、温度梯度为10K/mm的组织演化，如图 5-27 所示。对比图 5-24*e* 可以看出，由于整个固液界面各个胞晶生长较为平稳，随着凝固的进行，虽然伴随一些胞晶被“淹没”，固液界面并没有出现大的波动，胞晶侧面也未出现二次分枝，凝固后期，胞晶间距变得较为均匀(图 5-27*d*)，这说明增加形核数量有助于改善胞/枝晶间距的不均匀度，而且推迟了胞晶→枝晶转变。

综合分析可以得出抽拉速度对柱状晶间距的影响，如图 5-28 所示。计算间距时，凡平行于生长方向的柱状晶均作考虑。可以看出，上述曲线与文献[15]中实验结果相似。随着抽拉速度增加，按晶体形态不同可将图 5-28 分为三个区，即胞晶生长区、胞/枝晶混合生长区、枝晶生长区。在胞晶生长区，胞晶臂间距随抽拉速度增加而增大；在枝晶生长区，枝晶臂间距随抽拉速度增加而减小；在胞/枝晶混合生长区，

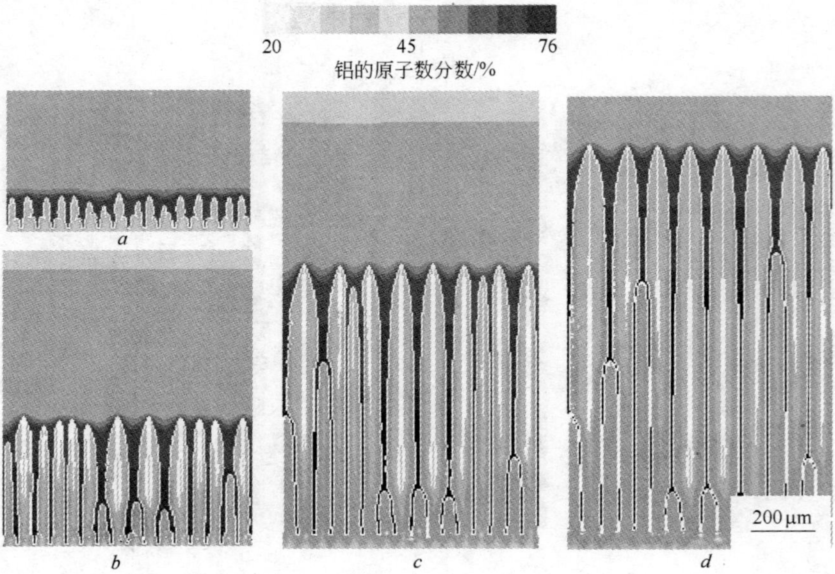

图 5-27 Ti－45% Al 合金在晶核数量为 16、温度梯度为 10K/mm、抽拉速度为 0. 15mm/s 时显微组织随时间的演变

a—1. 92s；*b*—3. 69s；*c*—6. 03s；*d*—8. 68s

柱状晶间距出现最大值。此外，由上述模拟可见，在从平面→胞晶转变过程中，固液界面扰动由两种方式引起：(1)由不同晶核生长引起界面扰动，这种扰动在温度梯度较低时尤为明显，形成的胞晶间距相对较大，图中最大柱状晶间距出现在温度梯度 5K/mm 时；(2)由其他原因引起的扰动，如在本模拟中平界面生长过程中，由随机数引起，而且主要发生在温度梯度较高时，形成的胞晶间距相对较小。

对于温度梯度为 10K/mm，根据模拟结果可有如下拟合方程：

$$\lambda_1 = K_1 G_L^{-0.5} v^{-0.24} \tag{5-36}$$

式中，$K_1 = 1.296 \times 10^{-3}$。

这个拟合曲线与 Kurz 等[9] 在稳态枝晶生长时，推导的一次胞(枝)晶间距模型相近似，只不过在现在的曲线中系数为 5. 3。

$$\lambda_1 = 4.3\left(\frac{\Gamma D_L \Delta T}{k_0}\right)^{1/4} G_L^{-1/2} v^{-1/4} \tag{5-37}$$

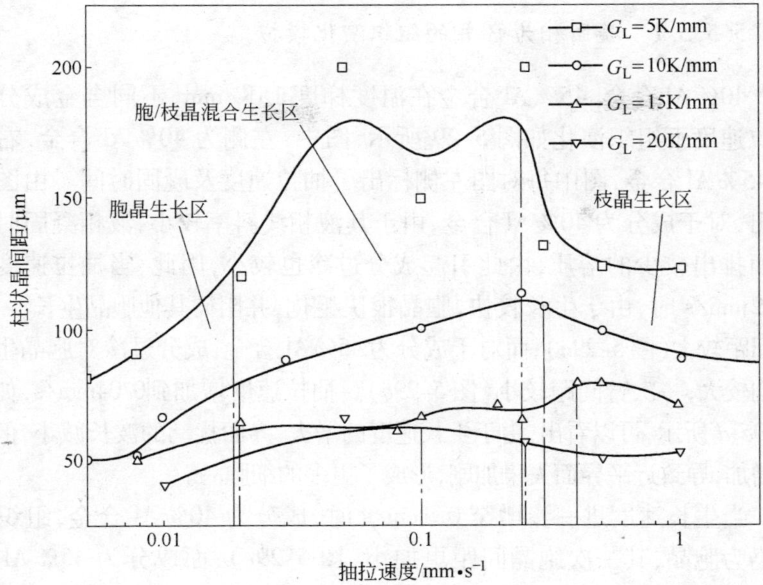

图 5-28 抽拉速度对柱状晶间距的影响

5.5.5 铝含量对凝固过程组织演化的影响

为了模拟铝含量对凝固过程组织演化的影响，分别选用了 40% Al、45% Al、50% Al 三种成分合金，植入 4 个晶核。这里，40% Al、45% Al 两种成分合金凝固相为 β 相，50% Al 合金凝固相为 α 相，其中 45% Al 合金选用表 5-2 的热力学参数；温度梯度取为 15K/mm；为了使铝含量对凝固过程组织演化的影响符合实际，参考实际 Ti－Al 二元相图，40% Al 合金选用表 5-3 的热力学参数，50% Al 合金选用表 5-4 的热力学参数。首先对 40% Al、45% Al 两种成分合金组织演化进行了比较，然后再与 50% Al 合金模拟结果进行比较。

表 5-3 Ti－40%Al 合金热力学参数[21]

物性参数	参 数	值
液相线温度	T_{eq}/K	1839
液相线斜率	m_l/K · %$^{-1}$	－8.1
溶质分配系数	k_0	0.63

表 5-4 Ti－50%Al 合金热力学参数[22]

物性参数	参 数	值
液相线温度	T_{eq}/K	1760
液相线斜率	m_l/K · %$^{-1}$	－4.84
溶质分配系数	k_0	0.63

5.5.5.1　凝固相为β相的组织演化模拟

40% Al 合金、45% Al 合金在温度梯度 15K/mm、不同合金成分及抽拉速度下组织演化如图 5-29 所示，图中，左侧为 40% Al 合金，右侧为 45% Al 合金，图中每对图左侧标出了抽拉速度及凝固时间。由图可看出，对于成分为 40% Al 合金，由于其液相线斜率较小，液相凝固时向界面排出较少的溶质，由此引起成分过冷也较小，因此，当抽拉速度为 0.02mm/s 时，由于生长较快，胞晶很快粗化，并阻碍其他胞晶生长，一次臂间距较大（图 5-29*a*）；而对于成分为 45% Al 合金，成分过冷对胞晶生长影响较大，一次臂间距较小（图 5-29*b*）。抽拉速度增加到0.04mm/s，如图 5-29*c*、*d* 所示，可以看出，由于生长速度的增大，界面扰动的波长减小，但振幅增加，导致近平界面失稳加剧，形成了更多的细胞晶。

当生长速度进一步增至 0.1cm/s 时，成分为 40% Al 合金，组织结构仍为胞晶，其一次胞晶间距更加小（图 5-29*e*）；而成分为 45% Al 合金，形成胞/枝混合生长，出现分枝的胞晶端部半径明显较大，而无分枝胞晶端部半径明显较小，一次臂间距变得不均匀（图 5-20*f*）。当抽拉速度增加到 0.4mm/s 时，成分为 40% Al 合金，一些胞晶开始出现分枝，形成胞/枝混合生长，但整体上一次臂间距还算均匀（图 5-29*g*）；成分为 45% Al 合金形成树枝晶，一次枝晶间距增大并变得较为均匀（图 5-29*h*）。

由以上模拟比较可见，对于液相线斜率小的 40% Al 合金，胞晶→枝晶转变时抽拉速度较高，且胞/枝晶间距在抽拉速度很大范围较为均匀；而对于液相线斜率较大的 45% Al 合金，在胞晶→枝晶转变阶段，随着抽拉速度增加，胞晶/枝晶间距逐渐变得不均匀。这说明，液相斜率小的合金，即使凝固时固相向液相排出相同的溶质量，由于在固液界面引起成分过冷较小，在低速凝固时，固液界面更容易保持平稳，而液相斜率大的合金固液界面有向非稳态发展的趋势。

5.5.5.2　凝固相为α相的组织演化模拟

对于凝固相为α相的组织演化过程，仅对 50% Al 合金进行模拟，

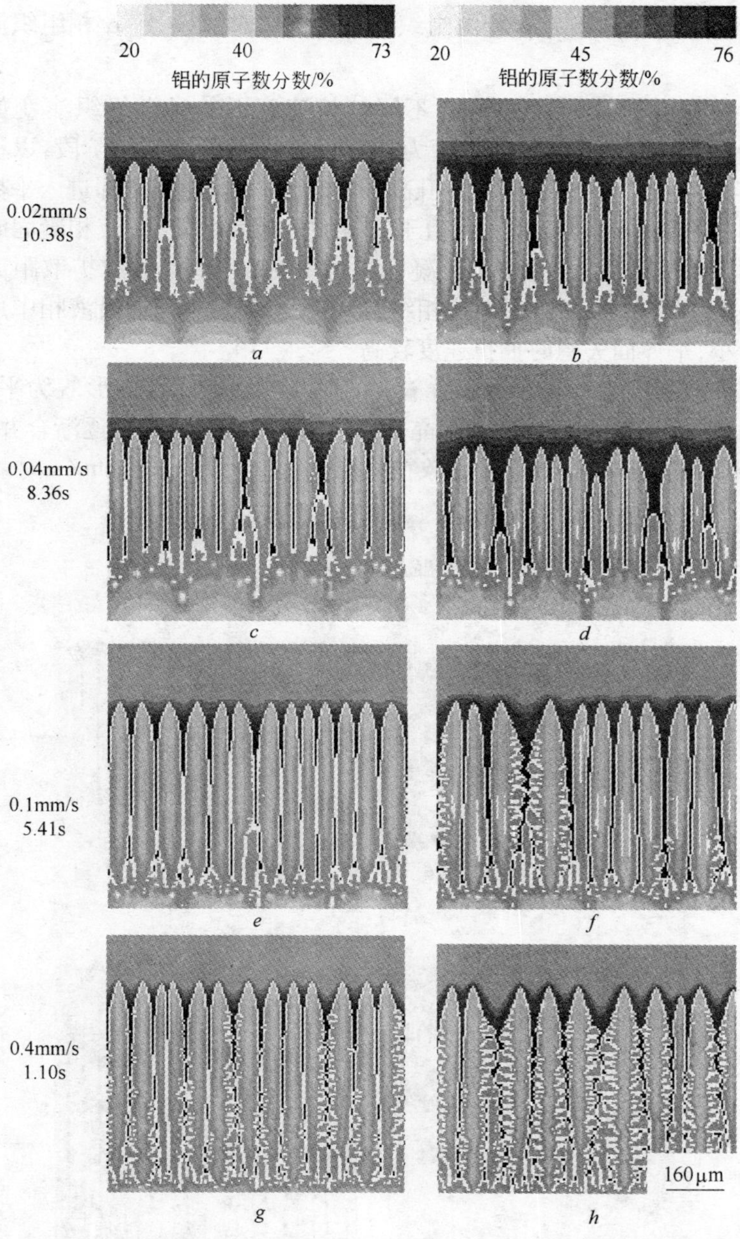

图 5-29 在晶核数量为 4、温度梯度为 15K/mm 时不同合金成分及抽拉速度对显微组织形貌的影响(左侧 Ti－40% Al;右侧 Ti－45% Al)

然后与上述凝固相为 β 相的组织演化进行比对，以了解 α 相组织演化规律。

在温度梯度为 15K/mm、不同抽拉速度下的显微组织演变如图 5-30所示，由图可见，抽拉速度为 0.01mm/s 时，凝固开始阶段，以植入晶核进行生长，固相成分逐步升高，并在凝固一段距离后即进入平界面凝固；而固液界面液相浓度，由于其溶质分配系数较大，液相凝固时向界面排出的溶质较少，相对于凝固相为 β 相的合金，溶质扩散距离很短（图 5-30*a*）。此外，由于液相线斜率较小，固液界面前沿液相中成分过冷小，平界面失稳时抽拉速度较高。

抽拉速度为 0.02mm/s 时，凝固初始阶段，凝固界面形貌为平面，随后界面出现不稳定，形成胞晶，一些胞晶在随后凝固中逐渐合并，亚晶界消失（图 5-30*b*），这种现象在抽拉速度增大到0.04mm/s 时看得

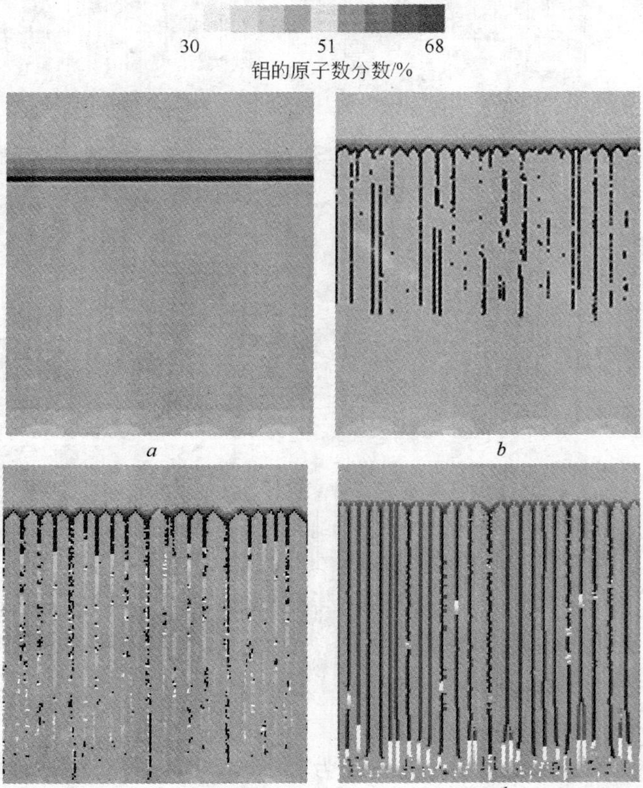

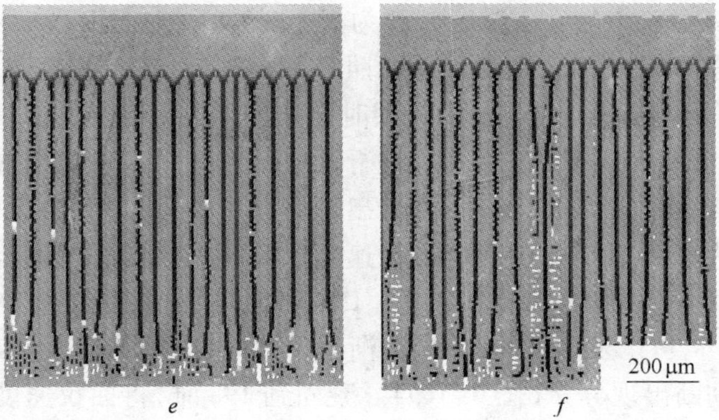

图 5-30 Ti - 50% Al 合金在晶核数量为 4、温度梯度为 15K/mm、不同抽拉速度下的显微组织演变过程

a—0.01mm/s；*b*—0.02 mm/s；*c*—0.04 mm/s；*d*—0.07mm/s；*e*—0.1mm/s；*f*—0.15mm/s

很明显。由图 5-30*c* 可见，由 4 个晶核形成的各晶粒之间晶界明显，而在一个晶粒内部形成的亚晶界在凝固过程中大部分已经合并。抽拉速度增大到 0.07mm/s 以后，胞晶端部在生长过程中，由于向侧面排除较多溶质，出现较大的成分过冷，各胞晶亚晶界很难合并，但胞晶间距很小(图 5-30*d* ~ *f*)。

比较图 5-29 与图 5-30 可以看出，由于 α 相和 β 相溶质分配系数、液相线斜率存在很大差别，在凝固条件相同并且抽拉速度较大的情况下，凝固过程中 β 相以胞晶或枝晶形态生长，而 α 相以平面或胞晶形态生长。同时也可看到，在不同抽拉速度下，在凝固过程中，α 相一次臂间距一直很小。比较图 5-25 可以看出，溶质分配系数、液相线斜率对一次臂间距作用与温度梯度作用类似，符合 Hunt[18] 推导的一次胞(枝)晶间距模型。

5.5.5.3 工艺参数突变对合金凝固组织的影响

为了模拟工艺参数突变对凝固过程组织演化的影响，以下只对合金成分为 45% Al、温度梯度为 15K/mm、植入 4 个晶核情况下，抽拉速度突变的情况进行模拟。

Ti－45% Al 合金在温度梯度为 15K/mm 下抽拉速度突变对组织演化过程影响如图 5-31 所示。对照 5.5.5.2 节给出的模拟图可见，如果固相中不显示溶质成分，则凝固时固液界面为平面结构。凝固起始阶段，以分属于 4 个晶核的晶体进行近平面生长，由于受成分过冷及扰动的影响，在凝固 13.21s 后，开始出现胞晶生长，经过竞争生长后，胞晶间距大约为 100μm。由于抽拉速度很慢，随着凝固的进行，胞晶尖端不断粗化（图 5-31*a*）。凝固 15s 时，突然将抽拉速度提高到 0.01mm/s，可以发现，胞晶尖端逐渐变平，并在凝固一段距离后，在每个胞晶间断出现分叉（图 5-31*b*）。凝固到 19s 时，将抽拉速度增加到 0.05mm/s，一些胞晶尖端又开始分叉（图 5-31*c*），但由于胞晶间距太小，其中一些分叉很快又被竞争淘汰，最终胞晶间距约为 53μm。

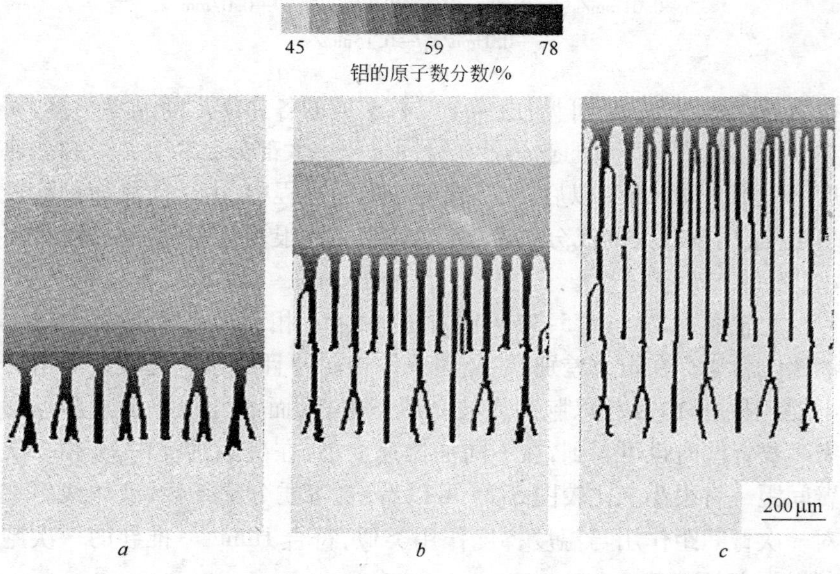

图 5-31　Ti－45% Al 合金在温度梯度为 15K/mm 条件下，
变速冷却对显微组织演化的影响

a—0.005mm/s，14.8s；*b*—0.01mm/s，25.24s；*c*—0.05mm/s，36.697s

上述现象可以解释为：当抽拉速度突然增高时，凝固过程中溶质原子来不及在固液界面进行再分配，成分过冷度急剧增大，所以凝固组织呈分枝极为发达细小的树枝状。这种现象已在一些实验中观察到[23]。由以上模拟结果可见,在较高的温度梯度下,不论低浓度还是高浓度合金,抽拉速度发生突然改变时,伴随着固液界面溶质量突然增大,胞晶间距减小。

5.6 TiAl 合金常规条件下凝固组织模拟

5.6.1 边界条件与初始条件

边界条件:

$$D\frac{\partial C}{\partial n}=0 \quad \rho C_{\mathrm{p}}\frac{\partial T}{\partial t}=h(T_{\mathrm{f}}-T) \tag{5-38}$$

初始条件:

$$T(t=0,x,y)=T_0(x,y), \quad C(t=0,x,y)=C_0(x,y) \tag{5-39}$$

式中 T_{f}——环境温度;

t——时间;

C——溶质浓度;

D——溶质扩散系数,在固相和液相中 D 分别为 D_{s} 和 D_{l}。

5.6.2 结果与讨论

模拟选用一个二维方形区域,被剖分为 250×250 个均匀正方形网格,网格尺寸为 5μm。液相初始温度为 1534℃,初始浓度为 44%,界面换热系数选用 200W/(m^2·K)。物性参数参考文献[21,22]。

图 5-32 为 TiAl 合金凝固组织演变图,由图可见,由于区域边缘液相温度很快达到形核所需过冷温度,边缘开始出现形核(图 5-32*a*)。当这些晶核开始长大时,其生长方向逐渐呈现各向异性,有些晶核沿着垂直于凝固边界方向生长,而有些晶核沿着与凝固边界成 45°的方向生长。当计算步长为 4000000 时,区域内部仅有少量形核,且随着枝晶的长大,基本上不再发生形核(图 5-32*b*~*f*),随着凝固进行,由于一些一次晶轴侧向长大受到限制,其一侧界面非常光滑,而一些与热扩散方向相一致的一次晶轴,则长得较为粗大。另外,从图 5-32*c*~*f* 可看出,在所模拟区域内部,由于所形成晶核较少,溶质扩散区域较大,等轴晶的一次晶容易长成纺锤形。

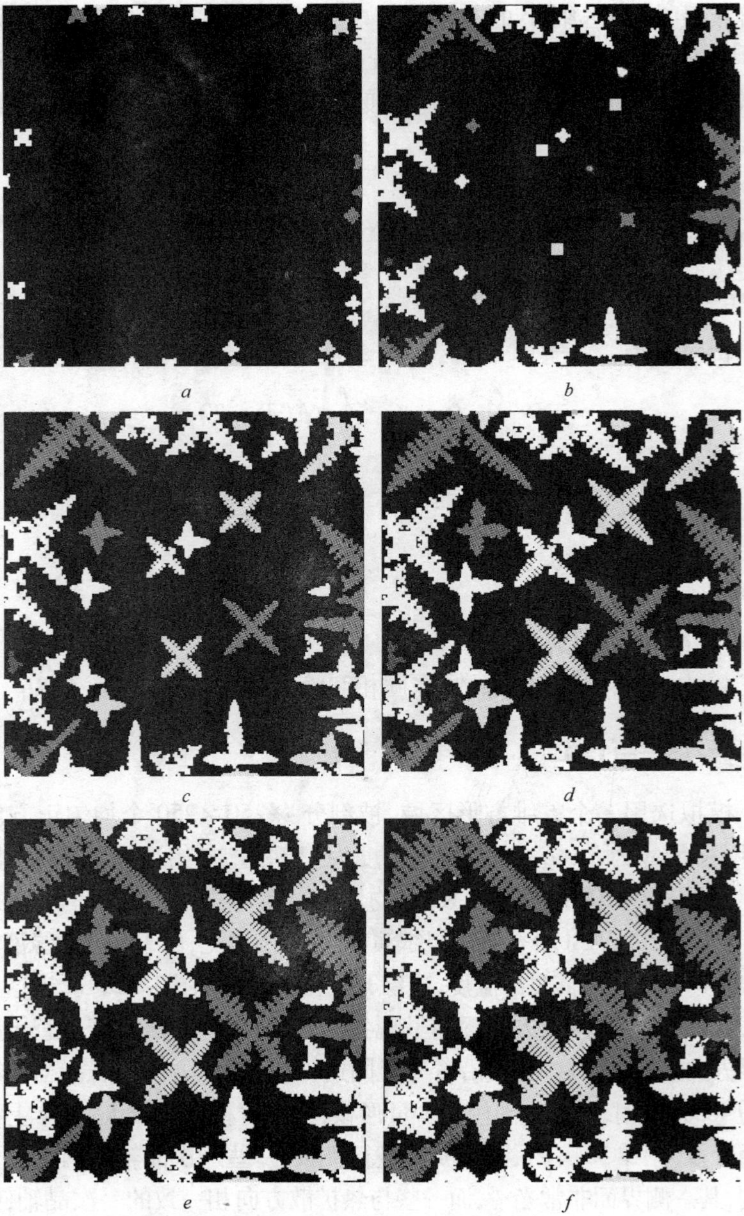

图 5-32　TiAl 合金凝固组织演变图

a—1000000；*b*— 4000000；*c*—6000000；*d*—8000000；*e*—10000000；*f*—12000000

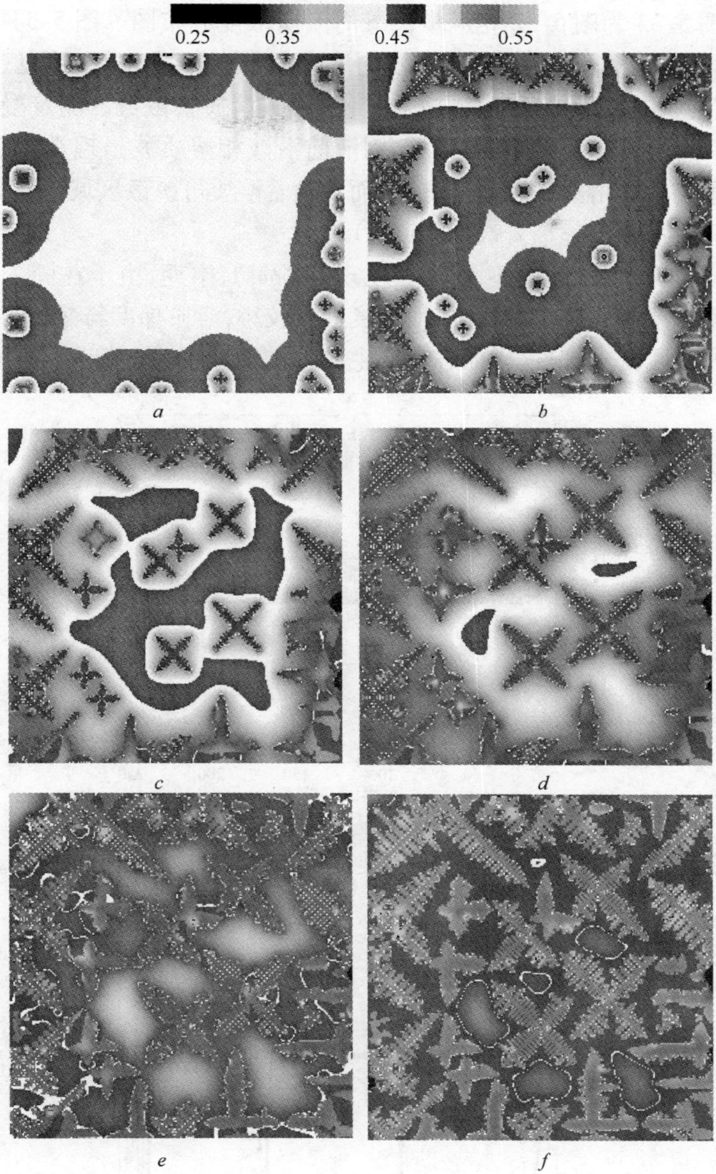

图 5-33　TiAl 合金不同时间段溶质浓度分布图

a—1000000；*b*— 4000000；*c*— 6000000；*d*—8000000；*e*—10000000；*f*—12000000

图 5-33 为图 5-32 相应步长下的溶质浓度分布图。图 5-34 为图 5-33 相应步长下凝固区域中心横向溶质分布。由图 5-33*a* 可见，凝固初期，边缘开始形核后，出现溶质扩散，形成溶质扩散波。随着凝固的进行，由图 5-33 和图 5-34 可见，固液前沿液相溶质波出现重叠，固液界面前沿液相溶质浓度逐步升高，而且随着溶质可扩散区域不断变小，晶粒间溶质浓度逐渐升高（图 5-34）。

对比图 5-33 和图 5-34 也可发现，凝固初、中期，由于在固－液界面前沿液相溶质梯度均较高，而温度梯度较小，溶质梯度与液相线斜率的乘积大于温度梯度，因而容易产生成分过冷，导致固液界面失稳，形

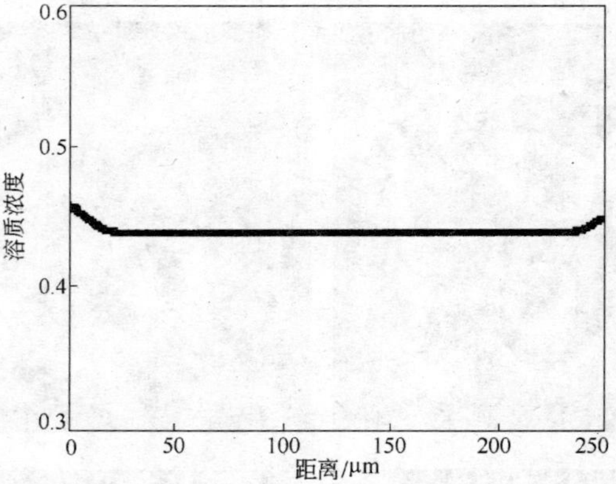

a

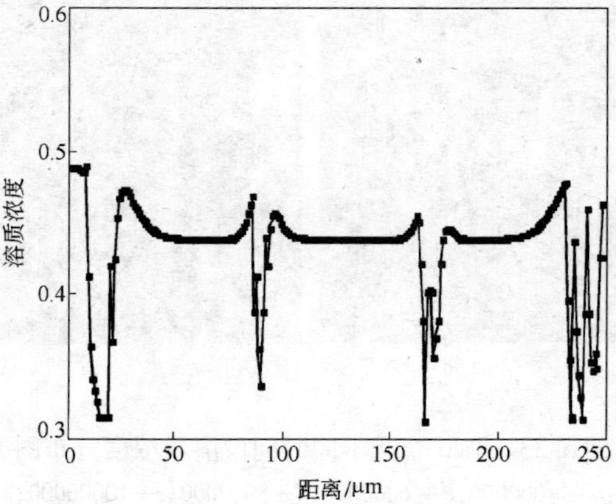

b

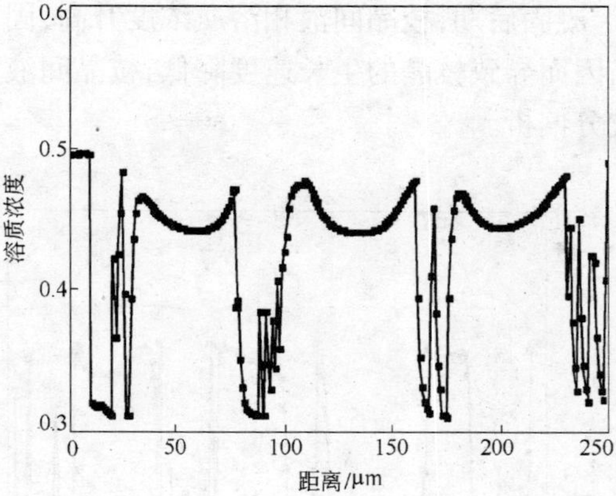
0.6
0.5
0.4
0.3
溶质浓度
0
50
100
150
200
250
距离/μm

c

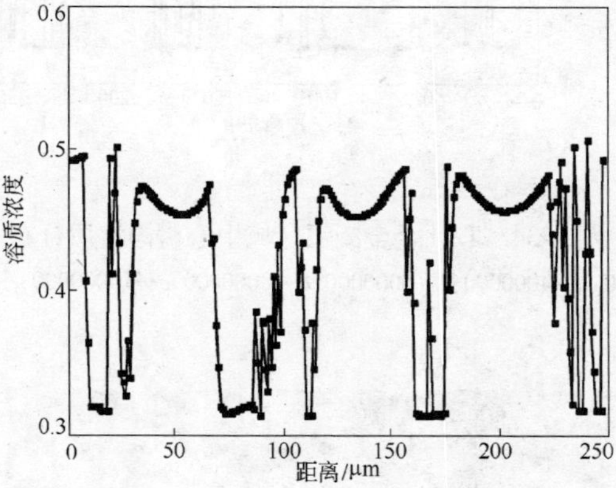
0.6
0.5
0.4
0.3
溶质浓度
0
50
100
150
200
250
距离/μm

d

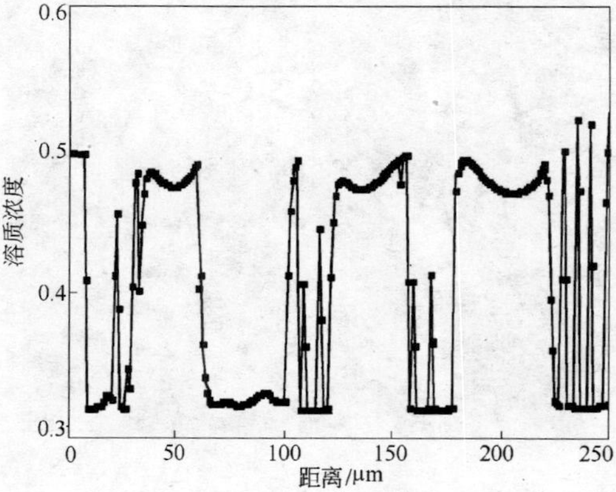
0.6
0.5
0.4
0.3
溶质浓度
0
50
100
150
200
250
距离/μm

e

成二次枝晶臂。凝固后期,枝晶间液相溶质浓度升高,固－液界面前沿溶质梯度减小,因而导致枝晶的生长速度降低,枝晶间液相凝固时间较长,容易形成成分偏析。

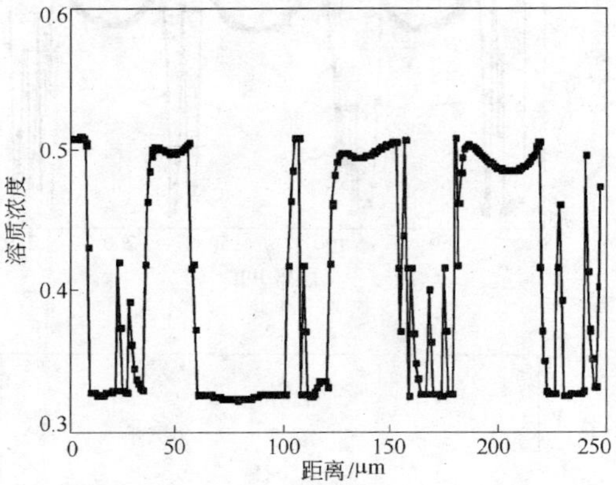

f

图 5-34　TiAl 合金凝固区域中心横向溶质分布

a—1000000;*b*—4000000;*c*—6000000;*d*—8000000;*e*—10000000;*f*—12000000

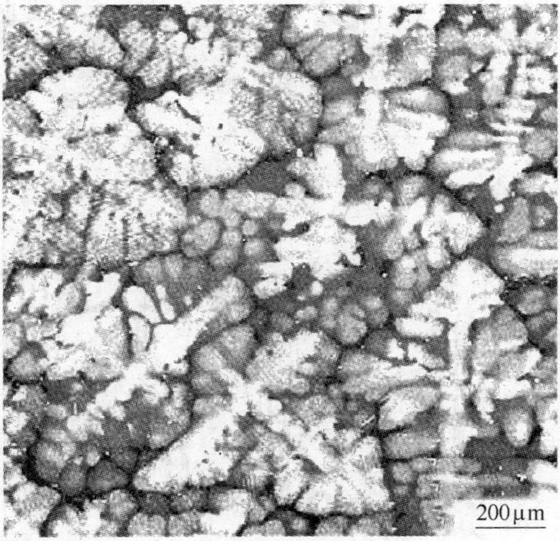

a

b

图 5-35 TiAl 合金实验(a)与模拟枝晶形貌(b)比较

5.7 本章小结

本章提出了溶质扩散控制 CA 模型,并利用这种模型模拟了 TiAl 合金在温度较低时组织演化,并与实验结果和理论分析结果对比,以验证模型的准确性。在此基础上,提出了柱状晶/等轴晶转变模型以及包晶相直接凝固下的组织演化模型,得到以下结论:

(1)对 Nastac 模型进行了修正,在溶质扩散模型中引用了溶质流的方法,在固相分数计算中考虑了界面溶质守恒的影响。

(2)在温度梯度较低时对 Ti - 45% Al 合金进行模拟,表明与理论分析结果比较吻合。

(3)晶核数量对枝晶形貌有重要影响,晶核间距较大时,一次枝晶间距有通过分枝而减小的趋势;晶核间距较小时,一次枝晶间距有通过竞争生长而增大的趋势;晶核间距范围在 150 ~ 300μm 时,一次枝晶间距变化明显缩小。

(4)在抽拉速度一定情况下,随着温度梯度增加,胞/枝晶间距减小。根据一次胞/枝晶间距与温度梯度分布图,可以很明显分出不同抽拉速度下的凝固界面形态。

(5)随着抽拉速度增大，凝固形态经历了平面→胞晶→胞状树枝晶→树枝晶转变过程。在从平界面→胞晶转变阶段，在晶核数量较少时，凝固初始阶段，整个固液界面是以近平界面方式生长，增加形核数量有助于改善胞/枝晶间距的不均匀度。

(6)由于溶质分配系数、液相线斜率存在很大差别，在凝固条件相同并且抽拉速度较大的情况下，β 相凝固界面形态更多出现胞晶或枝晶形态，而 α 相凝固界面形态更多出现平面或胞晶形态。

(7)在较高的温度梯度下，不论低浓度还是高浓度合金，抽拉速度发生突然改变时，界面固相排出溶质量突然增大，均使胞晶结构出现细化。

(8)在常规凝固条件下，在散热较小中心区域，一次枝晶形貌容易长成纺锤形。

参 考 文 献

[1] Gandin C A, Rappaz M. A Coupled Finite Element – Cellular Automaton Model for Prediction of Dendirtic Grain Structures in Solidification Process. Acta Metal Mater, 1994, 42: 2233 ~ 2246.

[2] Nastac L. Numerical Modeling of Solidification Morphologies and Segregation Patterns in Cast Dendritic Alloys. Acta Mater, 1999, 47: 4253 ~ 4362.

[3] Jung J Y, Park J K, Chun C H. Influence of Al Content on Cast Microstructures of Ti – Al Intermetallic Compounds. Intermetallics, 1999, 7: 1033 ~ 1041.

[4] Johnson D R, Chihara K, Inui H, Yamaguchi M. Microstructural Control of Ti – Al – Mo – B Alloys by Directional Solidification. Acta Mater, 1998, 46 (18): 6529 ~ 6540.

[5] Jung I S, Jang H S, Oh M H, Lee J H, Wee D M. Microstructure Control of Ti – Al Alloys Containing β Stabilizers by Directional Solidification. Materials Science and Engineering A, 2002, 329 ~ 331: 13 ~ 18.

[6] Saari H, Beddoes J, Seo D Y, Zhao L. Development of Directionally Solidified γ – Ti – Al Structures. Intermetallics, 2005, 13: 937 ~ 943.

[7] 王狂飞，郭景杰，米国发，李邦盛，傅恒志. Ti – 45% Al 合金定向凝固过程中显微组织演化的计算机模拟. 物理学报，2008，57(5): 3048 ~ 3058.

[8] Merchant G J, Davis S H. Morphological Instability in Rapid Directional Solidification. Acta Metal Mater, 1990, 38: 2683 ~ 2692.

[9] Kurz W, Fisher D J. Fundamentals of Solidification. Trans Tech Publications Ltd, Switzerland, 1998: 1.

[10] Shan Liu, Napolitano R E, Trivedi R. Measurement of Anisotropy of Crystal – Melt Interfacial Energy for a Binary Al – Cu Alloy. Acta Materialia, 2001, 49: 4271 ~ 4276.

[11] Kurz W, Trivedi. Overview No. 87 Solidification Microstructures: Recent Developments and Future Directions. Acta Metal, 1990, 38: 1 ~ 17.

[12] Langer J S, Muller – Krumbhaar H. Theory of Dendritic Growth – I. Elements of a Stability Analysis. Acta Metal, 1978, 26(11): 1681 ~ 1687.

[13] Lazaro Beltran – Sanchez, Doru M Stefanescu. Growth of Solutal Dendrites: A Cellular Automaton Model and its Quantitative Capabilities. Metal Mater Trans A, 2003, 34A: 367 ~ 382.

[14] Su Y Q, Liu C, Li X Z, Guo J J, et al. Microstructure Selection during the Directionally Peritectic Solidification of Ti – Al Binary System. Intermetallics, 2005, 13: 267 ~ 274.

[15] In – Soo Jung, Min – Chul Kim, Je – Hyun Lee, Myung – Hoon Oh, Dang – Moon Wee. High Temperature Phase Equilibria near Ti – 50% Al Composition in Ti – Al System Studied by Directional Solidification. Intermetallics, 1999, 7: 1247 ~ 1253.

[16] Tiller W A, Jackson K A, Rutter J W, Chalmers B. The Redistribution of Solute Atoms during the Solidification of Metals. Acta Metal, 1953, 1: 428 ~ 437.

[17] Billia B, Jamgotchian H, Trivedi R. Cellular and Dendritic Regimes in Directional Solidification: Microstructural Stability Diagram. J Cryst. Growth, 1990, 106: 410 ~ 420.

[18] Hunt J D, Lu S Z. Numerical Modelling of Cellular and Cendritic Array Growth: Spacing and Structure Predictions. Materials Science and Engineering A, 1993, 173: 79 ~ 83.

[19] Li Xinzhong, Guo Jingjie, Su Yanqing, Wu Shiping, Liu Chang, Fu Hengzhi. Phase – Field Simulation of Interface and Microstructure Evolution at High Growth Velocities during Directional Solidification of $Ti_{55}Al_{45}$ Alloy. Rare Metal Materials and Engineering, 2004, 33: 195 ~ 198.

[20] Wagner A, Shollock B A, McLean M. Grain Structure Development in Directional

Solidification of Nickel – Base Superalloys. Mater Sci Eng A, 2004; 374: 270 ~ 279.

[21]　李新中. 定向凝固包晶合金相选择理论及其微观组织模拟. 哈尔滨:哈尔滨工业大学博士论文,2006.

[22]　王狂飞. Ti – Al 合金定向凝固组织演化的数值模拟. 哈尔滨:哈尔滨工业大学博士论文,2007.

[23]　陈光,傅恒志. 非平衡凝固新型金属材料. 北京:科学出版社,2004.

6　钛合金凝固过程多相微观组织模拟

6.1　概论

TiAl合金属于典型的包晶系统，凝固过程中经历包晶反应而使其凝固组织出现多种选择[1]，例如，对于成分为C_0的合金熔体，由于α相或β相的起始形核过冷度不同、临界形核功不同（图6-1a、c），当温度处于T_L^β和T_L^α之间时，仅β相具备了从液相中析出的热力学条件，当形核与生长温度降至T_L^α以下时，则β、α两相同时具备了析出的热力学条件，而且，当界面生长速率v大于v_c时，α相优先析出（图6-1b），这说明α相或β相形核和生长是在不同温度下进行的，为此，本章采用局域平衡及相稳定生长的最高界面温度的假设，对包晶相凝固时相与组织选择以及显微组织演化进行了模拟。

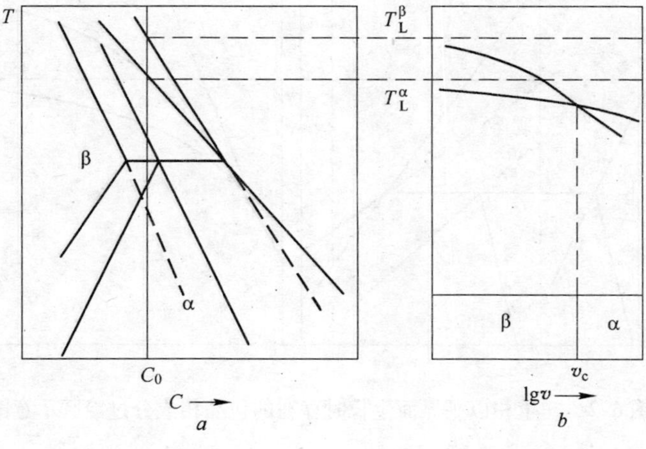

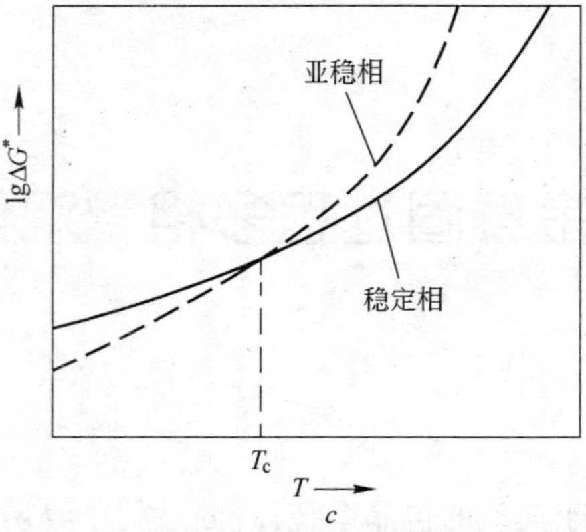

图 6-1　二元包晶合金相图及固-液界面温度、亚稳相和稳定相的临界形核功随生长速率或温度变化示意图

6.2　两相形核条件下的组织选择图

图 6-2 给出了初生 β 相作为单相领先以低速平界面生长，在稳态条件下界面前沿液相中两固相的液相线温度分布及在界面处与 β 液相线相切的温度，可以看出，在界面及其前沿，包晶 α 相局部的液相线温度高于该处温度梯度，存在对包晶相的成分过冷，且界面处成分过冷最大（图 6-2）。因此，如果 α 相开始形核，按充分形核假设，α 相形核

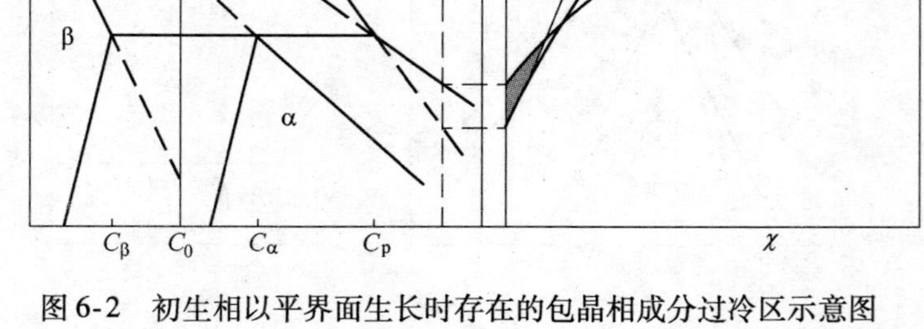

图 6-2　初生相以平界面生长时存在的包晶相成分过冷区示意图

后,迅速覆盖初生相并以低速平界面定向生长。如果 α 相形核并以低速平界面生长,稳态条件下,很显然,初生 β 相在界面处成分过冷为负值,即处于过热状态(图 6-3),由此可见,当界面液相浓度高于两相液相线相交成分 C_p 时,形核是不可能的。为了使 β 相能在 α 相前沿再次形核,α 相的生长也只能在高温方向进行(图 6-3),也就是 α 相可能在从初始过渡区到稳态转变过程中出现 β 相的形核。

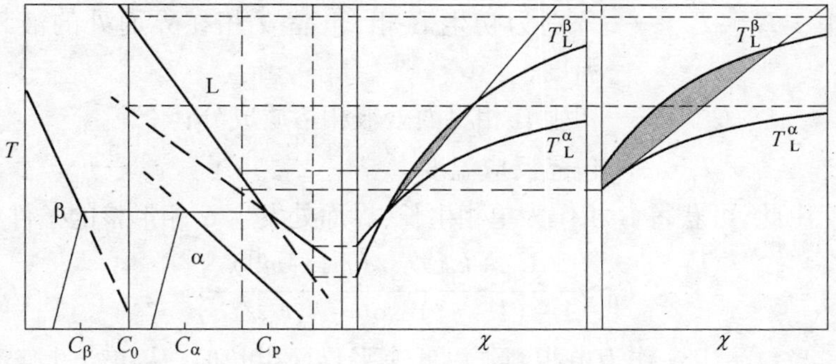

图 6-3 包晶相以平界面生长时存在的初生相成分过冷区示意图

6.2.1 平面生长

当初生相 β 作为单相领先以低速平界面生长时,从初始过渡到接近稳态,必须满足的成分过冷判据[2]为:

$$\frac{G}{v_p} \geqslant \frac{-m_l^\beta}{D_l}\left\{\frac{C_0}{k_\beta}\left[1-(1-k_\beta)\exp(-k_\beta v_p z/D_l)-C_0\right]\right\} \tag{6-1}$$

式中 C_0 ——初始成分;

k_β ——初生相 β 平衡溶质分配系数;

v_p ——定向凝固抽拉速度;

D_l ——液相溶质扩散系数;

z——凝固距离;

m_l^β——初生相 β 的液相线斜率。

根据定向凝固中相稳定生长的最高界面温度判据,判断一个相能否稳定生长的条件是:该相凝固界面生长的温度高于其他相。因此,初生相 β 作为单相领先以低速平界面定向生长,界面处出现 α 相的形核条件为：β 相界面处的生长温度低于 α 相的临界形核生长温度，即满足[3]：

$$T_{i,\beta} < T_{i,\alpha} - \Delta T_{\alpha} \tag{6-2}$$

其中：

$$T_{i,\beta} = T_{p} - m_{l}^{\beta}(C_{p} - C_{i}^{L,\beta}) \tag{6-3}$$

$$T_{i,\alpha} = T_{p} - m_{l}^{\alpha}(C_{p} - C_{i}^{L,\beta}) \tag{6-4}$$

式中 $T_{i,\beta}$，$T_{i,\alpha}$——分别为初生 β 相、包晶 α 相在界面处的液相线温度；

$C_{i}^{L,\beta}$——初生 β 相界面处液相溶质成分；

T_{p}——包晶反应温度。

由此，可获得 β 相作为单相生长，界面处发生 α 相形核的条件：

$$C_{0} > \frac{C_{\beta} + k_{\beta}\Delta T_{\alpha}/(m_{l}^{\alpha} - m_{l}^{\beta})}{1 - (1 - k_{\beta})\exp(-k_{\beta}v_{p}z/D_{l})} \tag{6-5}$$

当包晶相 α 作为单相领先以低速平界面生长时，从初始过渡到接近稳态，必须满足的成分过冷判据为：

$$\frac{G}{v_{p}} > \frac{m_{l}^{\beta}}{D_{l}}\left\{\frac{C_{0}}{k_{\alpha}}[1 - (1 - k_{\alpha})\exp(-k_{\alpha}v_{p}z/D_{l})] - C_{0}\right\} \tag{6-6}$$

式中 k_{α}——包晶相 α 平衡溶质分配系数；

m_{l}^{α}——包晶相 α 的液相线斜率。

当包晶 α 相作为单相领先以低速平界面定向生长时，固液界面前沿出现 β 相形核的条件是，α 相在界面前沿的局部温度低于 β 相在对应位置形核所需过冷度，即满足：

$$T_{L,\alpha} < T_{L,\beta} - \Delta T_{\beta} \tag{6-7}$$

其中：

$$T_{L,\alpha} = T_{p} - m_{l}^{\alpha}(C_{p} - C_{i}^{L,\alpha}) + Gx \tag{6-8}$$

$$T_{L,\beta} = T_{p} - m_{l}^{\beta}(C_{p} - C_{l}^{\alpha}) \tag{6-9}$$

式中 $C_{i}^{L,\alpha}$，C_{l}^{α}——分别为包晶 α 相界面处液相溶质成分和界面前沿液相溶质成分。

可确定 β 相在 α 相界面前沿出现最大成分过冷的位置 y_{0} 为：

$$y_0 = \frac{D_l}{v_p} \ln \frac{-v_p m_l^{\beta}(C_i^{L,\alpha}(z) - C_0)}{GD_l} \tag{6-10}$$

分析方程 6-10，当$\frac{G}{v_p} \geqslant \frac{-m_l^{\beta}(C_i^{L,\alpha}(z) - C_0)}{D_l}$时，取 $y_0 = 0$，即在界面处出现对初生相的最大成分过冷，获得单相平面生长的 α 相界面处出现 β 相形核的条件为：

$$C_0 < \frac{C_{\alpha} - k_{\alpha}\Delta T_{\beta}/(m_l^{\alpha} - m_l^{\beta})}{1 - (1 - k_{\alpha})\exp(-k_{\alpha} v_p z/D_l)} \tag{6-11}$$

当$\frac{-m_l^{\beta}(C_i^{L,\alpha}(z) - C_0)}{D_l} > \frac{G}{v_p} \geqslant \frac{-m_l^{\alpha}(C_i^{L,\alpha}(z) - C_0)}{D_l}$时，$y_0 > 0$，获得单相平面生长的 α 相界面处出现 β 相形核的条件为：

$$\Delta T_{\beta} < (m_l^{\alpha} - m_l^{\beta}) C_p + m_l^{\beta} C_0 - \frac{GD_l}{v_p} - m_l^{\alpha} C_i^{L,\alpha}(z) - \frac{GD_l}{v_p} \ln \frac{-v_p m_l^{\beta}(C_i^{L,\alpha}(z) - C_0)}{GD_l} \tag{6-12}$$

6.2.2 胞晶/枝晶生长

初生 β 相以胞状界面或树枝晶生长，若界面前沿出现 α 相的形核，必须满足：

$$T_p - m_l^{\beta}(C_p - C_{i,c}^{L,\beta}) < T_p - m_l^{\alpha}(C_p - C_{i,c}^{L,\beta}) - \Delta T_{\alpha} \tag{6-13}$$

由于其复杂性，Bower 等[3] 将 β 相胞状界面处液相溶质成分近似为：

$$C_{i,c}^{\beta} = C_0 - \frac{GD_l}{m_l^{\beta} v_p} \tag{6-14}$$

由此，可获得 β 相的胞状界面处出现 α 相形核的条件：

$$\frac{G}{v_p} > \frac{m_l^{\beta}}{D_l}\left[C_0 - C_p + \frac{\Delta T_{\beta}}{m_l^{\beta} - m_l^{\alpha}} \right] \tag{6-15}$$

类似地，可获得 α 相的胞状界面处出现 β 相形核的条件：

$$\frac{G}{v_p} > \frac{(m_l^{\beta} - m_l^{\alpha})(C_0 - C_p) - \Delta T_{\beta}}{D_l \ln(m_l^{\beta}/m_l^{\alpha})} \tag{6-16}$$

6.2.3 两相形核分析及其组织选择图

本节根据前两节形核判据，对单相以平面生长时是否发生第二相形核进行了模拟。图 6-4 给出了 Ti – 45% Al 合金 β 相作为单相平面生长时凝固距离为 $z = 1.5e - 2m$ 下，抽拉速度对界面前沿液相中溶质分布以及两固相的液相线温度分布的影响，图中还给出了在界面处与 β 液相线相切的温度梯度。β 相作为单相平面生长时，凝固远未达到稳态，由图可见，不管抽拉速度多大，包晶 α 相在界面处均存在最大成分过冷，抽拉速度仅仅使包晶 α 相在界面处最大成分过冷度增加（图 6-4*b*）。图 6-5 给出了 Ti – 47% Al 合金 α 相作为单相生长时，不同抽拉速度对两固相的液相线温度分布的影响，可以看出，在凝固距离为 $z = 1.5e - 2m$ 条件下，抽拉速度 $v_p = 0.0001mm/s$ 时，β 相在液相中存在成分过冷（图 6-5*a*），而抽拉速度 $v_p = 0.0002mm/s$ 时，β 相在界面及液相中均无成分过冷（图 6-5*b*）。可见，在凝固距离较大时，抽拉速度仅仅影响 β 相在界面前沿液相中的成分过冷。图 6-6 给出了 α 相作为单相生长时，不同凝固距离对两固相的液相线温度分布的影响，在抽拉速度 $v_p = 0.0005mm/s$ 条件下，凝固距离为 $z = 1.5e - 3m$ 时，β 相局部的液相线温度高于该处温度梯度，在界面及其前沿液相中均出现成分过冷（图 6-6*a*）按充分形核假设，β 相形核后，迅速覆盖 α 相并以低速平界面定向生长，而凝固距离较长时，无成分过冷出现。

由以上模拟可见，TiAl 合金定向凝固过程中，带状组织形成必须考虑两相形核问题。初生相 β 平面生长时，在不考虑包晶相 α 形核过冷度情况下，只要界面溶质浓度高于两相液相线相交成分 C_p，即在抽拉速度 $v_p = 0.0001mm/s$ 或 $v_p = 0.0002mm/s$ 情况下均存在对 α 相成分过冷，因此，α 相均有在 β 相凝固组织前沿形核的可能。但是对于 α 相，如果抽拉速度很慢，则存在 β 相在 α 相凝固组织前沿形核的可能；如果凝固距离较小，也同样存在对 β 相的成分过冷。因此，在以下两种情况下可能出现带状组织：(1) 抽拉速度较小；(2) 凝固未进入稳态阶段。

对于许多低速定向生长的包晶合金，要经历很长一段过渡区的长度才能达到稳态生长，因而，在过渡区内发生第二相形核转变完全可

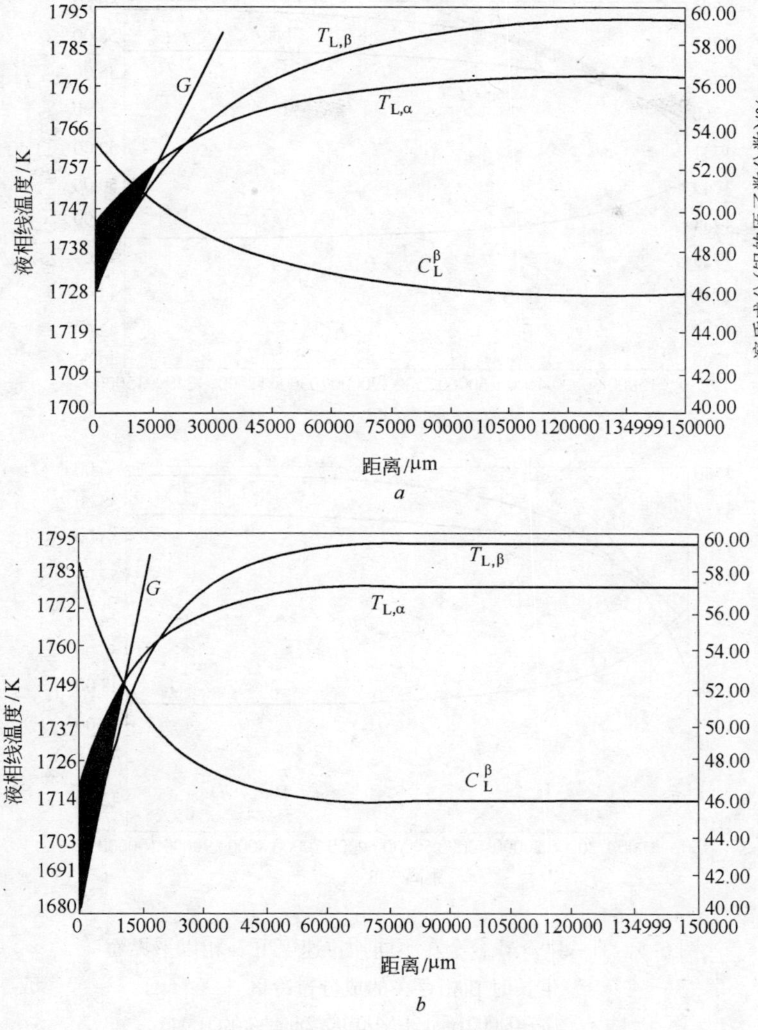

图 6-4 Ti-45% Al 合金在不同抽拉速度下 β 相以平界面生长时 α 相存在的成分过冷区

a—0.0001mm/s；*b*—0.0002mm/s

能。图 6-7 给出了凝固距离取 $z=1.5e-2$m 时 TiAl 合金的相和微观组织选择图[4]，该选择图忽略了形核过冷度的影响。方程 6-1 左右两边取等号时对应图中直线 1；方程 6-5 取等号时对应图中直线 2；方程

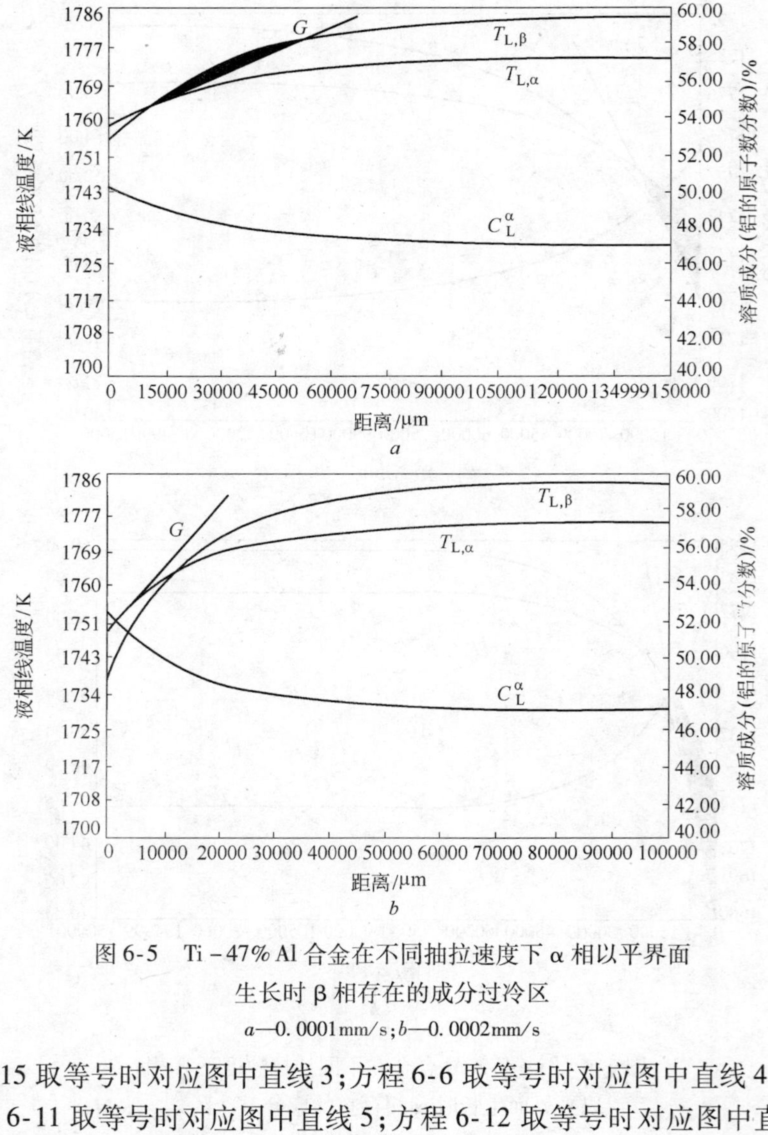

图6-5　Ti-47% Al 合金在不同抽拉速度下 α 相以平界面生长时 β 相存在的成分过冷区

a—0.0001mm/s；*b*—0.0002mm/s

6-15 取等号时对应图中直线 3；方程 6-6 取等号时对应图中直线 4；方程 6-11 取等号时对应图中直线 5；方程 6-12 取等号时对应图中直线 6；方程 6-16 取等号时对应图中直线 7。由图 6-7 可见，直线 2、3 和 5 构成了两相均可以在对方界面前沿形核区域，也就是包晶合金低速平界面定向生长时，形成带状组织的成分区域，因初生相 β 凝固形态不同，可分为Ⅰ区——周期性带状组织区，Ⅱ区——混合带状组织生长

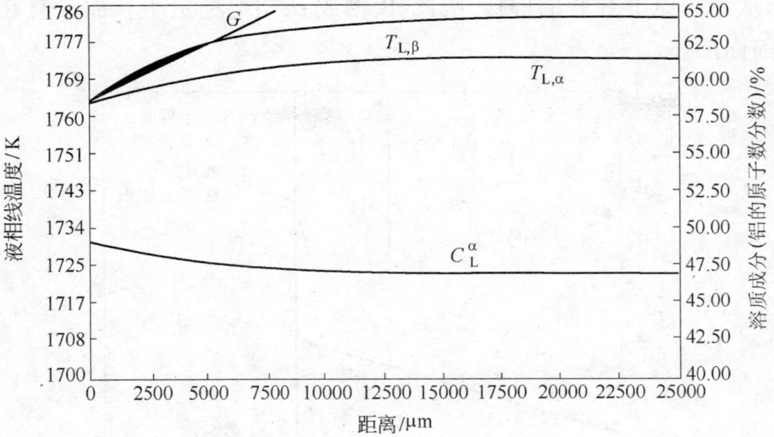

a

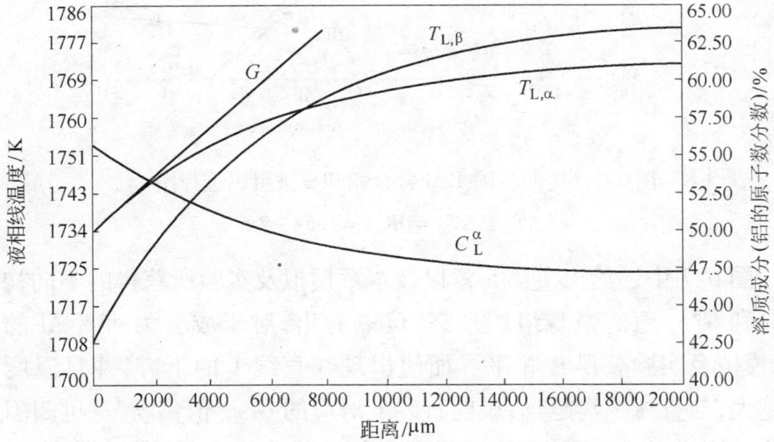

b

图 6-6 Ti-47% Al 合金在不同凝固距离下 α 相以平界面生长时 β 相存在的成分过冷区

a—1.5e-3m;*b*—1.5e-2m

区，β 相的凝固形态为胞状，α 相为平面。

随着 G/v_p 增大，在包晶相 β 平界面生长区以下出现 β 和 α 胞晶/平面或胞晶/胞晶生长区，因包晶相 α 凝固形态不同，可分为Ⅲ区——β 和 α 胞晶/平面生长区，Ⅳ区——β 和 α 枝/胞晶生长区。在这些区域，虽然 β 相生长温度较 α 相高，但由于 α 相平面前沿铝含量相对较高，从而避免了 β 相的形核，因此，β 相或 α 相均稳定生长而没有在对方前面形核。

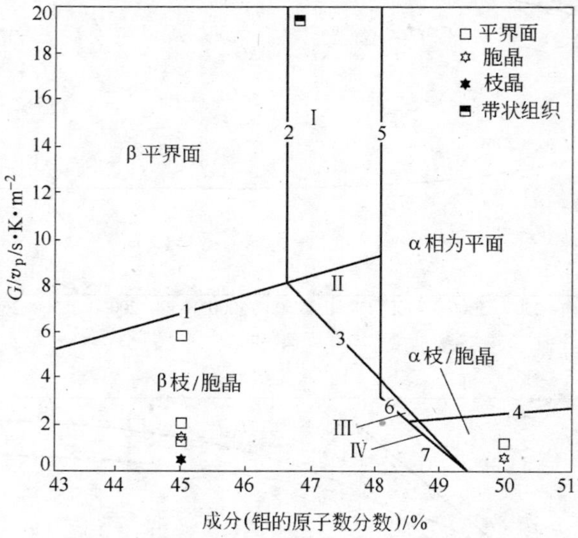

图 6-7 定向凝固 TiAl 合金相和显微组织选择图[4]

$\Delta T_{\alpha}=\Delta T_{\beta}=0\text{K}, z=1.5\text{e}-2\text{m}$

图 6-7 中还给出了第 5 章以及本章模拟及实验所获得的不同初始成分和 G/v_p 值的微观组织形态，可以看出，对于成分为 45% Al 的合金，模拟及实验获得 β 相平界面值出现在直线 1 的下方，并且温度梯度越大，与直线距离越远，说明直线 1 对应的 G/v_p 值偏高，这可归因于理论计算为一维情况，它忽略了溶质交互作用以及高估了 β 相的凝固区间或低估了溶质扩散系数。同时对于成分为 50% Al 的合金，模拟获得 α 相平界面及胞/枝晶值均在直线 4 的下方。实验观察到周期性带状组织出现在理论预测范围之内。

6.3 钛合金包晶相变相场模型的构造

与液固相变情况一样，包晶相变相场模型的构造也是基于相变过程凝固体系能量的降低以及溶质的守恒，其中，体系自由能的构造十分关键。在该相变过程中,可将体系划分成如图6-8所示的7个区域:液相L区;初生α相区;包晶β相区;L与α的界面区;L与β的界面区;α与β的界面区和L、α和β三相交节点。体系自由能的构造实际上就是对上述7个区域中能量的"有机组合"过程。组合方式的差异也就导致了相场模型的不同。

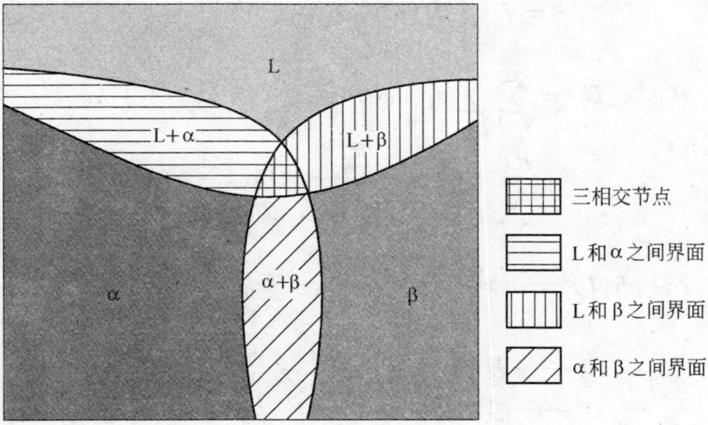

图6-8　包晶相变过程的相界面及三相交节点示意图

当前,典型的包晶相变相场模型有两类,一类是Nestler等人[5,6]在理想溶液液固相变相场模型(即WBM模型)的基础上建立的,简称为"Nestler模型";另一类是Lo等人[7]通过假设包晶合金两相液固相线为互相平行的直线而构造的,简称为"Lo模型"。这两类模型对体系自由能的构造均存在较大的假设,而且构造方式也有很大差异。本节我们给出它们的基本构造方法,并对其合理性进行分析。

6.3.1　Nestler模型

Nestler模型引入了三个相场变量$\varphi_i(i=1,2,3)$:$\varphi_1=1$表示初生相α;$\varphi_2=1$表示包晶相β;$\varphi_3=1$表示液相L。它们在凝固体系空间任何一点均满足:

$$\sum_{i=1}^{3}\varphi_i=1 \tag{6-17}$$

该模型的控制方程如下：

$$F(c,\phi,T) = \int_V \left[f(c,\phi,T) + \frac{1}{2}\sum_{i=1}^{3}\sum_{j=1}^{j=i} \varepsilon_{i,j} \mid r_{i,j} \mid ^2 \right] \mathrm{d}V \tag{6-18}$$

$$\frac{\partial \phi_j}{\partial t} = -M_1(\phi,\nabla\phi)\frac{\partial F}{\partial \varphi_j}(j=1,\cdots,3) \tag{6-19}$$

$$\frac{\partial c}{\partial t} = \nabla \cdot \left\{ M_2(\phi)\left[c(1-c)\nabla\left(\frac{\partial F}{\partial c}\right)\right]\right\} \tag{6-20}$$

$$f(\phi,c,T) = \sum_{i=1}^{3}\sum_{j=1}^{i} g_{i,j}(\phi,c) + \sum_{i=1}^{3}\left[h_i(c,T) + \lambda\varphi_i \right] + \frac{RT}{v_{\mathrm{m}}}\left[c\ln(c) + (1-c)\ln(1-c)\right] \tag{6-21}$$

式中　$F(c,\phi,T)$——体系自由能；

c——溶质成分；

ϕ——表示($\varphi_1,\varphi_2,\varphi_3$)；

T——温度；

$f(c,\phi,T)$——体系自由能密度，可表示为方程6-21；

$\varepsilon_{i,j}$——相 i 和相 j 间的梯度能量系数；

R——气体常数；

v_{m}——摩尔体积；

λ——Lagrange 约束算子，用来强制各相场变量在空间任何位置的任何时刻均满足方程5-1。

矢量 $r_{i,j}$ 反映表面能各向异性，当它取下式时，表示表面能各向同性：

$$r_{i,j} = \varphi_i \nabla \varphi_j - \varphi_j \nabla \varphi_i \tag{6-22}$$

$M_1(\phi,\nabla\phi)$ 和 $M_2(\phi)$ 是相场动力学参数；方程 6-21 中双阱势可表示为：

$$g_{i,j}(\phi,c) = \frac{1}{4}W_{i,j}(c)\varphi_i^2\varphi_j^2 \tag{6-23}$$

$$W_{i,j}(c) = cW_{i,j}^{\mathrm{B}} + (1-c)W_{i,j}^{\mathrm{A}}$$

式中　$W_{i,j}^{\mathrm{B}}$，$W_{i,j}^{\mathrm{A}}$——分别为纯溶质组元 B 和纯溶剂组元 A 的能垒。

$h_i(c,T)$为相 i 的体自由能密度,可表示为:

$$h_i(c,T)=(1-c)h_i^A(T)+ch_i^B(T) \tag{6-24}$$

其中:

$$h_i^A(T)=L_A\left(\frac{T-T_i^A}{T_i^A}\right) \tag{6-25}$$

式中 L_A ——纯组元 A 的凝固潜热;

T_i^A ——相 i 对应的纯组元 A 的熔点。

$h_i^B(T)$有类似的形式。

将方程 6-18 代入方程 6-19 和方程 6-20,可获得 Nestler 模型的相场和成分场控制方程:

$$\frac{1}{M_1}\frac{\partial\varphi_i}{\partial t}=\sum_{j=1,j\neq i}^{3}\{-\varepsilon_{i,j}^2[\nabla(r_{i,j}\varphi_j)+r_{i,j}\nabla\varphi_j]\}-\sum_{j=1,j\neq i}^{3}\frac{1}{2}W_{i,j}(c)\varphi_i\varphi_j^2-[ch_i^B(T)+(1-c)h_i^A(T)]-\lambda \tag{6-26}$$

$$\frac{\partial c}{\partial t}=\nabla\left\{M_2c(1-c)\nabla\left[\sum_{i<j}\frac{1}{4}(W_{i,j}^B-W_{i,j}^A)\varphi_i^2\varphi_j^2+\sum_{i=1}^{3}(h_i^B(T)-h_i^A(T))\varphi_i\right]+D(\varphi)\nabla c\right\} \tag{6-27}$$

其中:

$$\lambda=\frac{1}{3}\sum_{i=1}^{3}\left\{\sum_{j=1,j\neq i}^{3}\{\varepsilon_{i,j}^2[\nabla(r_{i,j}\varphi_j)+r_{i,j}\nabla\varphi_j]\}+\sum_{j=1,j\neq i}^{3}\frac{1}{2}W_{i,j}(c)\varphi_i\varphi_j^2+[ch_i^B(T)+(1-c)h_i^A(T)]\right\} \tag{6-28}$$

$$M_2(\varphi)=\frac{v_m}{RT}D(\varphi) \tag{6-29}$$

$$D(\varphi)=\sum_{i=1}^{3}D_i\varphi_i \tag{6-30}$$

式中 D_i——相 i 的液相溶质扩散系数。

当取 $T_1^A>T_2^A>T_2^B>T_1^B$ 和其他合理参数时,通过方程 6-21 可获得液相、初生相和包晶相的自由能密度曲线，进一步采用共切线构造法就可计算出与其对应的包晶相图，如图 6-9 所示。可以看出，该相图实际上是两个匀晶相图简单复合而成的。显然，对于任何一种具体包晶合金的相图，都很难通过这种方式获得，而且这种简单复合并没有实际的物理意义。所以，Nestler 模型实际上只适合对假想包晶合金的两相微观组织演化进行模拟。

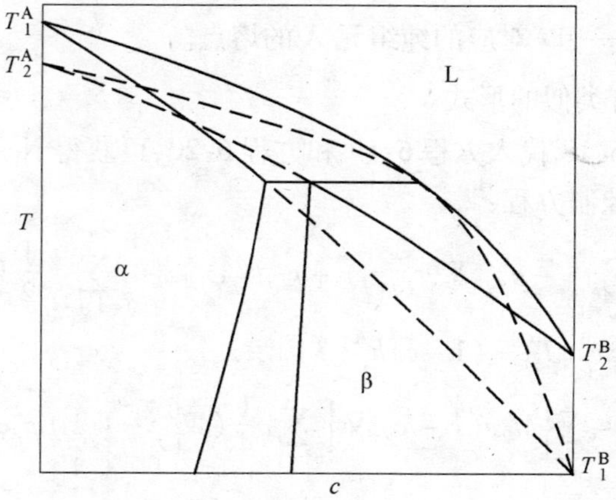

图 6-9　由 Nestler 模型获得的典型包晶合金示意相图

6.3.2　Lo 模型

Lo 模型引入了两个相场变量，φ 用来区分固液相，即 $\varphi=1$ 表示固相，$\varphi=-1$ 表示液相；ψ 用来区分初生相 α 和包晶相 β，即 $\psi=1$ 表示 α 相，$\psi=-1$ 表示 β 相，并且强制在液相中 $\psi=0$。该模型的控制方程如下：

$$F=\int_V\left\{\frac{1}{2}W_\varphi^2\mid\nabla\varphi\mid^2+\frac{1}{2}W_\psi^2\mid\nabla\psi\mid^2+f(\varphi,\psi,c)\right\}\mathrm{d}V \tag{6-31}$$

$$\tau_\varphi\frac{\partial\varphi}{\partial t}=-\frac{\partial F}{\partial\varphi} \tag{6-32}$$

$$\tau_\psi\frac{\partial\psi}{\partial t}=-\frac{\partial F}{\partial\psi} \tag{6-33}$$

$$\frac{\partial c}{\partial t}=\nabla\left[M(\varphi)\nabla\frac{\partial F}{\partial\varphi}\right] \tag{6-34}$$

$$f(\varphi,\psi,c)=\frac{\lambda}{2}\left\{c+A_1h(\varphi)+\frac{1}{2}A_2[1+h(\varphi)]h(\psi)\right\}^2-$$
$$\lambda\left\{B_1h(\varphi)+\frac{1}{2}B_2[1+h(\varphi)]h(\psi)\right\}+g(\varphi)+$$
$$\frac{1}{2}[1+h(\varphi)]g(\psi)+\frac{1}{2}[1-h(\varphi)]\psi^2 \qquad (6\text{-}35)$$
$$M(\varphi)=D_L(1-\varphi)/(2\lambda)$$

式中 F——体系自由能；
W_φ,W_ψ——梯度能量系数；
$f(\varphi,\psi,c)$——体系自由能密度；
τ_φ,τ_ψ——相场动力学参数；
D_L——液相溶质扩散系数；
λ——正的补偿常数；
A_1,A_2,B_1,B_2——特征参数，它们的取值取决于相图热力学参数。

方程 6-35 中双阱函数表示为：

$$g(\varphi)=\frac{1}{4}-\frac{\varphi^2}{2}+\frac{\varphi^4}{4} \qquad (6\text{-}36)$$

$$h(\varphi)=\frac{3}{2}\left(\varphi-\frac{\varphi^3}{3}\right) \qquad (6\text{-}37)$$

函数 $g(\psi)$ 和 $h(\psi)$ 可表示为与上面两方程类似的形式。

方程 6-35 对包晶相变体系自由能密度的构造方式借助了许多固态相变相场模型[8,9]中体系能量密度的构造方法。这种构造方法只适合于扩散控制的相变体系，但它具有一个显著优点，就是体系能量密度的特征参数（即 A_1、A_2、B_1 和 B_2）可以根据计算精度与效率的要求，通过相图热力学参数灵活确定，而这在当前计算能力条件下的多相场计算中是尤为重要的。比如，在包晶反应温度附近，通常可以将复杂的曲线包晶相图简化成直线相图，此时，在构造该体系的自由能密度时，它的特征参数就可以取得相对简单。

显然，Lo 模型的构造比 Nestler 模型更具灵活性，且物理意义更为明确。利用该模型，Lo 等人[7]成功地模拟了模型合金在包晶平台附近高 G/v_p 值的定向凝固中，带状组织以及两相共生生长组织的形成。然而，在该模拟中，方程 6-35 的特征参数 A_1、A_2、B_1 和 B_2 的取值是温度的一阶逼近函数,这就使得采用方程 6-35 计算获得的包晶合金相图的两相液固相线为互相平行的直线[7],如图 6-10 所示,和实际情况不相符。因此,Lo 模型和 Nestler 模型一样只适合对假想包晶合金的模拟。

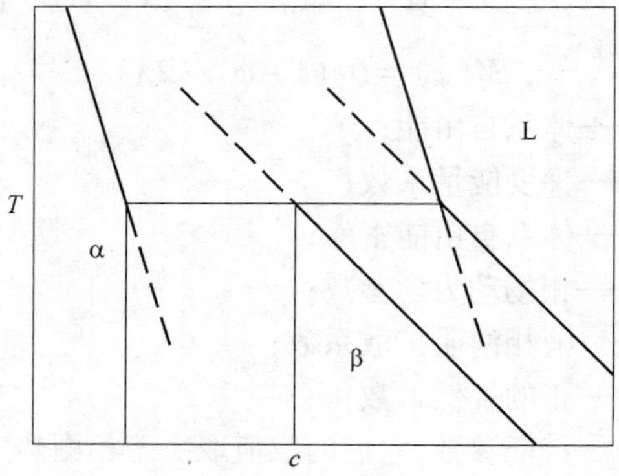

图 6-10 由 Lo 模型获得的典型包晶合金示意相图

6.3.3 具体合金包晶相变相场模型构造

John 等人[10]根据相图中包晶相区的特征将包晶合金划分为三类,如图 6-11 所示:在 A 类中,固溶转变线 c_{β}^{α} 与包晶相 β 的固相转变线 c_{s}^{β} 的斜率符号相同,如图 6-11*a* 所示;B 类中两线的斜率符号相反,如图 6-11*b* 所示;而 C 类中 β 相只在一个相当窄或单一的成分范围内存在,如图 6-11*c* 所示;其中,B 类相图是比较常见的,如 Fe - Ni、Ti - Al、Pb - Bi 和 Zn - Cu 等包晶合金都属于这一类,本节我们以此类相图为例,采用与 Lo 模型类似的体系自由能构造方法,建立能对具体合金包晶相变微观组织演化进行模拟的多相场模型。

从方程 6-35 中可获得液相、初生相和包晶相的自由能密度表达式:

$$f_l = f(-1,0,c) = \frac{\lambda}{2}(c - A_1)^2 + \lambda B_1 \tag{6-38}$$

$$f_\alpha = f(1,1,c) = \frac{\lambda}{2}(c + A_1 + A_2)^2 - \lambda(B_1 + B_2) \tag{6-39}$$

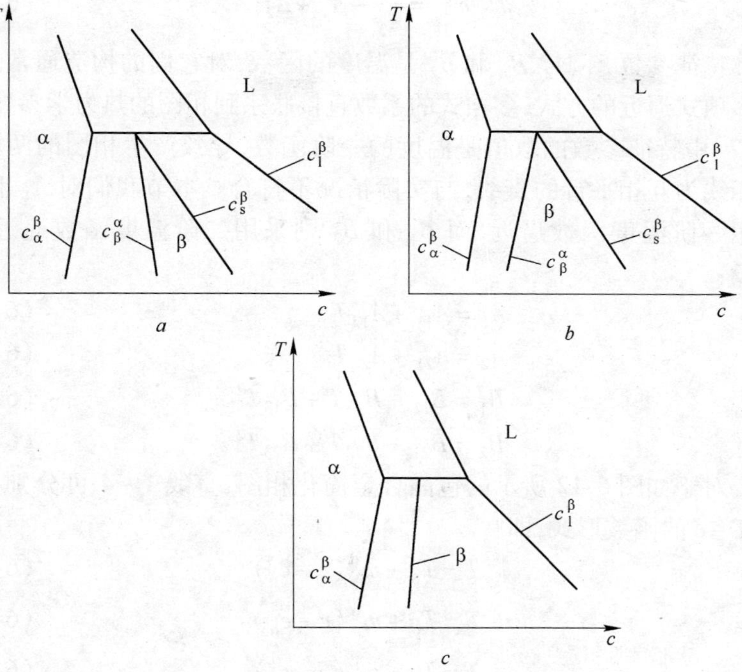

图 6-11 典型二元包晶反应相图

a—A 类；*b*—B 类；*c*—C 类

$$f_\beta = f(1, -1, c) = \frac{\lambda}{2}(c + A_1 - A_2)^2 - \lambda(B_1 - B_2) \tag{6-40}$$

通过共切线构造法，可获得固－液和固－固平衡成分[7]：

$$c_l^{\alpha,\beta} = \frac{B_1 \pm \frac{1}{2}B_2}{A_1 \pm \frac{1}{2}A_2} + A_1 \tag{6-41}$$

$$c_s^{\alpha,\beta} = \frac{B_1 \pm \frac{1}{2}B_2}{A_1 \pm \frac{1}{2}A_2} - A_1 \mp A_2 \tag{6-42}$$

$$c_{s,s}^{\alpha} = \frac{B_2}{A_2} - A_1 - A_2 \tag{6-43}$$

$$c_{s,s}^{\beta} = \frac{B_2}{A_2} - A_1 + A_2 \tag{6-44}$$

特征参数 A_1、A_2、B_1 和 B_2 是温度的函数，对它们的构造通常是采用多项式逼近的方式，多项式的系数直接联系到相图的热力学参数，文献[7]中特征参数的取值是温度的一阶函数，导致产生相图的两相液固相线为互相平行的直线，与实际情况不符合。本节我们对 A_1 和 A_2 采用一阶温度函数逼近，而 B_1 和 B_2 则采用二阶温度函数逼近，即假设：

$$A_1 = A_{11} + A_{12}T \tag{6-45}$$

$$A_2 = A_{21} + A_{22}T \tag{6-46}$$

$$B_1 = B_{11} + B_{12}T + B_{13}T^2 \tag{6-47}$$

$$B_2 = B_{21} + B_{22}T + B_{23}T^2 \tag{6-48}$$

对于如图 6-12 所示的包晶合金简化相图，直线 1 ~ 4 可分别描述为 $T-c$ 的函数形式，即：

$$T = T_p + m_l^{\alpha}(c - c_p) \tag{6-49}$$

$$T = T_p + m_s^{\alpha}(c - c_{\alpha}) \tag{6-50}$$

$$T = T_p + m_l^{\beta}(c - c_p) \tag{6-51}$$

$$T = T_p + m_s^{\beta}(c - c_p) \tag{6-52}$$

式中 T_p ——包晶温度；

m_l^{α}，m_s^{α}，m_l^{β}，m_s^{β}——分别为初生相和包晶相的液相线和固相线斜率。

将方程 6-49 和方程 6-51 对应到方程 6-41，方程 6-50 和方程6-52 对应到方程 6-42，即可建立参数 A_{11}、A_{12}、A_{21}、A_{22}、B_{11}、B_{12}、B_{13}、B_{21}、B_{22}和 B_{23}与相图热力学参数 c_{α}、c_{β}、c_p、m_l^{α}、m_s^{α}、m_l^{β} 和 m_s^{β} 的函数关系。由此，通过方程 6-43 和方程 6-44 可进一步求出图 6-12 中的固 - 固转变线 5 和 6 的 $T-c$ 函数表达式，发现它和实际相图中的 $T-c$ 函数并不完全一致，但这并不会影响到我们当前的计算结果。

由此，通过对体系自由能密度的特征参数采用高阶多项式逼近的方式，结合 Lo 模型，我们建立了能对具体合金包晶相变凝固微观组织演化进行模拟的相场模型，即方程 6-31 ~ 方程 6-37 以及方程 6-45 ~ 方程 6-48。

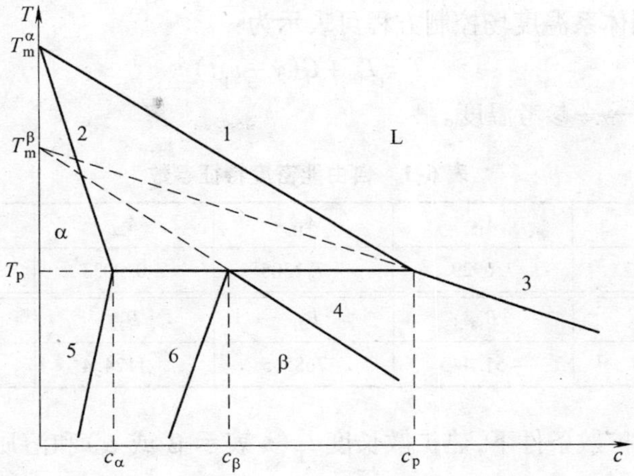

图 6-12 包晶合金简化相图

6.4 定向凝固 TiAl 合金包晶相变微观组织模拟

文献[11]给出了 Ti - 40% ~ 50% Al 合金直线简化相图的热力学参数。如表 6-1 所示，温度为 1763K 左右时存在典型的包晶反应，L + β→α，相图如图 5-3 所示。本节采用 Lo 模型和上节中介绍的体系自由能密度的构造方法，模拟该合金在定向凝固条件下的两相生长行为。

6.4.1 计算参数的选取及数值求解问题

与文献[11]类似，我们取方程 6-31 中 $W_\varphi = W_\psi = W$，方程 6-32 和方程 6-33 中 $\tau_\varphi = \tau_\psi = \tau$，且它们满足：

$$\frac{\tau D_L}{W^2} = 1 \tag{6-53}$$

式中 D_L——液相溶质扩散系数。

方程 6-34 中补偿常数 $\lambda = 2.5$，特征参数 A_1、A_2、B_1 和 B_2 中的各个参量则采用文献[4]中数据计算获得，如表 6-1 所示。

选取定向凝固温度梯度为 $G = 200\text{K/cm}$，生长速度为 $v_p = 0.1\mu\text{m/s}$，以确保包晶两相的平界面生长，抽拉方向为竖直方向（即 y

方向)，则体系温度场控制方程可表示为：

$$T = T_0 + G(y - v_p t) \tag{6-54}$$

式中 T_0——参考温度。

表 6-1 自由能密度特征参数

A_{11}	A_{12}	A_{21}	A_{22}	B_{11}
35.1573	7.0929	-7.1308	-0.0033	9385.5
B_{12}	B_{13}	B_{21}	B_{22}	B_{23}
1578.7	-51.440	-7685.5	-1124.4	0.6926

在纯扩散条件下，热扩散长度 l_T^v(v 表示 β 或 α)和溶质扩散长度 l_D 可表示为：

$$l_T^v = \frac{|m_l^v|(c_p - c_v)}{G} \tag{6-55}$$

$$l_D = D_L / v_p \tag{6-56}$$

为此，必须选择足够的计算域高度 H，以确保热流和溶质的充分扩散，我们取：

$$H = 10 l_D = 2000 W \tag{6-57}$$

另外，计算域宽度(即定向凝固试样直径)为：

$$L = N l_D \tag{6-58}$$

式中 N——正的实数。

采用有限差分法求解方程 6-32 ~ 方程 6-34，将矩形计算域离散成均匀网格，与文献[7]类似，取网格尺寸 $\Delta x = 0.8W$，时间步长 $\Delta t = 0.1\tau$，长度尺度以 l_D 为标准，时间尺度则以扩散时间 $t_D = l_D / v_p$ 为标准。在计算域的边界强制无张量 Numann 边界条件。

6.4.2 小直径试样连续形核控制的微观组织

定向凝固的包晶合金会出现相的不断形核和生长，导致形成各种各样的微观组织。由于形核对最终凝固组织形态有决定性的影响，我们常称之为形核控制的微观组织。处理相的形核首先是要确定形核的条件和位置，从本章 6.2 节的分析可知，在纯扩散生长条件下的定向凝固包晶合金，某相生长界面前沿溶质成分达到第二相形核的临界成分时，就可能发生第二相的形核，该临界成分与形核相的形核过冷度有关；对于包晶合金，我们假设形核的最佳位置是位于固液界面处。另外，相的形核是典型的随机事件，当前，经典形核理论对其的处理是给出单位时间和空间的形核概率的确定性模型，即确定性地给出形核率模型并同时考虑随机因素。显然，空间越大，形核处理就会变得越复杂。现只考虑小直径（计算域宽度）试样（$L < l_D$）连续形核情况。

对于小直径试样，可以认为形核发生在靠近试样侧面墙壁的固液界面处，由于试样尺寸较小，在模拟过程中，我们将形核的核心始终固定在试样一侧的墙壁上。另外，只要某相生长界面前沿溶质成分达到第二相形核临界成分，第二相则迅速形核，和文献[7]类似，我们假定形核相一旦形成，直到该相完全延伸形成离散或岛屿状带，才可能出现该相的进一步形核，即连续形核（Continuous Nucleation）。

图 6-13 给出了相场模拟 Ti－45.5% Al 合金小试样在不同直径和形核过冷度下获得的微观组织，其中，黑区为初生相 β，亮区为包晶相 α。从图中可以看出，对于直径稍大的试样，在定向凝固过程中，当初生相和包晶相的形核过冷度均较大时，从上节分析可知，三相交接点将具有较大的水平方向延伸速率，而且，该条件下的临界尺寸 L_c 较小，导致形核相能依附另相完全延伸，形成两相交替生长的离散带状组织，如图 6-13*a* 所示；在相同的试样直径下，减小包晶相的形核过冷度，将导致 v_s 减小以及临界尺寸 L_c 增大，包晶相依附初生相表面生长，但不能完全延伸，最终形成岛屿带状组织，如图 6-13*b* 所示；当同时减小试样直径和包晶相形核过冷度时，模拟获得了包晶两相协同生长的组织，如图 6-13*c* 所示。在图 6-13*b* 和图 6-13*c* 中，三相交接点水平延伸速度缓慢增大到一定值后，延伸方向均发生变化，但在随后朝相反方向的延伸过程中，前者的延伸速度比后者的大。因此，在图 6-13*b* 中初生相较快地包覆住了包晶相，而在图 6-13*c* 中，初生相和包晶相则持续竞争生长，导致界面处溶质成分较易满足包晶相形核条件，形成类似共晶合金中的共生生长组织。

上述模拟结果再次说明，在小直径试样的定向凝固过程中，试样直径和相形核过冷度对三相交接点的延伸速度有极大影响，而该速度的

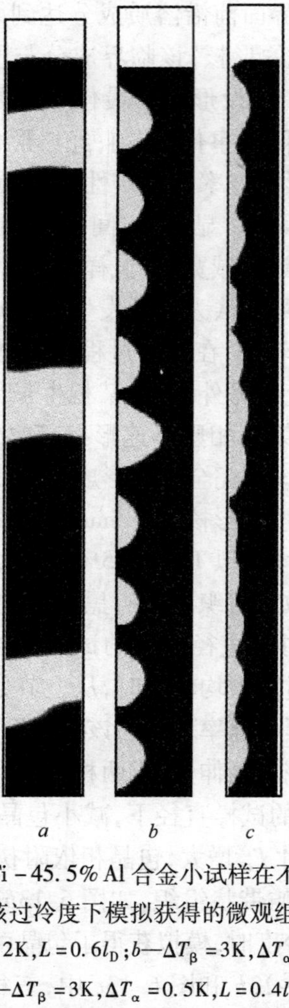

图 6-13　Ti - 45.5% Al 合金小试样在不同直径和形核过冷度下模拟获得的微观组织

a—$\Delta T_\beta = 3\mathrm{K}, \Delta T_\alpha = 2\mathrm{K}, L = 0.6 l_D$；$b$—$\Delta T_\beta = 3\mathrm{K}, \Delta T_\alpha = 0.5\mathrm{K}, L = 0.6 l_D$；

c—$\Delta T_\beta = 3\mathrm{K}, \Delta T_\alpha = 0.5\mathrm{K}, L = 0.4 l_D$

差异将对应形成离散或岛屿带状和共生生长等典型组织。

6.5 本章小结

本章利用相稳定生长的最高界面温度判据，分析了 TiAl 合金低速平界面生长时 β 相或 α 相界面前沿发生第二相形核的可能性，得到了初始过渡时的相和微观组织选择图；同时，通过对当前包晶相变相场模型构造的合理性进行分析，采用与 Lo 模型类似的体系自由能构造方法，但对其中的自由能密度特征参数采用高阶多项式逼近的方式，建立了适合对具体合金包晶相变凝固微观组织演化进行模拟的多相场模型。利用该模型，对小直径试样（$L < l_D$）在连续形核的情况下两相微观组织演化进行模拟，获得以下结论：

（1）初生或包晶相分别作为单相以低速平界面生长时，界面前沿发生第二相形核转变条件为：初生相在任意情况下，均存在对包晶相的成分过冷，而包晶相在以下两种情况下，可能出现对初生相的成分过冷：1）抽拉速度较小；2）凝固未进入稳态阶段。由此可推断带状组织形成条件。

（2）根据初始过渡时的相和微观组织选择图，并与第 5 章模拟结果进行了对比。

（3）对于 Ti－45.5% Al 合金小直径试样（$L < l_D$）在连续形核的情况下，当试样直径稍大且初生相和包晶相的形核过冷度均较大时，形成两相交替生长的离散带状组织；在相同的试样直径下，减小包晶相的形核过冷度时，有形成岛屿带状组织的趋势；当同时减小试样直径和包晶相形核过冷度时，则有形成包晶两相协同生长组织的趋势。

参 考 文 献

[1] 王狂飞．Ti－Al 合金定向凝固组织演化的数值模拟．哈尔滨：哈尔滨工业大学博士论文，2007.

[2] Hunziker O, Vandyoussefi M, Kurz W. Phase and Microstructure Selection in Peritectic Alloys Close to the Limit of Compositional Undercooling. Acta Mater., 1998, 46(18): 6325 ~ 6336.

[3] Bower T F, Brody H D, Flemings M C. Solute Redistribution in Dendritic Solidification. Trans. TMS－AIME, 1966, 236: 624 ~ 631.

[4] 李新中．定向凝固包晶合金相选择理论及其微观组织模拟．哈尔滨：哈尔滨工业大学博士论文，2006.

[5] Nestler B. A Multiphase-field Model: Sharp Interface Asymptotics and Numerical Simulations of Moving Phase Boundaries and Multijunctions. J. Crys. Growth, 1999, 204: 224 ~ 228.

[6] Nestler B, Wheeler A A. A Multi－Phase－Field Model of Eutectic and Peritectic

Alloys: Numerical Simulation of Growth Structures. Phys. D, 2000, 138: 114 ~ 133.

[7] Lo T S, Karma A, Plapp M. Phase – Field Modeling of Microstructural Pattern Formation during Directional Solidification of Peritectic Alloys without Morphological Instability. Phys. Rev. E, 2001, 63(031504): 1 ~ 15.

[8] Vaithyanathan V, Chen L Q. Coarsening of δ′ – Al_3Li Precipitates: Phase – Field Simulation in 2D and 3D. Scripta Mater., 2000, 42: 967 ~ 973.

[9] Fan D, Chen S P, Chen L Q, Voorhees P W. Phase – Field Simulation of 2 – D Ostwald Ripening in the high Volume Fraction Regime. Acta Mater., 2002, 50: 1895 ~ 1907.

[10] St John. D H, Hogan L M. A Simple Prediction of the Rate of the Peritectic Transformation. Acta Metall Mater., 1987, 35(1): 171 ~ 179.

[11] Tiller W A. The Science of Crystallization: Macroscopic Phenomena and Defect Generation. Cambridge: Cambridge University Press, 1991: 143 ~ 147.

7 钛合金锻造过程微观组织模拟

7.1 概论

航空等相关高技术的快速发展,要求钛合金实现精确成形和高性能控制,其中锻造成形技术能够使钛合金实现成形和改性,是钛合金零件的主要加工方法之一。在锻造过程中,钛合金不仅形状发生了变化,其内部的微观组织也经历了一系列演变。而钛合金锻件最终的微观组织决定了其使用性能、使用范围和使用寿命,因此对锻件锻后微观组织的研究是进行工艺方案设计的基础。利用实验对钛合金锻件锻后的组织和性能进行测量,其结果只能部分地反映工艺参数对组织的影响,而且受变形条件和材料的限制,其测量也具有一定的局限性。随着计算机和数值模拟等技术的发展,有限元法在金属成形过程中的仿真模拟应用越来越广泛,微观组织的模拟和预测已成为国内外学者的研究热点。通过计算机模拟钛合金锻造过程微观组织演变情况,可揭示其微观组织的分布规律,预测钛合金锻件的缺陷和性能,优化工艺参数等,可为钛合金锻造工艺的制订提供工程实用的科学依据和预见性设计方法,对发展钛合金锻造技术具有重要理论意义和应用价值。

7.2 研究现状

7.2.1 钛合金的微观组织和性能

钛具有两种同素异形体,分别以 α 和 β 来表示。钛的同素异形转变温度为 882.5℃,其低温相 α 为密排六方点阵;在 882.5℃以上,稳定相 β 为体心立方点阵。按照退火后组织特点,钛合金可分为 α 合金及近 α 合金(以 TA 表示)、α + β 合金(以 TC 表示)和 β 合金(以 TB 表示）三类[1]。由于钛及钛合金有两种同素异形体，在高于相转变温度时，钛合金中密排六方晶格结构的 α 相均将转变为体心立方晶格结构的 β 相。在低温下，密排六方晶格中的滑移系数目有限，塑性变形困难，当温度升高时，密排六方晶格中的滑移系增多，所以钛及钛合金的可锻性随温度的升高而提高。当温度超过钛的同素异形转变温度后，进入单相 β 相区，因体心立方晶格的滑移系数目进一步增多，可锻性随之提高。

通常，合金的性能是由合金的微观组织形态所决定的，不同的微观组织状态对应于不同的力学性能。而合金的组织形态取决于其化学成分、变形工艺和热处理规范[1]。对于化学成分已经确定的合金，要想得到所期望的微观组织和力学性能，就只能通过变形和热处理来达到目的。对于钛合金锻件来说，其显微组织类型主要取决于热变形工艺过程，在热处理过程中变化不大。在 α 合金及近 α 合金、α + β 合金、β 合金三类钛合金中，α + β 型钛合金应用最为广泛。α + β 型钛合金典型的显微组织类型可以归纳为以下 4 类[2]：

第一种类型为等轴组织，是合金在低于 β 相变温度约 30 ~ 50℃下，即在 α + β 两相区加热和变形时所形成的。其特点是在均匀分布的含量超过 50% 的等轴 α 相的基体上，分布着一定数量的小岛状 β 相或 β 相转变组织。等轴 α 是从原始组织中的片状 α 变化而来的，片状 α 经变形后发生晶格畸变，储存了大量的变形能，为其再结晶创造了条件，有了形成新晶粒的可能。当变形温度较高时，在变形过程中将发生再结晶，一般是 α 相优先发生再结晶，形成等轴 α 相，待 β 相晶粒发生再结晶后，也就获得了完全等轴的 α + β 组织。当变形温度较低时，再结晶不能进行，或只能部分发生再结晶，随后再进行再结晶退火，也可得到等轴组织。等轴组织具有较高的拉伸塑性和疲劳强度，而且随组织中等轴 α 相及 β 转变组织的比例、形貌和晶粒尺寸大小的不同而有所变化。

第二种类型为混合组织，其特点是在 β 转变组织的基体上，分布着一定数量的等轴初生 α 相，但总含量不超过 50%。当采用近 β 加工或混合加工，变形温度主要集中在 β 相区，并延续到 α + β 两相区时，或是变形加工之后，重新加热到 α + β 区上部退火，会形成这种显微组织。混合组织的疲劳性能稍差于等轴组织,但具有更高的持久和蠕变强度。

第三种类型为网篮组织,是合金在 β 相区加热或开始变形,在 α + β相区的变形量不够大时形成的。其特点是原始 β 晶粒边界不同程度地被破碎,晶界 α 已不明显,晶内片状 α 相变短变粗,在原始 β 晶粒轮廓内呈类似网篮编织的片状结构。网篮组织的高温持久和蠕变性能较高,但疲劳性能较等轴组织差。

第四种类型为典型的魏氏组织,其特点是原始 β 晶界清晰完整,晶粒比较粗大,晶界 α 非常明显,晶内片状 α 相成片规则排列。它是由于合金在 β 相区加热变形的结果,或是由于开坯时铸造组织破碎不完全而造成的。魏氏组织具有高的断裂韧性、低的疲劳裂纹扩展速率,但魏氏组织的疲劳性能和拉伸塑性非常低,在实际生产过程中,各种钛合金零件应当避免出现魏氏组织。

α + β 钛合金各类组织的力学性能有如下特点[2]:等轴组织具有最好的综合性能,尤其是高的拉伸强度、室温塑性和优良的疲劳抗力,而且随着组织中等轴 α 相及 β 相转变组织的比例、形貌和尺寸的不同而有所变化。网篮组织的高温持久和蠕变性能较高,虽然塑性和冲击韧性次于等轴组织,但综合性能较好。与前几种类型的组织比较,魏氏组织的综合性能较差,但具有高的断裂韧性、低的疲劳裂纹扩展速率和良好的蠕变性能。

7.2.2 钛合金锻造技术

7.2.2.1 钛合金常规锻造

钛合金常规锻造又称作 α + β 两相锻造,它是指 α 合金、α + β 合金通常在低于 β 转变温度以下温度范围以中等应变速率锻造[1]。许多研究结果表明,α + β 钛合金在低于 β 转变温度 10 ~ 30℃ 以下进行常规锻造,其强度、塑性、热强性和疲劳等性能可获得良好的配合,从而能获得较高的综合力学性能,显微组织中的等轴初生 α 相含量和片状 α 相含量之比应控制在(20% ~30%):(70% ~80%)[3]。钛合金常规锻造中具有以下几个方面的特点:钛合金锻造温度范围较窄;钛合金的变形抗力随变形速度的增加提高较快;锻造温度对钛合金变形抗力影响较大。因而采用常规锻造技术锻造钛合金时存在许多不足之处：

(1)锻造载荷大。因为钛合金的变形抗力对温度非常敏感，为了减少锻造过程中模具对锻件的冷却，必须尽量缩短锻造时间，导致锻造速度过高，应变速率高达 $1\sim10s^{-1}$。速度越高，变形抗力越大，锻造载荷也就越大。

(2)局部易过热。高速锻造使得锻件内部金属流动速度过快，由于变形热效应导致局部温度升高，而钛合金导热性能较差，热量难以迅速扩散，从而造成局部过热，出现粗大晶粒的过热组织，变形组织不均匀，使得锻件的力学性能低且一致性差。

(3)模具的激冷效应使锻件表面产生裂纹。

因此采用常规锻造难以锻出形状复杂的锻件，同时造成所需设备吨位大、零件机械加工量大、材料利用率低等问题。为解决上述问题出现了等温锻造、热模锻造和 β 锻造、近 β 锻造等锻造钛合金的方法。

7.2.2.2 钛合金等温锻造

等温锻造是近几年发展起来的一种先进的钛合金锻造技术[4]。与常规锻造的区别在于，等温锻造是将锻模温度控制在和坯料温度大致相同的范围内，使坯料在温度基本不变的条件下进行锻造。等温锻造的锻造速度很慢，一般在运动速率较慢并最好能无级调速的液压机上进行，且需要特殊的模具加热装置和惰性气体保护。与常规锻造相比，等温锻造变形速度低、变形温度恒定，克服了模冷、局部过热和变形不均匀性，且动态再结晶进行充分，锻件的微观组织与综合性能具有良好的均匀性和一致性。同时，由于锻造在较低应变速率下进行，减少或消除了材料加工硬化的影响，大大降低了变形抗力，在等温条件下，变形速率为 $10^{-2}\sim10^{-3}$ mm/s 时，变形抗力可以降低 70% ~80%，锻造载荷小，设备吨位大大减少，因此可以锻造形状复杂的大型结构件和精密锻件[5]。此外，等温条件的建立使钛合金的模锻过程在最佳的热力规范下进行，所以产品具有均匀一致的微观组织和优良的力学性能，并使切削或无切削加工的优质复杂零件的生产成为可能，提高了材料利用率。基于等温锻造具有以上一些不可多得的优越性，它的出现大大推动了钛合金的锻造技术的发展。

7.2.2.3 钛合金热模锻造

热模锻造与等温锻造一样,也是一种较有发展前途的精密锻造工艺,其工艺特征是模具温度高于常规锻造的模具温度,但低于等温锻造的模具温度。该工艺能在较大程度上减少模具接触坯料的激冷和材料的加工硬化,锻件组织及性能的均匀性、一致性较好,又能扩大模具选材的范围,但是成形很薄和复杂几何形状零件的能力稍差。

7.2.2.4 钛合金 β 锻造和近 β 锻造

钛合金 β 锻造是指 α + β 钛合金变形完全在 β 相区进行的锻造。钛合金 β 锻造的优点是工艺塑性好,变形抗力低,但是经 β 锻造的锻件的显微组织完全没有等轴的 α 相,即最终的组织为网篮组织。其在室温下塑性较低,不能用作承受复杂应力的构件[1]。

钛合金近 β 锻造是指在铸锭开坯时,在 β 相区开始锻造,在 α + β 两相区结束锻造的方法[6]。其锻后所形成的组织主要取决于在 α + β 两相区停锻的温度和 α + β 两相区内的变形程度。

7.2.3 微观组织预测模型概述

金属在热成形过程中,回复、再结晶与加工硬化同时发生,加工硬化不断被回复或再结晶所抵消,而使金属处于高塑性、低变形抗力的软化状态。回复和再结晶按其性质的不同可分为两类:一类是与变形同时发生的过程,分别称为动态回复和动态再结晶;另一类是在变形中断或终止后的保温过程中,或在随后的冷却中所进行的过程,分别称为静态回复和静态再结晶。以应变能为动力的再结晶过程完成后,消除了组织中由于热变形产生的大部分内能,但变形组织仍处于亚稳定状态。因此,再结晶完成后,要发生进一步的晶粒长大来减少单位体积内晶界面积,以获得更稳定的组织。运用有限元进行微观组织的数值模拟,必须完成组织演变过程的模型化,即建立微观组织模型。目前热塑性成形微观组织模型主要有经验模型、基于内部变量的物理模型和统计模型三种形式。

7.2.3.1 经验模型[7]

金属在热成形过程中，其内部的微观组织对变形工艺参数比较敏感，因而在建立微观组织模型时可将材料内部的微观组织状态描述成变形工艺参数（如变形温度、变形速度和变形程度等）的函数。因此，可针对微观组织演变过程进行试验研究，然后建立微观组织演变数学模型，以描述微观组织特征参数与宏观热力学参数之间的关系。英国学者 Sellars[8,9] 及其合作者率先对 C – Mn 中碳钢板材和带材热轧工艺的微观组织演变进行了数值模拟，建立了微观组织与热力学参数之间的半经验数学模型，随后许多学者也在做了大量实验研究和数据处理后，针对不同的材料提出了相应的模型[10~13]。

A 动态再结晶

在金属热锻成形过程中，当变形达到再结晶临界应变 ε_c（即 $\varepsilon \geqslant \varepsilon_c$）时，开始发生动态再结晶。描述变形过程的特征量为[8,9]：

$$\begin{aligned}\varepsilon_p &= k_1 d_0^{k_2} Z^{k_3} \\ \varepsilon_c &= k_4 \varepsilon_p\end{aligned} \tag{7-1}$$

式中 ε_c ——临界应变；
ε_p ——峰值应变；
Z ——Zener – Hollomon 参数，其物理意义为温度补偿应变速率；
d_0 ——原始晶粒尺寸。

$$Z = \dot{\varepsilon} \exp\left(\frac{Q}{RT}\right) \tag{7-2}$$

式中 Q ——材料热变形激活能；
$\dot{\varepsilon}$ ——应变速率；
R ——气体常数；
T ——绝对温度。

动态再结晶的动力学模型为[14]：

$$\begin{aligned}X_{dyn} &= 1 - \exp\left[k_5\left(\frac{\varepsilon - \varepsilon_c}{\varepsilon_{0.5}}\right)^{k_6}\right] \\ \varepsilon_{0.5} &= k_7 d_0^{k_8} \dot{\varepsilon}^{k_9} \exp\left(\frac{k_{10}}{T}\right)\end{aligned} \tag{7-3}$$

式中 X_{dyn}——动态再结晶的体积百分比；

$\varepsilon_{0.5}$——发生50%动态再结晶时的应变；

d_0——原始晶粒尺寸。

B 静态再结晶

在变形间歇期间或热变形后金属仍处于较高温度中，金属将发生静态回复、静态再结晶、亚动态再结晶三种软化过程，并随热变形的变形速度和变形程度的增加而加快。描述静态再结晶动力学的重要参数是静态再结晶的体积百分比 X_{st}，可用 Avrami 方程描述[15] 为：

$$X_{st} = 1 - \exp\left[c\left(\frac{t}{t_{0.5}}\right)^m\right]$$
$$t_{0.5} = h_1 \varepsilon^{h_2} d_0^{h_3} Z^{h_4} \exp\left(h_5 \frac{Q_{st}}{RT}\right) \tag{7-4}$$

式中 X_{st}——t 时间内静态再结晶的体积百分比；

$t_{0.5}$——静态再结晶容积度为50%时所需的时间；

Q_{st}——再结晶激活能。

静态再结晶晶粒尺寸 d_{st} 可用下列关系式表示：

$$d_{st} = h_6 \varepsilon^{h_7} d_0^{h_8} Z^{h_9} \tag{7-5}$$

上述公式中 c、m、$h_1 \sim h_9$ 为系数，由实验确定。

C 晶粒长大

以应变能为动力的再结晶过程完成后，消除了组织中由于热变形产生的大部分内能，但变形组织仍处于亚稳定状态。因此，再结晶完成后，要发生进一步的晶粒长大来减少单位体积内晶界面积，以获得更稳定的组织。静态再结晶晶粒长大是时间 t 和温度 T 的函数，可用下列关系式来描述[15] 为：

$$d^n = d_{st}^n + Kt\exp\left(-\frac{Q_{gg}}{RT}\right) \tag{7-6}$$

式中 Q_{gg}——晶粒长大激活能；

n, K——系数。

7.2.3.2 基于内部变量的物理模型

金属成形过程中的微观组织可以通过多个不同的内部状态变量来

描述,状态变量的选择由具体问题决定。根据组织状态的级别,可以选用晶粒尺寸、不同类型晶粒的体积分数、相分数或亚晶粒尺寸、位错密度、第二相粒子等作为内变量参数。使用的内变量必须是彼此独立的,不能存在相关性,例如变形能和流动应力依赖于微观组织变化,不能作为内变量。用合适的数值方法将描述状态变量随时间变化的等式沿变形历史逐步积分,就可以得到金属成形过程中的微观组织演变。Ashby[16]运用内变量法描述材料的微观组织演变。Chenot 等人[17]以晶粒度作为表征显微组织特征的含内变量建立了三维挤压过程微观组织预测模型。Yanagimoto 等人[18]以位错密度表征显微组织,以动态再结晶次数表示相应的亚结构,建立了 50CrV4 钢的微观组织预测模型。Li 等人[19]通过引入一个以位错密度作为表征微观组织特征的内变量对稳态流动应力模型进行修正,建立了金属材料高温变形时的微观组织模型,包括位错密度模型,提出了位错密度变化率影响晶粒长大的计算式。

7.2.3.3　统计模型

统计模型中最具有代表性的是人工神经网络。人工神经网络模仿生物的神经系统,可以从外部环境中获取知识,是具有自适应能力和学习能力的信息处理系统。由于神经网络系统自身具有从大量实验数据中提取金属在热态成形过程中微观组织变化规律的能力,因而可用人工神经网络来建立微观组织演化模型。杨旗等人[20]在等温恒应变速率压缩试验的基础上,应用模糊数学方法建立了表征变形高温合金锻件晶粒度的隶属程度与锻造热力学参数之间的定量关系,并将隶属函数与有限元变形 - 传热耦合分析方法相结合,建立了预测变形高温合金锻件晶粒度的新方法。孙雷剑[21]基于神经网络建立了微合金钢热轧奥氏体晶粒尺寸及流变应力模型。李立新[22]建立了含硼微合金钢奥氏体晶粒尺寸神经网络模型。Li 等人[23,24]运用人工神经网络理论建立了钛合金高温变形时的微观组织演变预测模型。

运用有限元对钛合金锻造微观组织演变进行模拟,必须建立符合实际的微观组织模型。目前,国内外微观组织预测模型研究大多是基于试验结果,采用经验模型进行回归。该模型预报结果基本和实际相符。而近年来发展的基于内部变量的物理模型和基于人工智能的统计模型受到了一定的关注,但是模拟预测的精度有待于进一步考证。

7.2.4 锻造过程微观组织模拟研究现状

最初开展微观组织模拟工作的是从事轧制领域研究的学者们。20 世纪 70 年代,Sellars 等人[8]率先对热轧过程中材料的微观组织演变进行了模拟研究。随后,Kopp[25,26]首先将微观组织演变模型引入到瞬态锻造过程,并采用有限元法对低碳钢热镦粗过程的动态再结晶过程进行了数值模拟,但是该模型只适用于单相的奥氏体钢。王连生等人[27,29]应用三维热力耦合刚粘塑性有限元模拟技术,对 45 号钢中心压实法 JTS 锻造工艺下热锻成形的速度场、温度场、动态再结晶过程及再结晶的晶粒大小、分布进行了模拟研究。模拟过程中采用 Yada 提出的热力学参数描述的高温下中碳钢动态再结晶的半经验数学模型,考虑了再结晶过程对金属高温下流动应力的影响,使用与再结晶耦合的本构关系,运用塑性变形、热传导和动态再结晶耦合的分析方法进行数值模拟,并与试验结果进行了比较。Shen 等人[13]在实验基础上,建立了高温合金 Waspaloy 热变形过程的微观组织演变模型,对二维热镦粗和扁平状模锻过程的晶粒尺寸和再结晶体积百分比进行了模拟预测。Chenot 等人[17]应用以晶粒度作为表征显微组织特征的含内变量的本构关系预测了三维挤压过程中坯料内晶粒尺寸的演化规律。Brand 等人[30]利用有限元对 IN718 合金涡轮盘锻造过程中的晶粒尺寸变化及动态再结晶体积分数进行了数值模拟。Yanagimoto 等人[18]以位错密度作为表征显微组织特征的参数引入本构关系,并以各轮动态再结晶的次数表示相应的亚结构,对各轮动态再结晶组织的体积分数以及晶粒的平均尺寸的演化规律进行了预测,使热态塑性成形过程的有限元变形 - 传热 - 组织演化耦合分析方法提高了一个层次。但是,Yanagimoto 等提出的方法中需要确定的参数较多,其中加工硬化系数和动态回复系数的确定是困难而费时的工作,因而限制了这种方法的实际应用。Brooks 等人[31,32]通过对钛合金进行等温变形条件下的压缩试验,获得与动态再结晶相耦合的流动应力模型和动态再结晶晶粒尺寸及体积分数计算模型,运用商业有限元软件 ABAQUS 和 FORGE3 对钛合金涡轮叶片热锻过程和微观组织进行了模拟,随后采用二维有限元模拟预测了热锻 TC4 航空叶片截面 β 相晶粒尺才和体积分数。陈慧琴等人[33]对 Mn18Cr18N 钢护环扩挤复合热成形和冷却过程进行了计算机模拟,得到了应力场、应变场、温度场的分布和内部晶粒度的变化。王艳文等人[34]对棒材热连轧过程中动静态再结晶晶粒尺寸和体积分数进行了数值模拟。李俊等人[35]通过热力模拟试验,采用 Sellars 提出的微观组织演变模型形式,获得 3CrNi3Mo 钢在热变形过程中晶粒变化的数学描述,结合自行开发的热力耦合刚粘塑性有限元模拟系统,考虑变形及变形完成后的动态再结晶、静态再结晶、晶粒长大软化机制和相变等因素的影响,模拟分析了发动机气门热锻成形及模锻完成后空冷不同时间的晶粒尺寸及晶粒大小分布情况,为优化工艺参数提供了理论依据。刘雪梅等人[36]在不同工艺参数下对 Ti－6Al－4V 钛合金试样进行均匀变形试验,在此基础上应用模糊神经网络的方法,建立了预测变形后晶粒大小的适应性模型。Jang 等人[37]利用 Yada 提出的经验公式及热力耦合刚粘塑性有限元,综合考虑了变形过程及变形后动/静态再结晶、晶粒长大软化机制的影响,模拟分析了碳钢热镦粗过程不同变形程度下的动态再结晶晶粒大小与分布,以及变形结束后不同空冷时间下的晶粒尺寸及分布,并与实验进行了对比。模拟过程中考虑了工件转移和在模具上停留时间内热传导的影响,使模拟结果更加准确。王芳等人[38]在 Kobayashi 镦粗过程的有限元模拟程序的基础上,使用 VC＋＋5.0 开发了微观组织模拟程序,对 45 号钢热镦粗过程的动态再结晶的晶粒尺寸进行了模拟,并实现了模拟结果的可视化,但在模拟过程中,未考虑温度及热传导的影响因素。崔振山等人[39]应用热力耦合技术对 H 型钢热轧过程中的晶粒尺寸和再结晶体积分数进行了数值模拟。聂蕾等人[6]基于正交试验结果和对试件微观组织的观测,采用 Yada 模型,回归出了一种 TC4 合金热态变形过程中动态再结晶组织的演化模型,从而为 TC4 合金热成形过程中动态再结晶组织的计算、预测和控制提供了条件。Ding 等人[40]通过试验分析了在 β 相区锻造时 Ti6Al4V 合金组织的变化规律,试验表明在锻造过程中发生动态再结晶,变形后发生亚动态和晶粒长大。然后,他们把动态再结晶冶金学原理和元胞自动机法结合起来模拟了再结晶晶粒大小和应力－应变关系,得到了比较满意的结果。Na

等[41]基于 Yada 模型，通过试验建立了镍基合金 718 在热变形过程中的微观组织演变模型，得出开始动态再结晶的临界应变值是应变速率、应变、温度的函数，并基于三维有限元模拟分析了镍基合金 718 叶片预锻和终锻后的晶粒尺寸和体积分数。杨合等人[42~45]采用 Yada 形式的晶粒尺寸预测经验模型，对热力耦合作用下 TC4 钛合金单榫头叶片和带阻尼台叶片精锻过程的晶粒尺寸进行了计算，获得了不同变形阶段、变形速度、摩擦因子和模具温度下的晶粒尺寸分布，分析了不同工艺参数对其晶粒尺寸的影响规律。李淼泉等人[46~50]应用模糊神经网络技术构造了钛合金在高温变形过程中微观组织演变的预测模型，对 TC6 涡轮盘锻造成形过程及微观组织演变进行了数值模拟，预测了终锻时不同工艺条件下晶粒尺寸及分布。随后，通过引入一个以位错密度作为表征微观组织特征的内变量对稳态流动应力模型进行修正，建立了金属材料高温变形时的稳态流动应力模型，并模拟了钛合金叶片在等温锻造过程中初生 α 相晶粒尺寸的变化。

7.3 钛合金锻造微观组织模拟预测实例[44]

在钛合金锻造成形中，有一大批形状复杂且非常重要的零件，钛合金锻造叶片是其中的典型代表。钛合金叶片是航空发动机中最重要的部件之一，起着能量转换的关键作用。然而，由于叶片形状极为复杂，具有明显的变截面、大扭角和薄的叶身，因此，钛合金叶片锻造过程微观组织的变化规律非常复杂，是钛合金锻造微观组织模拟的研究热点。本例以 TC4 钛合金叶片精锻过程为例，在不同的工艺参数下对其精锻过程中的晶粒尺寸和体积分数进行有限元模拟预测。由于篇幅关系，本例主要给出了与变形同时发生的动态回复和动态再结晶的模拟结果。对其进行分析、研究，揭示了变形坯料初始温度、模具压下速度、模具温度和摩擦等工艺参数对微观组织演化的影响规律。

7.3.1 有限元模型

对坯料采用三维八节点六面体等参元进行变形－传热－微观组织演变耦合有限元模型的离散化，如图 7-1*a* 所示，坯料被离散为由 1364

个节点相联的1032个单元的变形体。该坯料为经过多次有限元模拟所获得的可实现单榫头叶片精锻过程的合理毛坯。本例选取叶片的重要部位——叶身部分的横截面 $A—A$ 作为分析叶片精锻过程中微观组织分布规律的具有代表性的典型截面，如图7-1a 所示。单榫头叶片的模具型腔采用有限元网格近似法描述。图7-1b 所示为单榫头叶片的精锻模具网格，上模为由742个节点相联的1395个三角形单元的刚性体；下模为由717个节点相联的1356个三角形单元的刚性体。

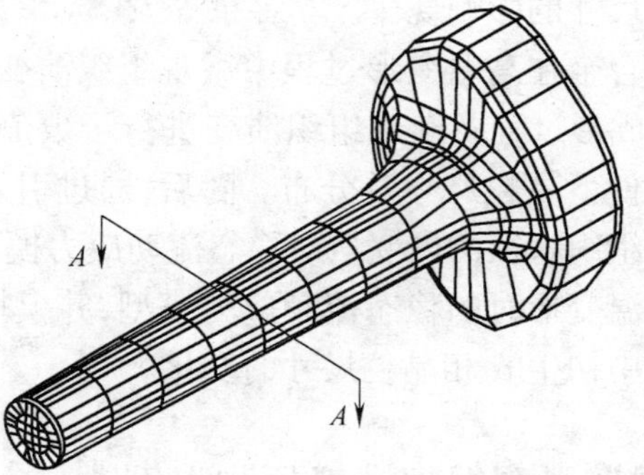

a

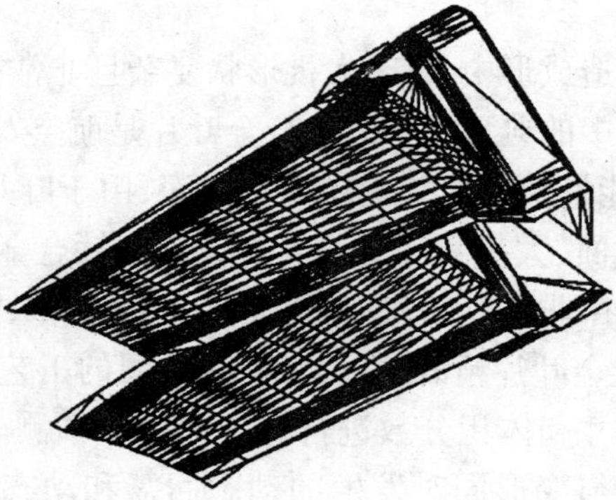

b

图7-1　坯料初始网格和模具网格

a—坯料初始网格；b—模拟用上、下模具网格

叶片材料为Ti-6Al-4V，采用刚粘塑性材料模型，其本构关系如式7-7[32]所示：

$$\sigma = kZ^m \lambda^n (1 - e^{\beta\varepsilon}) \tag{7-7}$$

式中 λ——引入的一个内态变量,反映了微观组织演变过程的影响,可表示为:

$$\lambda = \lambda_0 Z^q + (1 - \lambda_0 Z^q)\,e^{-\alpha\varepsilon} \tag{7-8}$$

Z ——Zener – Hollomon 参数,其物理意义为温度补偿应变速率,符合如下关系:

$$Z = \dot{\varepsilon}\exp\left(\frac{Q_{defm}}{RT}\right) \tag{7-9}$$

ε ——应变;

$\dot{\varepsilon}$ ——应变速率;

Q_{defm}——材料热变形激活能;

R ——气体常数;

T ——绝对温度。

各系数取值如表 7-1[32] 所示。

表 7-1 本构关系各系数取值

k	λ_0	n	m	q	α	β	Q_{defm}/R
4.96E – 4	6.424	1	0.3	– 0.0517	6.07	66.73	50668

坯料热物理参数选自文献[51]:

$\rho = 4.45\times10^3 kg/m^3$ $c = 879J/(kg\cdot K)$

$k = 15.91W/(m\cdot K)$ $h_d = 2.95W/(m\cdot K)$

$h_{lub} = 2000W/(m^2\cdot K)$ $T_w = 293K$

7.3.2 微观组织预测模型

叶片锻造过程的微观组织预测采用适用于 TC4 钛合金锻造过程的 Yada 形式的有限元计算模型,该模型得到了实验的验证[6],晶粒尺寸的模型如式 7 – 10 所示:

$$g = \begin{cases} g_0 & \text{当 } \bar{\varepsilon} < \varepsilon_{grouth} \\ 37.7993\,\dot{\bar{\varepsilon}}^{0.00417}\,e^{-1075.2202/T} & \text{当 } \bar{\varepsilon} \geqslant \varepsilon_{grouth} \end{cases} \tag{7-10}$$

式中 g_0, ε_{grouth}——分别为初始晶粒尺寸和临界应变,且 $\varepsilon_{grouth} = 0.0197e^{1988.3862/T}$, $g_0 = 50\mu m$[6]。

TC4 钛合金 α + β 两相锻造后,其性能随组织中的 α 相和 β 相组织的比例、形貌和晶粒尺寸大小的不同而变化，其 β 相体积分数如式 7-11[6] 所示：

$$V_{\mathrm{f}} = 265.5860\mathrm{e}^{-5422.2195/T} \tag{7-11}$$

7.3.3　塑性变形－传热－微观组织演变耦合方法

金属热变形过程中，工件的变形、传热和微观组织演变过程之间存在着复杂的交互作用。由于完全耦合迭代法收敛慢，求解困难，因此，本例采用与完全耦合计算精度相当[52]的“准耦合”方法分别处理变形、传热和微观组织演变过程，其中的耦合项（求变形时温度的影响项，求温度时变形的影响项，求晶粒尺寸时变形和温度的影响项）均作为相应的“载荷”来处理，而微观组织演变过程的影响是通过本构关系中引入的一个内态变量 λ 来实现的。具体求解步骤为：

（1）假设初始温度场已知。

（2）迭代计算出与温度场对应的速度场。

（3）确定增量时间步长，更新节点坐标并计算有关变形场量。

（4）在上一步收敛的速度场下，求解出这一步的温度场。

（5）利用微观组织演变模型进行微观组织计算。

（6）根据本构关系计算流动应力。

（7）在所求解的该步温度场的状态下，迭代求解这一步的速度场。

（8）重复步骤（3）～（7）直至达到预期的变形为止。

7.3.4　工艺方案

本例采用了 4 种工艺方案对 TC4 钛合金叶片锻造过程的微观组织进行了预测，计算了晶粒尺寸及体积分数，具体方案如下：

（1）当模具温度为 533K、摩擦因子为 0.2、模具压下速度为 20mm/s 时，取变形坯料初始温度为 1143K、1173K、1193K。

（2）当变形坯料初始温度为 1193K、模具温度为 533K、摩擦因子为 0.2 时，取模具压下速度为 20mm/s、30mm/s、45mm/s。

（3）当变形坯料初始温度为 1193K、摩擦因子为 0.2、模具压下速度为 20mm/s 时，取模具温度为 483K、533K、588K。

（4）当变形坯料初始温度为 1193K、模具温度为 533K、模具压下速度为20mm/s时,取摩擦因子为0.1、0.2、0.35。

7.3.5 工艺参数对微观组织的影响

7.3.5.1 变形坯料初始温度的影响

变形坯料初始温度是影响晶粒尺寸的主要因素之一。图7-2和图7-3所示分别为在模具温度为533K、模具压下速度为20mm/s、摩擦因子为0.2的条件下,变形坯料不同初始温度下的叶身部位*A—A*处的晶粒尺寸分布情况及β相体积分数。

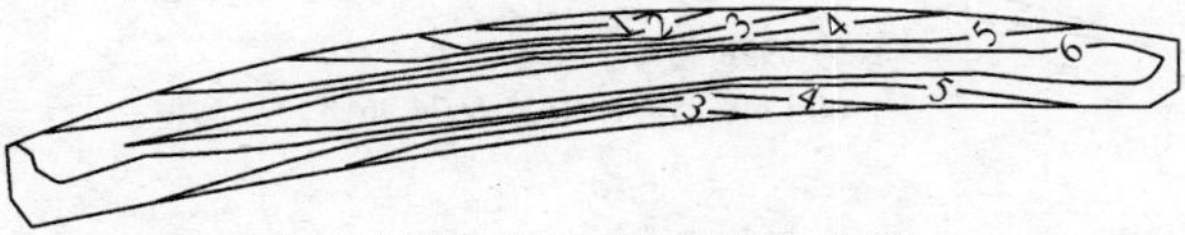

1−11.29047 2−11.41235 3−11.53423
4−11.65611 5−11.77799 6−11.89987

a

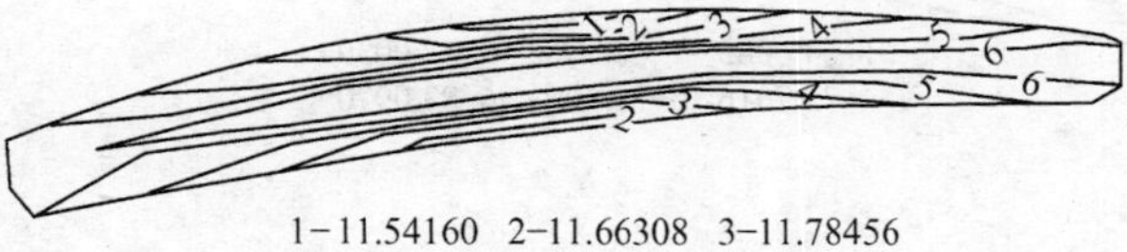

1−11.54160 2−11.66308 3−11.78456
4−11.90604 5−12.02753 6−12.14901

b

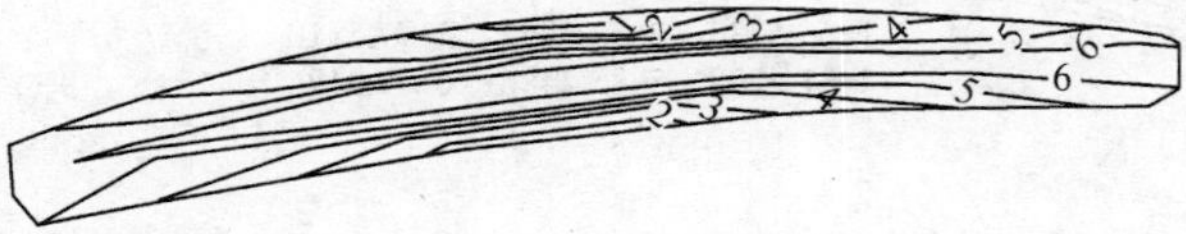

1−11.71108 2−11.83405 3−11.95703
4−12.08000 5−12.20298 6−12.32596

c

图7-2 变形坯料不同初始温度下叶身横截面*A—A*处的晶粒尺寸(μm)

a—坯料初始温度1143K;*b*—坯料初始温度1173K;*c*—坯料初始温度1193K

从图中可以看出,随着变形坯料初始温度的升高,整个区域内的晶粒尺寸均增大,这主要是因为变形坯料初始温度提高,原子的扩散能力增强,晶界活动性和晶界迁移速率增大,产生再结晶所需的激活能低,再结晶过程进展迅速,导致晶粒长大倾向和长大速度较快,晶粒尺寸增大。同时,由于 β 相相变温度高于 α 相,在变形温度升高时,TC4 钛合金的组成相比例及晶格类型发生变化,叶片内 α 相向 β 相转变,β 相的百分含量增多,β 相体积分数随之增大。

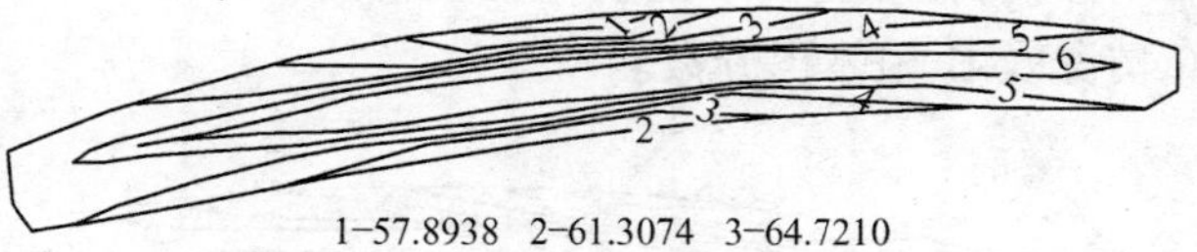

1-57.8938　2-61.3074　3-64.7210
4-68.1346　5-71.5482　6-74.9618

a

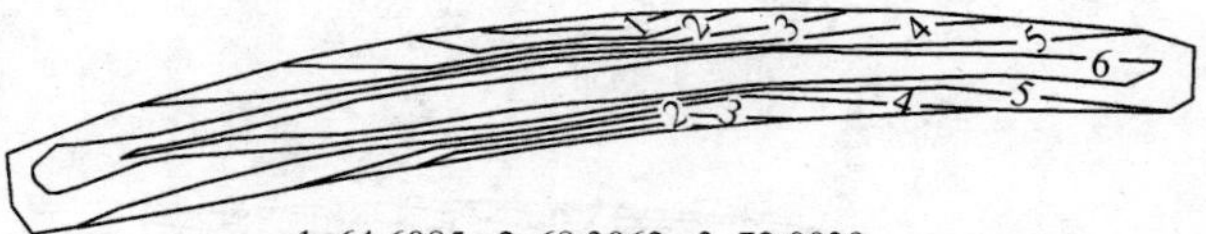

1-64.6085　2-68.3062　3-72.0039
4-75.7016　5-79.3993　6-83.0970

b

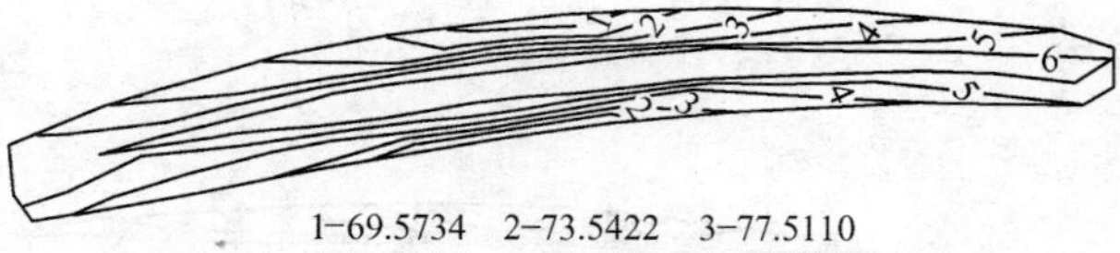

1-69.5734　2-73.5422　3-77.5110
4-81.4798　5-85.4486　6-89.4174

c

图 7-3　变形坯料不同初始温度下叶身横截面 *A*—*A* 处的 β 相体积分数(%)
a—坯料初始温度 1143K;*b*—坯料初始温度 1173K;*c*—坯料初始温度 1193K

7.3.5.2　模具压下速度的影响

图 7-4 和图 7-5 所示分别为在变形坯料初始温度为 1193K、模具温度为 533K、摩擦因子为 0.2 条件下,模具不同压下速度下叶身部位 *A*—*A* 处的晶粒尺寸分布情况和 β 相体积分数。

1-11.71108 2-11.83405 3-11.95703
4-12.08000 5-12.20298 6-12.32596

a

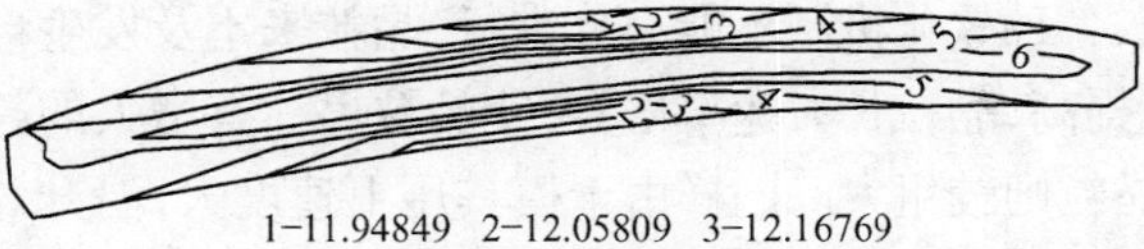

1-11.94849 2-12.05809 3-12.16769
4-12.27729 5-12.38688 6-12.49648

b

1-12.15484 2-12.25218 3-12.34953
4-12.44688 5-12.54422 6-12.64157

c

图 7-4 模具不同压下速度下叶身横截面 *A*—*A* 处的晶粒尺寸(μm)

a—模具压下速度 20mm/s；*b*—模具压下速度 30mm/s；*c*—模具压下速度 45mm/s

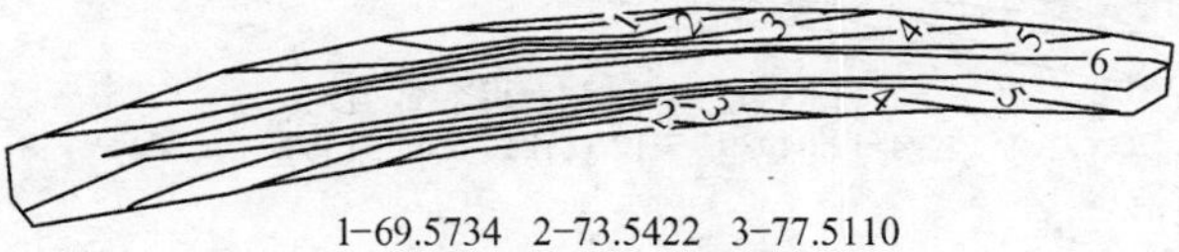

1-69.5734 2-73.5422 3-77.5110
4-81.4798 5-85.4486 6-89.4174

a

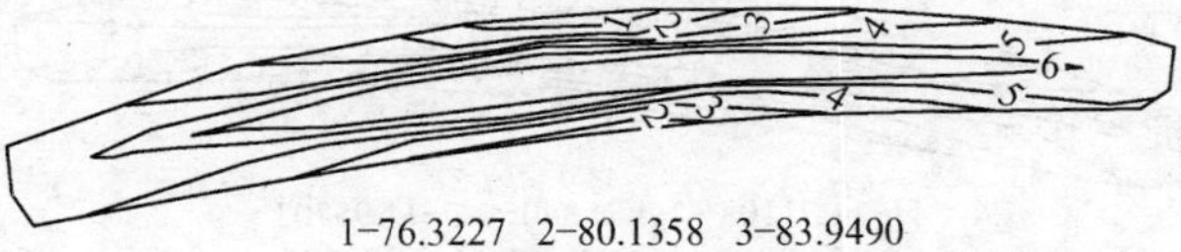

1-76.3227 2-80.1358 3-83.9490
4-87.7621 5-91.5752 6-95.3883

b

1-78.5293 2-82.0441 3-85.5589
4-89.0737 5-92.5886 6-96.1034

c

图 7-5 模具不同压下速度下叶身横截面 *A*—*A* 处的体积分数(%)

a—模具压下速度 20mm/s；*b*—模具压下速度 30mm/s；*c*—模具压下速度 45mm/s

从图中可以看出，晶粒尺寸随着模具压下速度的增加而增大。

其原因是模具压下速度增大,变形热效应明显,同时材料与模具间的摩擦运动也急剧增大,加剧了由摩擦引起的热效应,使得变形温升效应比较显著,晶粒粗化。此外,模具压下速度大,晶粒再结晶受到抑制,且晶界滑移扩展具有方向性,形成的再结晶核心少,同时由于变形速度大,变形过程缩短,各种软化机制不能充分进行,晶粒来不及发生再结晶,而工件内存储能提高,晶粒长大速率增大,使晶粒尺寸有增大的趋势,与低速变形相比,晶粒则较粗大。同样由于模具压下速度大,温升效应明显,部分 α 相向 β 相转变,致使 β 相体积分数随变形速度的增加而增大。

7.3.5.3　模具温度的影响

图 7-6 和图 7-7 所示为在变形坯料初始温度为 1193K、模具压下速度为 20mm/s、摩擦因子为 0.2 时,模具不同初始温度下叶身部位 *A*—*A* 处的晶粒尺寸分布和体积分数的分布。

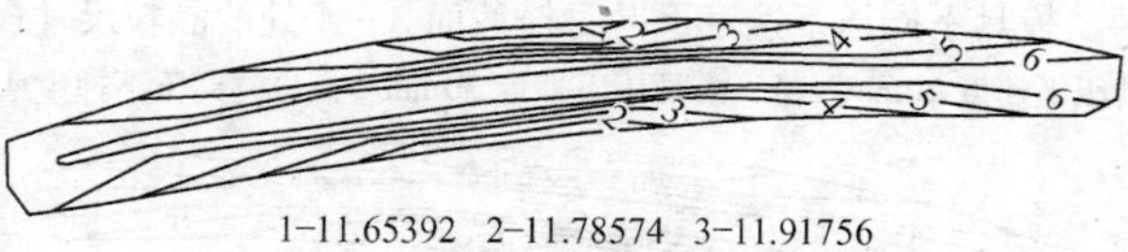

1-11.65392　2-11.78574　3-11.91756
4-12.04939　5-12.18121　6-12.31303

a

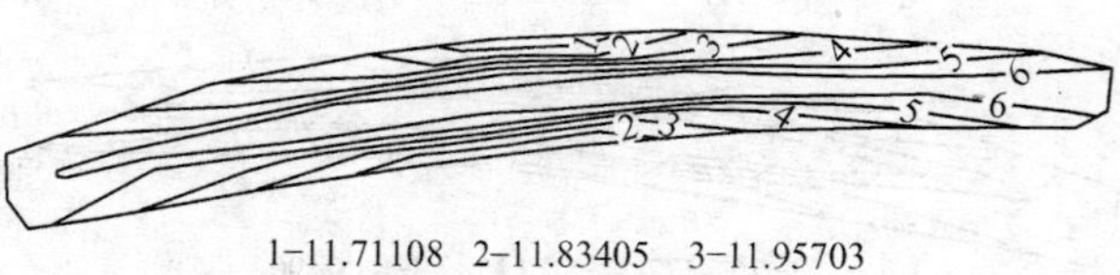

1-11.71108　2-11.83405　3-11.95703
4-12.08000　5-12.20298　6-12.32596

b

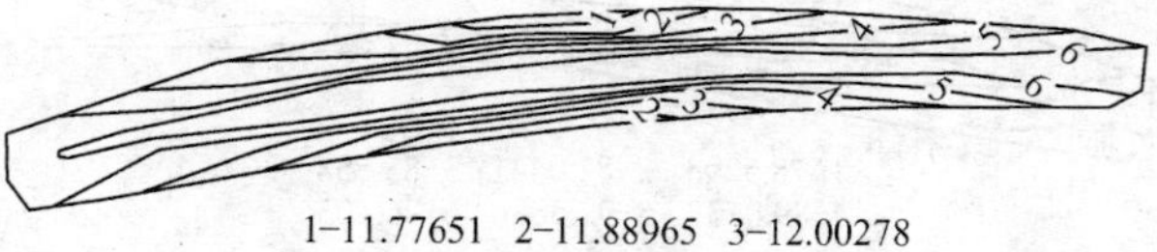

1-11.77651　2-11.88965　3-12.00278
4-12.11592　5-12.22905　6-12.34219

c

图 7-6　模具不同初始温度下叶身横截面 *A*—*A* 处的晶粒尺寸(μm)

a—模具温度 483K;*b*—模具温度 533K;*c*—模具温度 588K

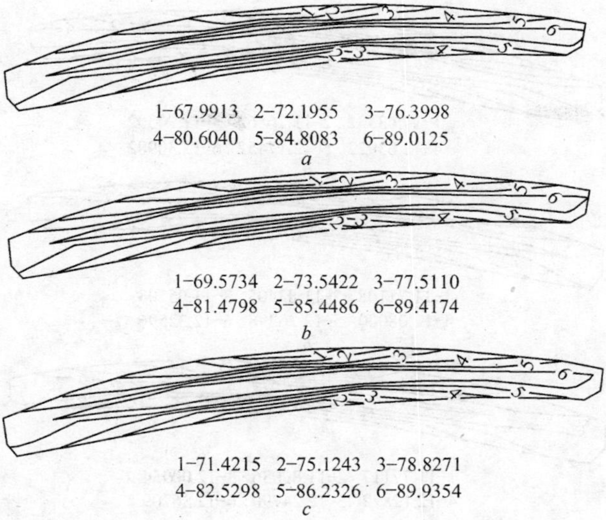

图 7-7　模具不同初始温度下叶身横截面 *A*—*A* 处的体积分数(%)

a—模具温度 483K;*b*—模具温度 533K;*c*—模具温度 588K

从图中可以看出,不同模具温度下,叶身部位的晶粒尺寸分布规律以及 β 相体积分数的分布规律基本一致。模具温度对晶粒尺寸分布和 β 相体积分数的影响比较小,心部最大晶粒尺寸随模具温度的变化甚微,而与模具相接触区域附近的最小晶粒尺寸随着模具温度的增加而增大,从而晶粒尺寸分布也较均匀。这是由于钛合金的导热系数低,导热性能差,模具温度对心部影响小,心部晶粒尺寸随模具温度的变化小。而与模具接触的区域附近的区域,随着模具温度升高,模具对坯料的冷却作用降低,促使晶粒长大。同样的原因,模具温度对 β 相体积分数的影响规律同其对晶粒尺寸的影响大致相同。

7.3.5.4　摩擦条件的影响

图 7-8 和图 7-9 所示分别为在变形坯料初始温度为 1193K、模具温度为 533K、模具压下速度为 20mm/s、不同摩擦条件下叶身部位 *A*—*A* 处的晶粒尺寸分布和体积分数。

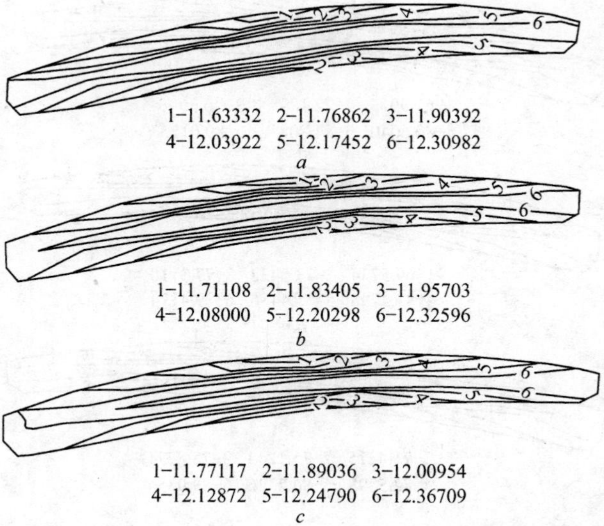

图 7-8　不同摩擦因子下叶身横截面 *A*—*A* 处的晶粒尺寸(μm)

a—摩擦因子 0.1；*b*—摩擦因子 0.2；*c*—摩擦因子 0.35

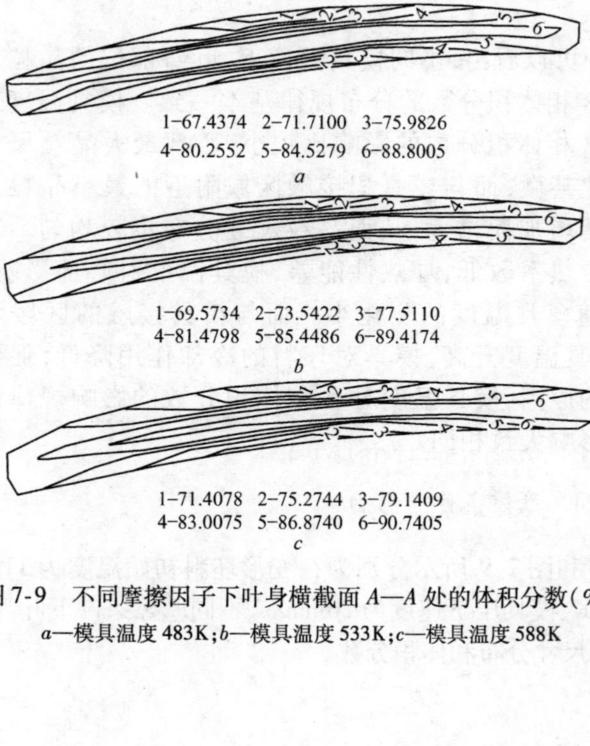

图 7-9　不同摩擦因子下叶身横截面 *A*—*A* 处的体积分数(%)

a—模具温度 483K；*b*—模具温度 533K；*c*—模具温度 588K

从图中可以看出,不同摩擦条件对晶粒尺寸和β相体积分数的影响不是很明显,但随着摩擦因子的增大,叶身内的晶粒尺寸和β相体积分数均略有增加,这主要是由于边界摩擦条件恶化,摩擦因子增大,由摩擦产生的热效应加剧,导致晶粒粗化,β相体积分数增加。

7.4 本章小结

数值模拟已成为研究和发展钛合金锻造技术的强有力工具。通过建立符合实际的钛合金锻造过程微观组织模型并对其进行模拟预测,研究揭示钛合金锻造过程中不同工艺条件下的微观组织分布规律,对于正确制订钛合金锻造工艺,提高钛合金锻件质量和性能,实现产品朝着高强度、高精度、高效、低成本、环境友好以及数字化方向发展具有重要的理论意义和应用价值。

参考文献

[1] 郭鸿镇. 合金钢和有色合金锻造. 西安:西北工业大学出版社,1999.

[2] 王金友,葛志明,周彦邦. 航空用钛合金. 上海:上海科学技术出版社,1985.

[3] 锻压技术手册编委会. 锻压技术手册. 北京:国防工业出版社,1988.

[4] 吕炎. 锻件组织性能控制. 北京:国防工业出版社,1988.

[5] 魏志坚. TC11 钛合金压气机盘等温锻造工艺研究. 机械工人(热加工),2003,(3):45~48.

[6] 聂蕾. TC4 合金的热模锻过程设计与质量控制. 西安:西北工业大学硕士学位论文,2002.

[7] 刘君,刘郁丽,杨合,高涛. 热锻成形过程微观组织模拟技术的研究现状. 机械科学与技术,2005,24(5):434~435.

[8] Sellars C M, Whiteman J A. Recrystallization and Grain Growth in Hot Rolling. Met. Sci. ,1978,13(3~4):187~194.

[9] Sellars C M. Modelling Microstructural Development During Hot Rolling. Mater. Sci. Technol., 1990,6:1072~1081.

[10] Yada H, Senuma T. Resistance to Hot Deformation of Steel. J. Jpn. Soc. Technol. Plasticity, 1988,27:33~44.

[11] 脇田 淳一, 高橋 学, 河野 治等. 低炭素鋼のオステナイト組織変化の予

测．鉄と鋼,1996,82(7):67~72.

[12] Zhang J M, Gao Z Y, Zhuang J Y, Zhong Z Y. Modeling of Grain Size in Superalloy IN718 During Hot Deformation.J. Mater. Process. Technol., 1999, 88 (1~3):244~250.

[13] Gangshu Shen, Semiatin S L, Shivpuri Rajiv. Modeling Microstructural Development During the forging of Waspaloy. Metall. Mat. Trans. A, 1995, 26A (7):1795~1803.

[14] Lehnert W, Cuong N D. Integrated Model for Calculating Microstructural and Forming Parameters of Steel During Rolling in Continuous Mills. ISIJ Int., 1995,35(9):1100~1108.

[15] Beynon John H, Sellars C. Michael. Modelling Microstructure and Its Effects During Multipass Hot Rolling. ISIJ Inter. ,1992,32(3):359~367.

[16] Ashby M F. Physical Modelling of Materials Problems. Mater. Sci. Technol., 1992, 8(2): 102~367.

[17] Chenot J-L, Chastel Y. Mechanical, Thermal and Physical Coupling Methods in FE analysis of metal forming processes. J. Mater. Process. Technol., 1996, 60(1~4):11~18.

[18] Yanagimoto J, Karhausen K, Brand A J, Kopp R. Incremental Formulation for the Prediction of Flow Stress and Microstructural Change in Hot Forming.J. Manuf. Sci. Eng. Trans. ASME,1998,120 (2) : 316~322.

[19] Xiaoli Li, Miaoquan Li. A Set of Microstructure-based Constitutive Equations in Hot Forming of a Titanium alloy. J. Uni. Sci. Technol. Beijing Eng. Ed., 2006, 13(5):435~441.

[20] 杨旗，罗子健，刘东．应用模糊数学预测变形高温合金锻件晶粒度．中国机械工程，1999,10(7):832~834.

[21] 孙雷剑,牛济泰,孟庆昌．基于神经网络的微合金钢热轧奥氏体晶粒尺寸及流变应力模型的研究．材料科学与工艺,2000, 8 (4) : 16~21.

[22] 李立新,孙瑞峰,汪凌云．含硼微合金钢奥氏体晶粒尺寸神经网络模型．特殊钢,2002,23(2): 28~29.

[23] Miaoquan Li, Dunjun Chen, Aiming Xiong, Long Li. An Adaptive Prediction Model of Grain Size for the Forging of Ti-6Al-4V Alloy Based on Fuzzy Neural Networks. J. Mater. Process. Technol., 2002, 123(3): 377~381.

[24] Miaoquan Li, Aiming Xong, Weichao Huang, et al. Microstructural evolution and Modelling of the Hot Compression of a TC6 Titanium Alloy. Mater. Char-

act.,2002, 49(3): 203 ~ 209.

[25] Kopp R. Multi – Level Simulation of Metal Forming Processes. Adv. Tech. Plast. 1987,2:1229 ~ 1235.

[26] Karhausen K, Kopp R, de Souza M M. Numerical simulation method for designing thermomechanical treatments, illustrated by bar rolling. Scand. J. Metall.,1991,20(6):351 ~ 363.

[27] 王连生,曹起骧,许思广. 三维热耦合刚粘塑性有限元数值模拟技术的开发和应用. 塑性工程学报,1994,1(3):34 ~ 41.

[28] 王连生,马喜腾,曹起骧. 三维热锻中动态再结晶过程的数值模拟及试验研究. 机械工程学报,1996, 32(5):24 ~ 29.

[29] Liansheng Wang, Qixiang Cao, Zhuang Liu. Numerical Simulation and experimental Verification of Microstructure Evolution in a 3 – Dimensional Hot – upsetting Process. J. Mater. Process. Technol., 1996,58(2 ~ 3):331 ~ 336.

[30] Brand A J, Karhausen K, Koop R. Microstructural Simulation of Nickel Base Alloy Inconel 718 in Production of Turbine Discs. Mater. Sci. Technol., 1996, 12(11):963.

[31] Brooks J W, Dean T A, Hu Z M, Wey E. Three – Dimensional Finite Element modelling of a Titanium Aluminide Aerofoil Forging. J. Mater. Process. Technol., 1998,80 ~ 81:149 ~ 155.

[32] Hu Z M, Brooks J W, Dean T A. Experimental and Theoretical Analysis of Deformation and Microstructural Evolution in the Hot – die Forging of Titanium Alloy Aerofoil Sections. J. Mater. Process. Technol., 1999, 88(1 ~ 3), 251 ~ 265.

[33] 陈慧琴,刘建生,郭会光. Mn18Cr18N 钢热成形晶粒变化的模拟研究. 金属学报,1999, 35(1): 53 ~ 56.

[34] 王艳文,康永林,余智勇,袁大焕等. 棒材热轧过程中组织变化的有限元模拟. 兵器材料科学与工程,1999, 22(4): 50 ~ 52.

[35] 李俊,李润芳,游理化. 热锻成型工件的微观组织模拟. 塑性工程学报, 1999, 6(2): 8 ~ 11.

[36] 刘雪梅. 组织演变模型及其在钛合金高温变形中的应用. 西安:西北工业大学硕士学位论文,1999.

[37] Yong – Soo Jang, Dae – Cheol Ko, Byung – Min Kim. Application of the Finite Element Method to Predict Microstructure Evolution in the Hot Forging of Steel. J. Mater. Process. Technol., 2000,101(1 ~ 3):85 ~ 94.

[38] 王芳,王作成,栾贻国. 镦粗过程锻件组织模拟软件设计. 锻压机械,2000

(4): 54 ~ 56.

[39] 崔振山,刘才. 热轧过程微观组织演变的数值预报与试验研究. 机械工程学报,2000,36(7): 92 ~ 95.

[40] Ding R, Guo Z X, Wilson A. Microstructural Evolution of a Ti - 6Al - 4V Alloy During Thermomechanical Processing. Mater. Sci. Eng. A, 2002, 327(2): 233 ~ 245.

[41] Na Young - Sang, Yeom Jong - Taek, Park Nho - Kwang, et al. Simulation of Microstructures for Alloy 718 Blade Forging Using 3D FEM Simulator. J. Mater. Process. Technol. , 2003,141(3):337 ~ 342.

[42] He Yang, Yuli Li, Wang Cai, Mei Zhan. Prediction of Grain Size for Blade Precision Forging Process Under Thermo - mechanical Coupling. J. Mater. Sci. Technol. , 2003,19:156 ~ 158.

[43] 蔡旺,杨合,李从心. 热力耦合作用下叶片锻造晶粒尺寸的预测. 锻压技术,2004(6): 67 ~ 69.

[44] Tao Gao, He Yang, Yuli Liu, Jun Liu. Influences of Processing Parameters on Microstructure Evolution During Blade Precision Forging Process of Titanium Alloy, Rare Metal Materials and Engineering, 2005,34(5):781 ~ 785.

[45] 刘君,刘郁丽,杨合,李虹艳. 基于多场耦合分析的 TC4 叶片精锻成形的微观组织模拟. 塑性工程学报,2007,14(4): 55 ~ 86.

[46] 熊爱明,薛善坤,李淼泉. TC4 钛合金高温变形时微观组织变化的计算. 塑性工程学报,2002,9(1): 14 ~ 16.

[47] 熊爱明,林海,李淼泉. TC6 钛合金盘等温锻造时晶粒尺寸的数值模拟. 中国机械工程,2003,14(9): 791 ~ 794.

[48] 李淼泉,薛善坤,陈胜晖,李晓丽等. 钛合金叶片等温精锻时晶粒尺寸的数值模拟. 机械科学与技术,2004, 23(11): 1830 ~ 1836.

[49] 李晓丽,李淼泉,李锋,熊爱明. TC6 合金等温锻造过程中晶粒尺寸的数值模拟. 中国有色金属学报,2005,15(9): 1332 ~ 1337.

[50] Miao Quan Li, AiMing Xiong, Xiao Li Li. FE Simulation of Grain Size and Temperature Rise During the Forging of a Commercial TC6 Titanium Alloy Disc. J. Chin. Soc. Mech. Eng. , 2005, 26(5):493 ~ 499.

[51] 张家荣,赵廷元. 工程常用物质的热物理性质手册. 北京:新时代出版社,1987.

[52] 刘建生,张巧丽,陈慧琴. 塑性变形与传热的耦合分析技术的研究. 太原重型机械学院学报,1997,18(3): 226 ~ 231.